全国高职高专测绘类核心课程规划教材

测量技术基础

■ 主　编　张坤宜
■ 副主编　张保民　李益强　张齐周

武汉大学出版社

图书在版编目(CIP)数据

测量技术基础/张坤宜主编;张保民,李益强,张齐周副主编.—武汉:武汉大学出版社,2011.8(2021.7重印)
全国高职高专测绘类核心课程规划教材
ISBN 978-7-307-08775-0

Ⅰ.测… Ⅱ.①张… ②张… ③李… ④张… Ⅲ.测量技术—高等职业教育—教材 Ⅳ.P2

中国版本图书馆 CIP 数据核字(2011)第 095930 号

责任编辑:胡 艳　　责任校对:刘 欣　　版式设计:马 佳

出版发行:**武汉大学出版社**　　(430072　武昌　珞珈山)
(电子邮箱:cbs22@whu.edu.cn 网址:www.wdp.com.cn)
印刷:武汉科源印刷设计有限公司
开本:787×1092　1/16　印张:17.5　字数:424 千字　插页:1
版次:2011 年 8 月第 1 版　　2021 年 7 月第 6 次印刷
ISBN 978-7-307-08775-0/P·182　　定价:43.00 元

版权所有,不得翻印;凡购买我社的图书,如有质量问题,请与当地图书销售部门联系调换。

前　言

遵照教育部高等学校测绘学科教学指导委员会主任宁津生院士在"十五"《交通土木工程测量》"序言"中关于"教材结构体系新、教学内容针对性强、内容脉络清晰、便于理解掌握、紧密结合工程应用、引进测绘新技术、更具时代特色"等指导意见，并吸取"十五"、"十一五"《交通土木工程测量》等国家级教材建设新经验，我们开展了"测量技术基础"课程和《测量技术基础》教材建设尝试。本书寻求教学训练新体系，具有如下特点：

(1) 以测绘科学"定位"概念核心，恰当把握绪论导向。根据测量"定位"概念核心，简要说明测量学的产生和发展，以及现代测量科学的重要地位。注重地球体概念，点位置的坐标、高程系统及其简明原理，定位基本技术过程和四项原则等，有利于把握绪论导向。

(2) 以测绘技术方法的渐进性过程，构筑教材新体系。全书基本内容的顺序有角度测量、距离测量、高程测量、全站测量，来自于以测量定向、定位渐进性过程，其连续结构勾绘"全站测量"基本技术的密切关系，有利于在现代"全站"意义上掌握测量技术的新发展。

(3) 健全知识结构，精练充实测量技术基础。根据教材新体系，结合工程基本要求和测量技术新特点，重视技术知识，增强教学目的，扩充测量技术内容。以测量定位技术过程统一"测绘"与"测设"的定位特点，扩展测量定位技术视野。简明介绍 GPS、简易控制测量、数字测绘及应用原理、激光定向等内容，增强教学内容的实践适应性。

(4) 合理利用技术进步成果，努力实现教学内容的先进性。以光电测量技术为重点，全面、适当、先进、简明地加强新技术素材，着重提高测量新技术含量。教材中引入测量误差简明理论与应用，加强数学基础和计算技术的应用，使教材更加符合要求。

全书共 13 章，由张坤宜任主编，张保民、李益强、张齐周任副主编。参与编写的人员还有徐兴彬、高照忠、侯林锋、孙颖、常德娥、杜向锋、魏海霞等。本书内容与大量图示相结合，与最新规范相结合，示例详细，实践性强，便于应用。书中各章备有足量习题，可供练习或复习用。本书提供的数字副本备有教学课件、实训参考课件、习题参考答案、教学实训指导资料和模拟生产实习训练指导资料等，是测量基本技术教学训练系统的组成部分。

本书的编号与出版得到广东工贸职业技术学院、广东水利电力职业技术学院等院校和武汉大学出版社的热心支持，得到南方测绘、现代测绘、建通测绘、宏拓仪器、LeiCa、Trimpal、索佳、Casio 等在穗公司的大力支持，并得到广东省测绘学会、广州城市规划勘测设计研究院等单位领导和专家的关怀和帮助。编者对有关领导和专家的指导和帮助，对有关同志、朋友的关心和支持表示衷心的感谢。

本书是一部高等学校高职高专的测量技术教材，有利于弘扬国家级教材优秀特色，构建教学独特体系及知识框架；浓缩现代测量科技精华，扩展定位技术视野；探索完整教学训练系统，开拓优质教学效果，推进技能训练。本书还可作为相关工程技术人员的参考书。因水平有限，书中难免有不足之处，希望读者和专家多提宝贵意见。

编者

2011 年 1 月于广州

目 录

第1章 绪论 … 1
1.1 测量学与工程建设 … 1
1.2 地球体的有关概念 … 3
1.3 坐标系统的概念 … 5
1.4 高程系统的概念 … 10
1.5 地面点定位的概念 … 11
习题 … 14

第2章 角度测量 … 16
2.1 角度测量的概念 … 16
2.2 角度测量仪器 … 17
2.3 角度测量基本操作 … 27
2.4 水平角观测技术方法 … 32
2.5 竖直角观测技术方法 … 38
2.6 角度测量误差与预防 … 40
习题 … 46

第3章 距离测量 … 49
3.1 光电测距原理 … 49
3.2 红外测距仪及其使用 … 55
3.3 光电测距成果处理 … 62
3.4 钢尺量距 … 67
3.5 视距法测距 … 75
习题 … 78

第4章 高程测量 … 81
4.1 水准测量原理 … 81
4.2 水准测量高差观测技术 … 89
4.3 水准测量误差及其预防 … 95
4.4 水准路线图形和计算 … 100
4.5 三角高程测量与高程导线 … 103
习题 … 107

第5章 观测成果初级处理 ... 111
- 5.1 观测值的改化 ... 111
- 5.2 方位角的确定 ... 115
- 5.3 数据的凑整、留位、检查 ... 121
- 习题 ... 124

第6章 全站测量 ... 126
- 6.1 全站测量技术原理 ... 126
- 6.2 全站仪及其基本应用 ... 131
- 习题 ... 139

第7章 全球定位技术原理 ... 140
- 7.1 概述 ... 140
- 7.2 GPS系统的组成 ... 141
- 7.3 GPS卫星定位基本原理 ... 145
- 习题 ... 151

第8章 测量误差与平均值 ... 152
- 8.1 测量误差与精度 ... 152
- 8.2 误差传播律 ... 156
- 8.3 算术平均值 ... 160
- 8.4 加权平均值 ... 163
- 习题 ... 167

第9章 简易工程控制测量 ... 170
- 9.1 控制测量技术概况 ... 170
- 9.2 导线的简易计算 ... 175
- 9.3 工程小三角测量与计算 ... 182
- 9.4 工程交会定点与计算 ... 185
- 习题 ... 188

第10章 地形图测绘原理 ... 191
- 10.1 概述 ... 191
- 10.2 地形图图式 ... 193
- 10.3 地形图测绘概念 ... 197
- 10.4 碎部测量基本方法 ... 203
- 习题 ... 209

第11章 地形图应用原理 211
- 11.1 地形图的阅读 211
- 11.2 图上定点位 214
- 11.3 用图选线、绘断面图和定汇水范围 218
- 11.4 地域面积的测算 221
- 11.5 土方量的测算 224
- 习题 228

第12章 大比例尺数字地形图 231
- 12.1 地形图数字化测量原理 231
- 12.2 内外业一体化数字测图 233
- 12.3 模拟地形图的数字化 241
- 12.4 数字地形图的基本应用 245
- 习题 252

第13章 工程测设原理与方法 254
- 13.1 概述 254
- 13.2 放样的基本工作 255
- 13.3 地面点平面位置的放样 261
- 13.4 激光定向定位 265
- 习题 269

附录 测量仪器的安全 272

参考文献 274

第1章 绪　　论

学习目标:理解测量科学技术在国家经济及其工程建设中的意义,掌握坐标系统、高程系统的概念和应用,理解测量定位概念与技术过程,把握绪论对于学习本书的基本导向。

1.1　测量学与工程建设

1.1.1　测量学的概念

测量学是一门研究测定地面点位置,研究确定并展示地球表面形态与大小的科学。

根据测量学概念,测量科学具有三大核心特征:定位技术特征、定位信息特征和定位保障特征。

定位技术特征。测量学的科技体系核心,测定地面点位置,即测量定位。测量学概念的扩展,测定空间点的位置。空间点定位是测量科学的第一核心技术任务,研究确定地球表面形态与大小,是测量科学的第二核心技术任务。

定位信息特征。测定地面点位置,确定地球表面形态与大小,主要以点位置及其参数,由点云形成的地球表面图、像等定位信息的形式展示出来。定位信息的展示,包括以现代技术的定位信息处理、更新、储备、传播等手段,是测量科学的核心属性特征。

定位保障特征。定位保障来自于测量定位技术和定位信息的实时性、真实性、严密性、准确性。通行的测量定位保障包括定位准确性保障、可靠性保障。

人类在从事生产活动的过程中必然要涉及测量科学。人类在地球上的存在总要有个生存、发展的场所,例如土地以及地面上的房屋就是最基本的场所。这些场所的建造和使用,都离不开点位置的确定,离不开边界点、边界线的确定,离不开这些场所的面积以及工程的位置测定。测量科学正是适应人类生存、发展的需要和工程建设的定位技术需求而发展起来的,漫长人类文明史中的生产活动与测量科学技术息息相关。

在社会生产力和科学技术高度发展的今天,现代社会各行业的定位需求的集中表现是测量学科定位技术和定位信息。20世纪中期以后出现了激光技术、微电子技术、航天技术、计算机技术以及信息通信技术等,极大地推动了测量学科的飞跃和革新。测量学科的主要贡献,如激光红外光电测距、卫星全天候定位、摄影与遥感①、数字测量技术和现代测量平差理论等,为测量定位与信息采集②提供了重要科技条件。测量学现代学科理论基础和定位技

---

① 遥感:不与被测物体直接接触,由传感器感知并揭示被测物体的形状、性质等信息,这就是遥感。

② 信息采集:信息开始是通信领域的术语,如信件、消息、新闻等。现代通信领域的发展进程极大地扩大了信息的含义,即便是一个物体的位置、大小、形状也可以理解为信息。若随之记录下来,这就是信息采集。可以理解,对地球表面上某一物体的测量所得到的有关数据是信息,测量就是这种信息采集的技术手段。

快速发展,深受社会多行业广泛关注。

由于测量科学具有以测绘地球表面图像的技术形式实现定位信息的展示特征,故测量科学又有测绘学之称。现代科技条件下的测绘学,是对地球整体及其表面和外层空间的物体与地理分布有关信息的采集,并赋予处理、管理、更新等过程的科学技术。在现代社会对信息尤其是地球信息的需求潮流中,测量学科扮演着重要的角色。测绘学获得的数据或图像成为可以储备、传播、应用的地球空间信息。地球空间信息是测绘学的成果。在现代测绘科学与计算机信息科学整合的条件下,地球空间信息科学由此发展起来。由于测量学是实现地球空间信息的科学,在这个意义上,测量学又有地球空间信息工程学之称。

1.1.2 测量学的分支学科

由于测量学所涉及的研究对象、方式、手段各有区别,因而测量学在自身的发展中形成了特色各异的其他分支测量学科,这些分支学科是大地测量学、摄影测量与遥感学、海洋测量学、地图学和工程测量学。

1. 大地测量学

这是研究和确定地球形状、大小、整体与局部运动和地表面点的几何位置以及它们的变化的理论和技术的学科。

2. 摄影测量与遥感学

这是研究利用电磁波传感器①获取目标物的影像数据,从中提取语义和非语义信息,并用图形、图像和数字形式表达的学科。

3. 地图学

这是研究模拟和数字地图的基础理论、设计、测绘、复制的技术方法以及应用的学科。

4. 海洋测量学

这是以海洋水体和海底为研究对象的测量理论与技术的学科。

5. 工程测量学

这是研究工程建设与自然资源开发中,在规划、勘测设计、施工与管理各个阶段进行的测量理论与技术的学科。工程测量学是测绘科学技术在国民经济和国防建设中的直接应用。

1.1.3 测量科学在工程建设领域中的地位

测量科学技术在国民经济建设和社会可持续发展以及国防建设中的重要地位不断提高,尤其是工程建设对地球信息的需求日益增长,测量定位与信息采集的测量科技应用不断扩大,测量科学在工程建设领域中的重要地位主要体现在以下几方面:

1. 测量科技是工程建设规划的重要依据

众所周知,一座座建成的现代建筑并非空中楼阁,一条条现代交通路线并非盘绕彩云的飘带。描述并展示地球表面的地形图件及其信息是现代工程建设规划的重要依据,如交通路线的各种建筑物,正是在科学规划之后以地球表面为基础而逐步形成的产物。

例如,现代城市化建设及交通网络的规划以及一条交通线走向的确定,必须利用地形图和有关的地理信息参数才能实现。地形图和有关的地理信息是优化城市建设规划、有效利用

---

① 传感器:一种利用电磁感应原理测定被测物体的器件或仪器设备。

土地、提高规划建设效益、促进城市化建设的重要一环。失去测量科学技术提供的重要依据，人们无法开阔眼界认识地球资源，现代交通土木工程规划建设必将成为空话。

2. 测量科技是交通土木工程勘察设计现代化的重要技术

一个区域或者一条待定交通线地面的高低平斜、河川宽窄深浅以及地面附属物，只有经过详细测量并获得大量地面基础信息，才能进行工程的设计。工程领域关注测量科技发展，应用测绘新技术，以便尽快提高工程勘测技术水平，实现工程勘测设计的高效益。现代测量技术已经成为工程勘察设计现代化的重要技术。

3. 测量科技是工程顺利施工的重要保证

一条设计的交通中心路线的标定、一座设计的建筑物及其部件实际位置的确定、现代工业构件的精确安装以及地下隧道的准确开通，测量技术工作在其中均发挥着重要的保证作用。

4. 测量科技是房地产管理的重要手段，是检验工程综合质量和监视重要工程设施安全营运的重要措施

由于现代测绘技术具有提高工程建设社会经济效益的独特明显优势，工程建设技术领域应用现代测绘科技的速度明显加快，现代测绘科技正在以各种方式迅速渗透到工程建设技术领域。测量技术是工程建设不可缺少的定位技术。

测量技术的测量学科属性明显，在工程建设类行业中属于工程定位与导向的重要技术。这门技术的基础课程包括测量学科的基本理论和技术原理，它们同时也是各类工程测量技术的基础。工程技术人员应明确测量学科在工程建设中的重要地位，熟练掌握测量基本理论和技术原理。熟练掌握和应用工程测量基本理论和方法，是进行工程技术工作的基本条件。

1.2 地球体的有关概念

1.2.1 地球体的有关概念

测量在地球表面进行，测量技术工作与地球体有着密切关系，必然涉及地球体的有关概念。

1. 垂线

重力(万有引力)的作用线称为铅垂线，简称垂线。一条细绳系一重物(见图1.1)，细绳在重物作用下形成下垂的重力方向线就是垂线。图1.1中的重物称为垂球。垂线是测量技术工作的一条基准线。

2. 水准面

某一时刻处于没有风浪的海洋水面，称为水准面。水准面是一个理想化的静止曲面，具有以下性质：

① 水准面与其相应的垂线互相垂直。

② 因海水有潮汐，静止曲面所处的高度随时刻不同而异，因此不同时刻的水准面存在不同高度。

图1.1 垂线

③ 同一水准面上各点重力位能相等，故水准面又称为重力等位曲面①。

3. 大地水准面

在高度不同的水准面中选择一个高度适中的水准面作为平均海水面，这个没有风浪、没有潮汐的平均海水面就称为大地水准面。大地水准面通过验潮站②对海水面长期观测得到。我国验潮站设在山东青岛。

4. 大地体

大地水准面包围的曲面形体称为大地体。大地测量学的研究表明，大地体是一个上下略扁的椭球体(见图 1.2)。从整个地球表面现状看：海洋表面(约占 71%)大于陆地表面(约占 29%)，地球表面的高低不平程度与地球半径相比可忽略不计(如珠穆朗玛峰 8844.43m 与地球半径 6371000m 的比值不足千分之二)。因此，大地水准面所依据的海洋表面在很大程度上可代表地球表面，大地体可以代表地球的表面形体。

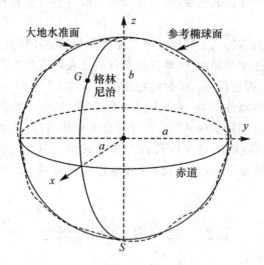

图 1.2　大地体与参考椭球体

5. 参考椭球体

大地水准面具有水准面的第一性质。由于地球内部物质的不均匀性，大地水准面各处重力线方向(垂线)不规则(见图 1.3)，因此，大地水准面是一个起伏变化的不规则曲面。由此可见，大地体表面也是不规则的曲面③。

为了正确计算测量成果、准确表示地面点的位置，必须用一个近似于大地体的规则曲面体表示大地体，这个规则曲面体就是参考椭球体。根据图 1.2 设立一个三维空间坐标系，参考椭球体可用一个简单数学公式表示，即

---

① 重力等位曲面的重力位能，即 $w = gh$。其中，g 为所在地点的重力加速度；h 为地点高度。
② 验潮站：记录海水潮位升降变化的观测站。
③ 大地体不规则的原因是大地水准面不规则(见图 1.3)。根据水准面的性质，大地水准面也是处处与相应的垂线互相垂直，因地球内部质量不同，垂线不可能都指向地心，因此大地水准面不规则，大地体也就不规则了(见图 1.2)。

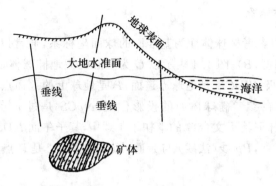

图 1.3 大地水准面

$$\frac{x^2}{a^2}+\frac{y^2}{a^2}+\frac{z^2}{b^2}=1 \tag{1-1}$$

式中，a、b 是参考椭球体的几何参数，a 是长半径，b 是短半径。

参考椭球体扁率 α 满足

$$\alpha=\frac{a-b}{a} \tag{1-2}$$

1.2.2 参考椭球体的参数

上述参考椭球体，即近似于大地体的规则椭球曲面体，须与大地体较好地吻合，这种吻合又取决于世界各国实际采用的参考椭球体几何参数。

我国采用的参考椭球体几何参数有：

① 1980 西安坐标系的椭球基本参数，采用国际大地测量协会 IAG—75 参数：$a = 6378140$m，$\alpha = 1/298.257$，推算值 $b = 6356755.288$m。

② 2000 国家大地坐标系以地球质量中心作为大地坐标系原点的椭球基本参数：$a = 6378137$m，$\alpha = 1/298.257222101$，推算值 $b = 6356752.314140$m。

③ 1954 北京坐标系的椭球基本参数，采用前苏联克拉索夫斯基①参数：$a = 6378245$m，$\alpha = 1/298.3$，推算值 $b = 6356863.019$m。

上述的参考椭球体几何参数与相应的坐标系相匹配。在工程应用上，若要求不高时，可以把地球当做圆球体，这时地球参数是平均曲率半径 $R = 6371000$m。

1.3 坐标系统的概念

坐标是表示地面点位置并从属于某种坐标系统的技术参数。根据用途不同，表示地面点位置的坐标系统各有不同。在工程建设中，经常应用的有三种坐标系统：大地坐标系统、高斯平面直角坐标系统和独立平面直角坐标系统。

---

① 克拉索夫斯基：前苏联科学家。

1.3.1 大地坐标系统

大地坐标系统是以参考椭球体面为基准面的球面坐标系,通常以大地经度和大地纬度表示,简称经度(L)、纬度(B)。图1.4表示以 O 为中心的大地椭球体,NS 为地球转轴,N 为地球北极,S 为地球南极,WDCE 是地球赤道面;P 是地球上的地面点,经 NPS 的平面称为子午面;p 是地面点 P 在参考椭球体面的投影位置,NpCS 是过 p 点的子午线。在图中设 NGDS 为经过英国格林尼治天文台 G 的本初子午线[①],其子午面 NDS 与子午面 NPS 的夹角 L_p 是 P 点的大地经度,Pp 线(法线)与赤道平面的夹角 B_p 是 P 点的大地纬度,L_p、B_p 称为 P 点大地坐标。

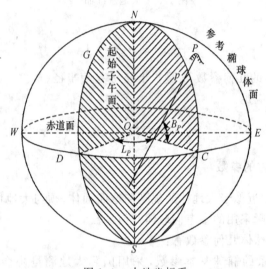

图1.4 大地坐标系

我国地理版图处在本初子午线以东的经度是 74°～135°,处在赤道 WDCE 以北的纬度约是 3°～54°,因此表示点位大地坐标时,常冠以"东经"、"北纬"这样的名称。例如,P 点大地坐标 $L_P = 98°31'$,$B_P = 35°27'$,称 P 点的大地坐标为东经 98°31',北纬 35°27'。

1.3.2 高斯平面直角坐标系统

大地坐标表示的是地面点位的球面坐标,工程设计上需要的是点位平面位置。工程建设是在地球曲面上完成的,工程设计计算均在平面上进行。可想而知,平面与曲面必然有矛盾。高斯[②]平面直角坐标系是一种应用比较广泛的坐标系统,可以解决这类问题。

1. 高斯投影的几何意义

高斯投影理论是建立高斯平面直角坐标系的基础,其几何意义可理解为(见图1.5):

---

① 本初子午线也称为起始子午线,是国际规定的经过格林尼治天文台的子午面,经过此处的经度为 0°,1884 年国际经度会议决议确定。

② 高斯:德国数学家、物理学家、天文学家。高斯平面直角坐标有关的发明人还有德国大地测量学家克吕格等。

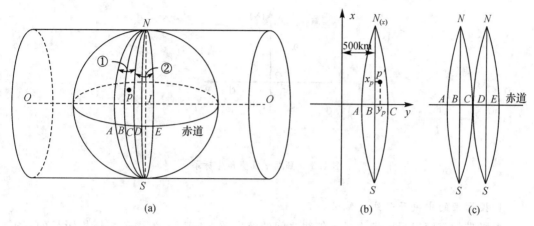

图 1.5 高斯平面投影

① 沿 N、S 两极在参考椭球面均匀标出子午线（经线）和分带。图 1.5(a) 中 NAS、NBS、NCS 是其中标出的三条子午线，A、B、C 是三条子午线与赤道的交点，弧 AB、BC 的长度相等。子午线 NAS、NCS 构成的带状称为投影带。

② 假想一个横椭圆柱面套在参考椭球面上，柱中心轴 OO 穿过地球中心 I，且与地球旋转轴 NIS 互相垂直，柱面与参考椭球面相密切①于子午线 NBS。NBS 称为中央子午线②。

③ 假想地球是透明体，中心 I 是一个点光源，光的照射使子午线 NAS、NBS、NCS 及其相应的地球表面投影到横椭圆柱面上。

④ 沿 N、S 轴及 OO 方向切开横椭圆柱面并展开成图 1.5(b) 所示的投影带平面，称为高斯投影带平面，简称高斯平面。

2. 高斯平面的特点

① 投影后的中央子午线 NBS 是直线，长度不变。
② 投影后的赤道 ABC 是直线，保持 ABC ⊥ NBS。
③ 离开中央子午线的子午线投影是以二极为终点的弧线，离中央子午线越远，弧线的曲率越大，说明离中央子午线越远投影变形越大。

3. 高斯平面直角坐标系的建立

根据高斯平面投影带的特点，高斯平面直角坐标系按下述规则建立：
① X 轴是中央子午线 NBS 的投影，北方为正方向；
② Y 轴是赤道 ABC 的投影，东方为正方向；
③ 原点，即中央子午线与赤道交点，用 O 表示；
④ 四象限按顺时针顺序 Ⅰ、Ⅱ、Ⅲ、Ⅳ 排列。如图 1.6 所示。

---

① 密切是大地测量空间几何概念，是曲面上拉紧的曲线其法线与曲面相应法线重合的表现形式。
② 中央子午线是与投影带边界子午线的经度差为 $\Delta l/2$ 的子午线。球面按经度差分带，每投影带有三条特征经线，即两条带边界子午线和一条中央子午线，两条带边界子午线的经度差为 Δl，中央子午线与带边界子午线的经度差为 $\Delta l/2$。

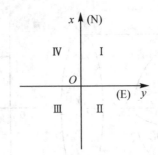

图 1.6　高斯平面直角坐标系

4. 投影带的中央子午线与编号

投影带的宽度以投影带边缘子午线之间的经度差 Δl 表示。为避免高斯投影带的变形，投影带宽度 Δl 不能太宽，一般 Δl 宽度取 6°或 3°。高斯投影根据 Δl 逐带连续进行。例如，图 1.5(a) 中的 ① 带投影完毕，转动椭球体使 ② 带的中央子午线 NDS 与椭圆柱面相密切，并进行投影。①、② 带的投影结果如图 1.5(c) 所示。以此类推，按上述的几何意义对全球连续逐带高斯投影，即全球表面展开成如图 1.7 所示的高斯平面。

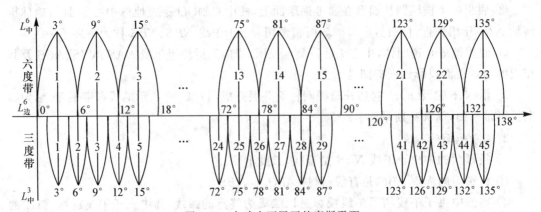

图 1.7　全球表面展开的高斯平面

图 1.7 上半部表示以 6°作为宽度的六度带高斯投影平面，全球可分为 60 个 6°投影带。各带的中央子午线的大地经度 L_o 与投影带的带号 N 的关系是

$$L_o = 6N - 3 \tag{1-3}$$

图 1.7 下半部表示以 3°作为宽度的 3°带高斯投影平面，全球可分为 120 个 3°投影带。各带的中央子午线的大地经度 L_o 与投影带的带号 n 的关系是

$$L_o = 3n \tag{1-4}$$

根据我国在大地坐标系中的经度位置(74°～135°)，从上述二公式可见，我国用到的六度带的带号 N 为 13～23，用到的三度带的带号 n 为 25～45。

5. 高斯平面直角坐标表示地面点位置

我国国家测量的大地控制点均按高斯投影计算其高斯平面直角坐标。如图 1.5(a) 所示，球面点 p，大地坐标 L_p、B_p。在图 1.5(b) 中 p' 点是 p 的高斯投影点，高斯平面直角坐标

为 x_p, y_p，它们表示的意义为：x_p 表示 p 点在高斯平面上至赤道的距离；y_p 包括投影带的带号、附加值 500km 和实际坐标 Y 三个参数，即

$$y_p = 带号\ N(或\ n) + 500\text{km} + Y_p \tag{1-5}$$

例如，某地面点坐标 $x = 2433586.693$m，$y = 38514366.157$m。其中，x 表示该点在高斯平面上至赤道的距离为 2433586.693m。根据式(1-5)，该地面点所在的投影带带号 $n = 38$，是 3°带，地面点 y_p 坐标实际值 $Y_p = 14366.157$m（即减去原坐标中带号 38 及附加值 500），表示该地面点在中央子午线以东 14366.157m；若 y 坐标实际值 Y 带负号，则该地面点在中央子午线以西。

根据 y_p 坐标的投影带带号，便可以按式(1-4)推算投影带中央子午线的经度为 $L_0 = 114°$。注意，如果投影带带号属于 6°带，则按式(1-3)推算。

1.3.3 独立平面直角坐标系

独立平面直角坐标系的建立如图 1.6 所示，但是这种坐标系没有高斯平面直角坐标系那样严格的规则，主要表现在：

① 坐标系 x 轴所在的中央子午线的经度不一定满足式(1-3)、式(1-4)，可按不同要求采用其他的经度，具有一定的随意性。

② 坐标系 x 轴的正方向不一定指向北极，可根据工作需要自行确定，具有某种实用性。

③ 坐标系原点不一定设在赤道上，一般设在有利于工作的范围内，具有相应的区域性。

1.3.4 测量平面坐标系与数学坐标系的异同点

测量平面坐标系，即高斯平面直角坐标系和独立平面直角坐标系。从图 1.6 可见，上述两坐标系的构形相同，与图 1.8(a)所示数学坐标系主要区别是坐标轴取名不同，坐标系象限排序不同。这些区别不影响数学上各种三角公式的应用。如数学坐标系，α 角以 x 轴为起始方向按象限排序在第一象限，Op 的长度为 s，则 p 点的坐标为

$$x = s \times \cos\alpha \tag{1-6}$$
$$y = s \times \sin\alpha \tag{1-7}$$

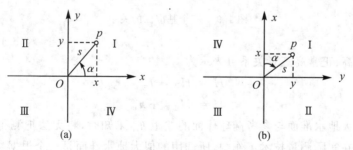

图 1.8 数学坐标系与测量坐标系

图 1.8(b)是测量平面坐标系，α 角是以 x 轴为起始方向按象限排序在第一象限，Op 长度为 s，则 p 点坐标计算式仍然是式(1-6)和式(1-7)。因此，数学上的三角公式适用于测量平面坐标系。

1.4 高程系统的概念

1.4.1 高程系统的一般概念

地面点高程指的是地面点到某一高程基准面的垂直距离。地面点高程是表示地面点位置的重要参数。地面点高程基准面一经认定，地面点的高程系统就确定了。一般地，高程系统有大地高系统、正高系统、正常高系统等。

大地高系统是以参考椭球体面为基准面的高程系统。大地高表示地面控制点到参考椭球体面的垂直距离，以 H 表示。正高系统是以大地水准面为基准面的高程系统。正高表示地面控制点到大地水准面的垂直距离，以 $H_{正}$ 表示。正常高系统是以似大地水准面为基准面的高程系统。正常高表示地面控制点到似大地水准面的垂直距离，以 $H_{正常}$ 表示。

图 1.9 表示了上述三个基准面的关系，其中大地水准面是在测定平均海水面中得到的高程基准面。我国在山东青岛设验潮站，长期测定海水面高度，以得出我国大地水准面的位置。通常可设参考椭球体面、大地水准面、似大地水准面在图 1.9 中的 Q 处重合。但是，由于地球内部的物质不均匀性，参考椭球体面、大地水准面、似大地水准面在其他地点不重合。如图 1.9 中 P 处，h_m 是大地水准面与参考椭球体面的差距，h'_m 是似大地水准面与参考椭球体面的差距。

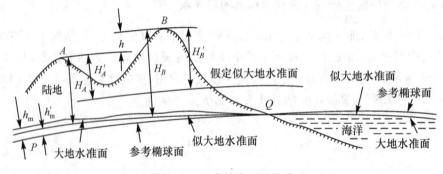

图 1.9 三个基准面的关系

大地高、正高、正常高三者关系可表示为

$$H = H_{正} + h_m$$
$$H = H_{正常} + h'_m$$
(1-8)

一般地，当大地水准面与参考椭球体面的差距 h_m 未知时，将无法把测得的地面点正高换算为大地高。在实际测量技术工作中，所选用的似大地水准面是一个根据参考椭球体面的差距 h'_m 可以得到的大地水准面。由此可见，差距 h'_m 可以求得，故可以将测得的地面点正常高换算为大地高。我国的国家高程测量采用正常高系统，国家高程点的高程是正常高。

根据图 1.9，大地高、正高、正常高三者关系由差距 h_m、h'_m 参数联系起来。另外，大地高是一个几何量，也可以利用现代 GPS 技术较精确求定，现代测绘技术可以精确求得 h_m、h'_m 参数。因此可以理解，大地高、正高、正常高均可用于工程测量。通常，由于某种技术原因，在一一般实际应用中采用正常高或正高,不用大地高。在要求不高时,往往忽略 h_m、h'_m 参数,不再有大地高、正高、正常高的区别。

1.4.2 实际应用中的地面点高程的概念

实际应用中的地面点高程分为绝对高程、相对高程。

1. 绝对高程

地面点沿其垂线到似大地水准面的垂直距离。如图 1.9 所示,H_A、H_B 表示 A、B 两点分别到似大地水准面的绝对高程。绝对高程是正常高系统所确定的地面点高程,按国家高程点推算地面点高程是正常高。

2. 相对高程

地面点沿其垂线到假定的似大地水准面的垂直距离。如图 1.9 所示,H'_A、H'_B 表示 A、B 两点分别到假定的似大地水准面的相对高程。这里所说的相对高程是以假定的似大地水准面所确定的地面点高程,可以说是假定高程系统的地面点高程。

高差是两个地面点的高程之差,用 h 表示。如 A、B 两点高差 h_{AB} 为

$$h_{AB} = H_B - H_A = H'_B - H'_A \tag{1-9}$$

1.5 地面点定位的概念

1.5.1 技术过程

地面点定位即以某种测量技术过程确定地面点的位置。在工程建设中,地面点定位的主要技术过程有:

① 以测量技术手段测定地面点位置,并用图像或图形和数据等形式表示出来,这种技术过程称为测绘。通常这一技术过程把球面地面点位表示为平面的形式。如图 1.10(a) 中的 M、N、P 为地面上的三个点,经测绘技术过程表示为高斯平面上的点位置,如图 1.10(b) 中的 m、n、p。

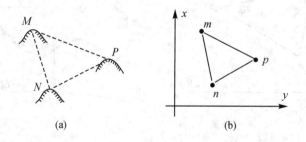

图 1.10 测绘技术过程

② 利用测量技术手段把设计上拟定的地面点测定到实地上,这种技术过程称为测设,或称为工程放样,简称放样。如图 1.11(a) 中的 a、b、c、d 为图纸上设计的一座建筑物的四个角点,放样技术过程将把它们标定在实地上,即图 1.11(b) 中的 A、B、C、D。

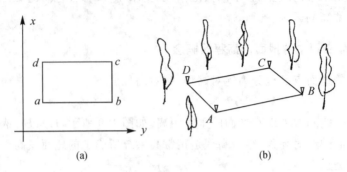

图 1.11 测设技术过程

1.5.2 地面点定位元素

1. 定位元素的概念

以坐标(x、y)和高程 H 表示的地面点定位参数,称为三维定位参数,其中,坐标(x、y)称为二维定位参数。

从图 1.12 可知,在坐标系中,m、n、p 三个地面点之间具有边长(D_1、D_2、D_3)和构成的角度(β_1、β_2、β_3),根据初等数学原理可知,只要测量这些地面点之间的边长和角度,便可以确定 m、n、p 三个点之间的相互关系。测量学的理论和实践表明,只要测量了这些地面点之间的边长和角度,就可以为地面点坐标参数 x、y 的求得提供重要的数据基础。

从图 1.13 中可见,地面点的高程 H 也是通过测量点位之间的高差 h 推算得到的。A 点为已知点,高程为 H_A,B 点为未知点,只要测量了 A 至 B 的高差 h,便可以确定 B 点的高程,即

$$H_B = H_A + h \tag{1-10}$$

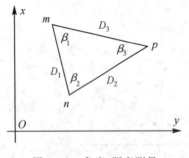

图 1.12 角度、距离测量

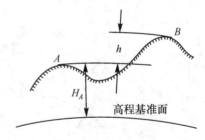

图 1.13 高差测量

由此可见,角度测量、距离测量、高差测量是地面点定位的测量基本技术工作。测量得到的角度(β)、距离(D)、高差(h)是地面点定位基本元素,称为定位元素。由于这些定位元素具有独立性(即某一元素与其他同类元素之间不存在函数关系)和直接可量性(即可利用测量仪器直接测量其大小),故称为直接观测量,或称为直接定位元素。一般地,地面点的定位参数 x、y、H 不能直接测量得到,但可以利用地面点的直接定位元素按某种规定的法则推算得

到，故又称地面点的定位参数 x、y、H 为间接观测量，或称为间接定位元素。

2. 观测量的单位制

① 角度观测量的单位制[①]：见表 1-1，其中，$\rho'' = 206264.8''$，或 $\rho'' = 206265''$ 都是常用参数。

② 长度单位制：距离、高差、坐标等涉及的长度单位制列于表 1-2。

表 1-1　　　　　　　　　　　角度观测量的单位制

60 进位制	弧度制	100 进位制
一圆周 = 360°	一圆周 = 2π 弧度	一圆周 = 400g
1° = 60′	$\rho° = 57.29577951°$	1g = 100c
1′ = 60″	（即 180/π）	1c = 100cc
	$\rho' = 3437.746771'$	
	（即 180×60/π）	
	$\rho'' = 206264.8''$	
	（即 180×3600/π）	

注：本书后续课程提到的 ρ 是一个常数，即 $\rho'' = 206265''$。

表 1-2　　　　　　　　　　　长度单位制

国际制	市　制	英　制
1km(公里) = 1000m(米)	1 市里	1 英里(mile)
1m = 10dm(分米)	1 市尺	1 英尺(foot) = 12 英寸
= 100cm(厘米)	1km = 2 市里	1km = 0.621388181 mile
= 1000mm(毫米)	1m = 3 市尺	1m = 3.2808 foot

1.5.3　地面点定位的工作原则

由上述内容可见，地面点的定位涉及技术过程和相应的测量技术手段，在本书后面的内容中将会逐步明确与定位技术过程和技术手段相适应的基本技术工作内容。为了保证基本工作内容的实现，定位必须遵循的工作原则有：

1. 等级原则

等级类别：测量技术工作的等级有三种，即

① 国家测量的技术等级，即一、二、三、四等级。

② 工程测量的基本等级和扩展级。基本等级是二、三、四、五等级，以此为基础的扩展级

---

① 弧度与度、分、秒的关系：数学上多以弧度为单位，测量多以度、分、秒为单位。测量计算应用数学公式时，必须注意这些关系。例如，数学上 $d(D\cos\alpha) = \cos\alpha dD - D\sin\alpha d\alpha$，用于测量应用时，该式应为

$$d(D\cos\alpha) = \cos\alpha dD - D\sin\alpha \frac{d\alpha}{\rho}$$

因为测量应用时，$d\alpha$ 不是弧度，而是秒，此时 $d\alpha/\rho = d\alpha/206265''$ 成为弧度才符合数学逻辑。

是一、二、三级。

③ 工程应用等外级。

在后续课程中将会学习有关技术等级的规定。因等级的规定有高低之分，技术要求的严密程度必然有差别。等级的规定是工程建设中测量技术工作成果质量的标准，也是严格科学态度与实际测量技术水平的象征；离开甚至违背技术等级要求的不合格测量工作是不能容许的。

2. 整体原则

所谓整体，其一，指的是测量对象是一个个互相联系的个体（或称为工程建设中的某一局部、细部或是地表面上的碎部）所构成的完整测量基地；其二，指的是测定地面点位置有关参数（如定位元素）不是孤立的，而是从属于工程建设整体对象的参数。如图1.12中的β_1、β_2、β_3虽是独立观测的角度值，但角度值β_1、β_2、β_3之和应是180°，180°就是该三角形区域内角和的整体参数。

地面点定位的整体原则是：从工程建设的全局出发实施定位的技术过程；定位技术过程得到的点位置必须在数学或物理的关系上按等级原则符合工程建设的整体要求。

3. 控制原则

所谓控制，实际上是等级原则下为工程建设自身提供定位的基准，这是"控制测量技术"中所述的内容。以控制测量技术建立的基准设施是工程建设的基础，是工程建设中地面点定位的测量保证。一般地，只有工程建设自身整个基准设施的控制测量完成之后，才有可能进行工程的其他地面点定位技术工作，这就是所谓的先控制原则。

4. 检核原则

地面点的定位元素测定工作是以正确为前提的。实现正确的地面点定位必须通过比较，即进行检核的环节才可以证明正确与否。检核原则贯穿于整个定位过程。一个测量工作者必须以高度的工作责任感完成测量的技术过程，必须严格观测和记载原始数据，必须严格检核测量成果，消除不符合要求的测量成果，消灭错误，消灭虚假，保证测量的成果绝对可靠、绝对准确，满足法规要求。同时，投入应用的仪器设备必须严格检验。实践证明，仪器设备符合要求、测量成果准确可靠是测量工作以及所涉及的工程得以优质的基础，没有经过检核证明正确的测量成果是不可取的。

习　　题

1. 测量学是一门研究测定_____，研究确定并展示_____的科学。

   A. 地面形状　　地物表面形状与大小

   B. 地点大小　　地球表面形态与大小

   C. 地面点位置　　地球体积大小

2. 工程测量学是研究_____。

   A. 工程基础理论、设计、测绘、复制的技术方法以及应用的学科

   B. 工程建设与自然资源开发中各个阶段进行的测量理论与技术的学科

   C. 交通土木工程勘察设计现代化的重要技术

3. 从哪些方面理解测绘科学在土木工程建设中的地位？

4. 简述概念：垂线、水准面、大地体、大地水准面、参考椭球体。

5. 参考椭球体的常用参数有哪些？

6. 投影带带号 $N=18, n=28$。问：所在投影带中央子午线 L_0 分别是多少？

7. 国内某地点高斯平面直角坐标 $x=2053410.714\mathrm{m}, y=36431366.157\mathrm{m}$。问：该高斯平面直角坐标的意义是什么？

8. 已知 A、B 点绝对高程是 $H_A=56.564\mathrm{m}$、$H_B=76.327\mathrm{m}$。问：A、B 点相对高程的高差是多少？

9. 试述似大地水准面的概念。

10. 测量有哪些技术原则？

11. 为什么测量需要检核？

12. 1.25 弧度等于多少度、分、秒？58 秒等于多少弧度？

第2章 角度测量

☞ **学习目标**：在学习角度测量基本概念的基础上，明确角度测量仪器的结构原理，掌握角度测量仪器应用的基本方法，掌握水平角、竖直角测量基本技术。

2.1 角度测量的概念

角度测量是最基本的测量技术工作，地面点之间的水平角和竖直角是角度测量的对象。

2.1.1 水平角

水平角是指水平面上两条相交直线的夹角，或者说是两个相交竖直面的二面角。

如图 2.1 所示，M、N、P 是三个高度不同的地面点，在 N 点的水平面上设一个水平度盘（见图 2.2）。水平度盘的刻度有 $360°$，按顺时针刻画。在 N 点分别观测 M、P 两点，得视线 NM、NP，并投影在 N 点水平度盘的水平面上，得 Nm、Np 两条水平线。两条水平线在水平度盘上获得相应的度盘刻度值 m'、p'，是视线 NM、NP 在水平度盘上的水平方向观测值，简称水平方向值。

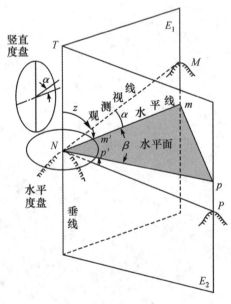

图 2.1 角度测量的对象

根据水平角的概念,图 2.1 中 Nm、Np 两条水平线的夹角 $\angle mNp$ 是水平角。水平角角度值为

$$\beta = p' - m' \tag{2-1}$$

两方向之间的水平角是相应二个水平方向值的差值。

图 2.1 中,视线 NM、NP 分别在 E_1、E_2 竖直面上,投影的二条水平线 Nm、Np 都垂直于竖直面相交线 NT,故 $\angle mNp$ 是二面角。

2.1.2 竖直角

竖直角及有关的仰角、俯角、天顶距也是测量的角度对象。

1. 竖直角

在同一竖直面内观测视线与水平线的夹角,称为竖直角。如图 2.1 所示,竖直面 E_1 内 $\angle MNm$ 是 N 点观测 M 点的竖直角 α。竖直角有垂直角、高度角之称。竖直面 E_2 内 $\angle PNp$ 是 N 点观测 P 点的竖直角。竖直角由竖直度盘获得。

2. 仰角

竖直面内观测视线在水平线之上的竖直角称为仰角,如图 2.1 中 $\angle MNm$。

3. 俯角

竖直面内观测视线在水平线之下的竖直角称为俯角,如图 2.1 中 $\angle PNp$。

4. 天顶距

地面点的垂线上方向至观测视线的夹角称为天顶距。如图 2.1 中 NT 与 NM 的夹角 $\angle TNM$,NT 与 NP 的夹角 $\angle TNP$,分别是在 N 点观测 M、P 点的天顶距。

设在 N 观测 M 的天顶距为 Z,竖直角为 α,因为 $\angle TNm = 90°$,故天顶距 Z 与竖直角 α 的关系为

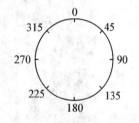

图 2.2 水平度盘

$$\alpha = 90° - Z \tag{2-2}$$

α 有正有负。式(2-2)中,当 $Z < 90°$ 时,α 为正,是仰角;当 $Z > 90°$ 时,α 为负,是俯角。

2.2 角度测量仪器

2.2.1 角度测量仪器种类

角度测量仪器主要有光学经纬仪、光电经纬仪和全站仪等。仪器等级有 $1''$ 级、$2''$ 级、$6''$ 级。

1. 光学经纬仪

光学经纬仪属于常规精密光学测角仪器(见图 2.3、图 2.4)。光学经纬仪装备有光学度盘,应用光学读数系统获取角度测量成果,精密度高,操作方便,应用广泛。我国光学经纬仪有 DJ07、DJ1($1''$ 级仪器)、DJ2($2''$ 级仪器)、DJ6($6''$ 级仪器)等。D 是 dadi(大地)第一个字母,J 是 jingwei(经纬)第一个字母。

2. 光电经纬仪

光电测角是以光电技术进行角度测量,以光电信号的形式表达角度结果的现代角度测

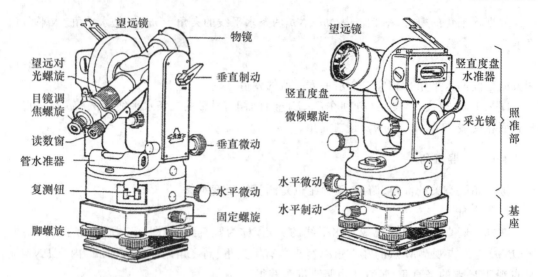

图 2.3 6″级光学经纬仪

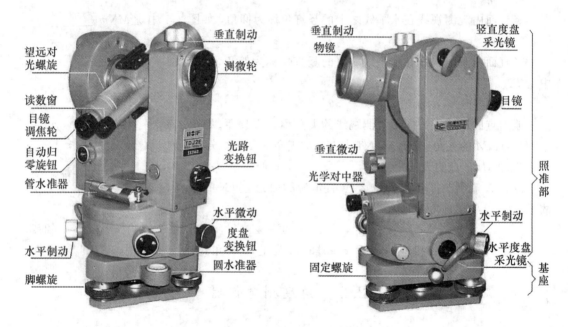

图 2.4 2″级光学经纬仪

量技术。光电经纬仪是以光电测角技术为武装的经纬仪,也称为电子经纬仪(见图2.5)。光电经纬仪装备有光电度盘和光电读数系统,直接电子数据处理和显示测量结果。光电经纬仪以当代光电技术测量角度,储存、传送角度信息,具有精密度高、角度测量方便快捷等优点,是一种自动化角度测量仪器。

3. 全站仪

全站仪是一种由精密光电测角与光电测距集成的现代化测量仪器(见图2.6)。有关光电测距的技术内容在第三章详细叙述。全站仪的精密光电测角属于光电经纬仪的技术内容。全站仪集成了光学经纬仪、光电经纬仪的全部功能和优点,全站仪是当代重要的角度测量仪器。

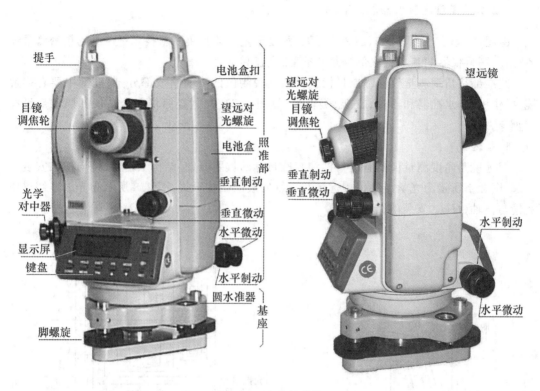

图 2.5　光电经纬仪

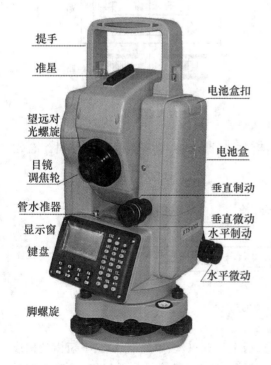

图 2.6　全站仪

2.2.2 角度测量仪器的照准部

由图 2.3、图 2.4、图 2.5、图 2.6 可见,角度测量仪器是集高新技术于一身的精密测量设备。角度测量仪器的基本组成部分是照准部、度盘和基座。

照准部是角度测量仪器瞄准目标获得角度观测值的重要组成部分。照准部主要有望远镜、操作机构、水准器和横轴、支架、竖轴等(见图 2.7)。光电经纬仪和全站仪的照准部设有键盘等。

1. 望远镜

望远镜是角度测量仪器看清目标和瞄准目标的重要器件。结构上,望远镜与横轴安装在一起。图 2.7 所示为光学经纬仪望远镜与横轴安装的结构形式。图 2.8 所示为光电经纬仪望远镜与横轴(HH)安装的结构形式。

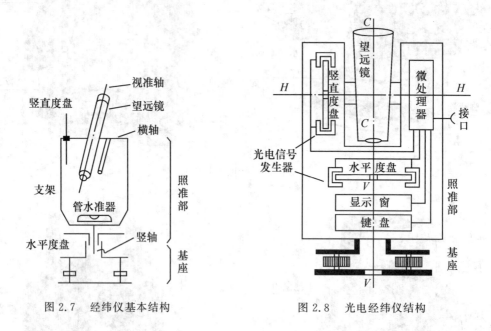

图 2.7　经纬仪基本结构　　　　　图 2.8　光电经纬仪结构

望远镜结构如图 2.9 所示,望远镜基本构件有物镜、凹透镜、十字丝板和目镜,并组合在镜筒内。

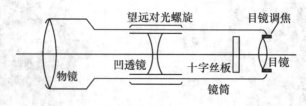

图 2.9　望远镜的构件

十字丝板(见图 2.10)是望远镜的瞄准标志。板上注有双丝、单丝以及上、下短横丝构成的十字丝刻画,纵丝与横丝互相垂直,与垂线互相平行。物镜、目镜是凸透镜组。目镜上带有目镜调焦轮。物镜的光心 O 与十字丝板的中心 O' 连成的直线称为望远镜视准轴(见图 2.11)。调焦镜是凹透镜,凹透镜与镜筒上的望远对光螺旋(套在镜筒外壁上)相连,并将受望远对光螺旋的控制前后移动,以便调整物像的成像质量。

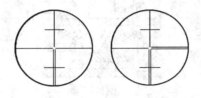

图 2.10 十字丝像

望远镜的成像过程如图 2.11 所示,物镜前的物像 A 经物镜成为缩小的倒立实像,并经凹透镜的调焦作用落在十字丝板的焦面上;目镜将倒立实像和十字丝像一起放大成虚像 B。此时,眼睛在目镜处可看到放大的倒立虚像。只能看到倒立虚像的望远镜称为倒像望远镜。

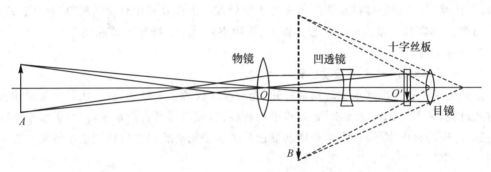

图 2.11 望远镜的成像过程

光电经纬仪、全站仪的望远镜内装有倒像棱镜,如图 2.12、图 2.13 所示。光路经过倒像棱镜(见图 2.13),使经过凹透镜的目标像发生颠倒,则在目镜看到的是放大的正立虚像。可以看到正立虚像的望远镜称为正像望远镜。光电经纬仪、全站仪的望远镜是正像望远镜。全站仪的望远镜设在方盒内,如图 2.6 所示。光电经纬仪的望远镜筒与光学经纬仪相同,不设方盒,如图 2.5 所示。

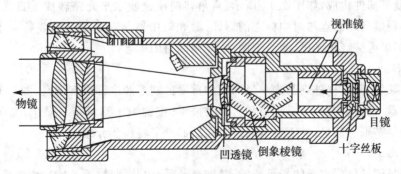

图 2.12 光电经纬仪、全站仪的望远镜

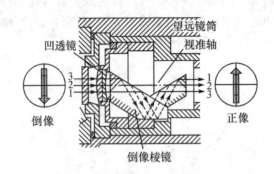

图 2.13　倒像装置的倒像原理

望远镜放大倍率随仪器而异,一般的角度测量仪器望远镜放大倍率为 28 倍左右。

根据望远镜的成像过程,必须做好对光操作:① 转动目镜调焦轮,调整目镜焦距,即调焦,使眼睛看清楚十字丝像;② 转动望远对光螺旋,对凹透镜调焦(内调焦),眼睛看清楚物像 A;③ 消除视差。视差即移动眼睛可发现十字丝像与虚像 B 的相对变动现象。存在视差,则表明物像 A 可能没有落在十字丝板焦面上。正确重复 ①、② 操作可消除视差。

2. 操作机构

(1) 水平制动旋钮、水平微动旋钮

这是用于控制照准部水平转动的旋钮。光学经纬仪的水平制动旋钮、水平微动旋钮按分离方式设置,如图 2.3、图 2.4 所示。开水平制动旋钮,照准部可自由水平转动;关水平制动旋钮,照准部不能自由水平转动。水平微动旋钮是关水平制动旋钮之后精细水平转动照准部的旋钮。

光电经纬仪、全站仪的水平制动旋钮、水平微动旋钮按集成同轴方式设置,如图 2.5、图 2.6 所示。其中,水平制动旋钮设内侧,水平微动旋钮设外侧,操作比较方便。

(2) 垂直制动旋钮、垂直微动旋钮

这是用于控制望远镜纵向转动的旋钮。垂直制动旋钮、垂直微动旋钮设置方式和功能与水平制动旋钮、水平微动旋钮相同,如图 2.3、图 2.4、图 2.5、图 2.6 所示。

(3) 光学对中器、激光对中器

这是用于指示角度测量仪器对中状态的机构。光学对中器主要由目镜、分划板、直角转向棱镜、物镜等部件构成,如图 2.14 所示。直角转向棱镜使水平光路转成垂直光路,故在调整目镜时将观察到地面点与对中标志的影像。激光对中器是对中视准轴装备有激光器的光学对中器,提供可见红色光斑,相当于图 2.14 中的对中标志。

(4) 键盘

光电经纬仪、全站仪外观与光学经纬仪的重要区别是照准部设有键盘。图 2.15 是图 2.6 全站仪的键盘。键盘设有一个显示窗和若干个按键。按键用于测量指令操作,显示窗显示测量指令和测量结果等信息。关于键盘的应用在后面章节将逐步介绍。

3. 水准器

水准器是测量仪器整平的指示装置,是玻璃制品,内装酒精(或乙醚),内液面有一气泡,其表面有指示整平的刻画标志,角度测量仪器配置管水准器、圆水准器,还有电子水准器。

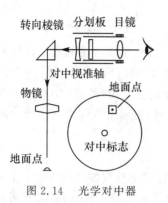
图 2.14 光学对中器

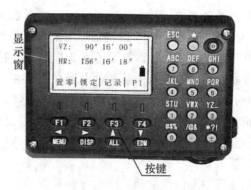
图 2.15 键盘

管水准器(见图 2.16)呈管状,内液面气泡呈长形,内壁顶端是一个半径 R 为 $20\sim40\mathrm{m}$ 的圆弧($L'L'$),表面刻画间隔 2mm,零点中心隐设在刻画线的中间。当气泡心移到零点中心时,称水准气泡居中(见图 2.16(b))。

水准气泡居中时,过圆弧零点的法线必与垂线平行,这时,过零点作直线 LL 与圆弧相切,则 LL 必然垂直于垂线,直线 LL 称为管水准轴。管水准轴是管水准器水平状态的特征轴。

水准器表面刻画间隔所对应的圆心角 τ,称为管水准器格值,或称分划值。图 2.16(c) 中,间隔 2mm 的圆弧所对应的圆心角

$$\tau = \frac{2}{R}\rho \tag{2-3}$$

式中,$\rho = 206265$ 秒。由式(2-3)可知,间隔为 2mm 的范围内,R 越大,即 τ 越小,说明水准器整平灵敏度越高。一般的角度测量仪器 τ 在 $20\sim30$ 秒。

圆水准器(见图 2.17)呈圆状,内液面有圆形气泡,内壁顶端是一个半径 R 约为 0.8m 的圆球面,表面有一个小圆圈标志,零点标志隐设在小圆圈中心(见图 2.17(a))。水准气泡居中时,过零点作圆球面法线 OO,则 OO 必与垂线平行,故称 OO 为圆水准轴。圆水准轴是圆水准器表示水平状态的特征轴。

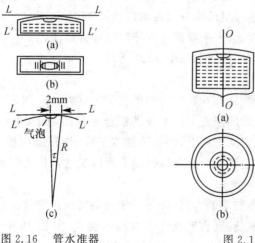
图 2.16 管水准器 图 2.17 圆水准器

圆水准器格值τ仍按式(2-3)计算,式中2mm表示水准气泡偏离零点的间隔,当R约有0.8m时,τ约有8分。圆水准器的整平灵敏度较低,指示水平的精密度不高。

电子水准器是一种以真水准面为标准,应用光电数字电路、电子屏幕和程序设计而构成的水准器,图2.18所示的是一种设置在仪器并由显示窗展现的管电子水准器,仍称管水准器。有的光电经纬仪、全站仪装备有电子水准器。图2.18中的显示窗(屏幕)中有两个管水准轴互相垂直的管水准器像,其中的小矩形黑框是管水准气泡。管水准气泡像处于管水准器中央,则光电经纬仪或全站仪处于水平状态。

4. 基本轴系

照准部望远镜视准轴、横轴、竖轴和管(圆)水准轴是角度测量仪器的基本轴。如图2.19所示,CC为望远镜视准轴;HH为横轴;VV为竖轴;LL为管水准轴,由此形成角度测量仪器的基本轴系。基本轴系结构关系必须满足:$CC \perp HH$;$HH \perp VV$;$LL \perp VV$。此外,十字丝板的纵丝平行于竖轴VV。有的仪器装有圆水准器,基本轴系结构关系还有圆水准轴$L'L' \perp LL$。

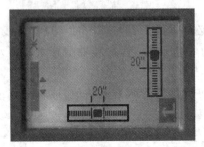
图2.18 全站仪显示窗的电子水准器

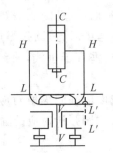
图2.19 基本轴系

2.2.3 角度测量仪器的度盘

角度测量仪器设有水平度盘和竖直度盘,都是光学玻璃制成的平面圆盘,直径不大(约90mm)。

1. 度盘安装形式

水平度盘安装特点是水平度盘套在竖轴中可以自由转动(见图2.7);竖直度盘安装特点是竖直度盘固定在横轴的一端与望远镜一起转动(见图2.7,图2.20)。

光学经纬仪的度盘是光学度盘,水平度盘全周按顺时针方向注记0~360°,如图2.2所示。一般的竖直度盘也按顺时针方向注记,如图2.20所示。

2. 竖直度盘指标线自动归零

竖直度盘的0°、180°刻画分别注在视准轴方向的目镜方、物镜方,图2.20表示指标线指示的正常状态,即内部指标线与外部竖直度盘水准器结合挂在横轴上,微动微倾螺旋,使水准器气泡居中,则指标线在垂线正确方向上,当视准轴水平时,指标线所指为90°;如果水准器气泡不居中,则指标线所指不会是90°,必须以微动微倾螺旋的操作实现正常状态,其操作称为指标线人工归零操作。

现代角度测量仪器多是自动归零的方式,即指标线自动实现正常状态的方式。自动归零方式以自动归零装置代替微倾螺旋、竖直度盘管水准器等装置。图2.21是自动归零装置原理图。图中,悬挂式(摆式)光学透镜是自动归零的核心部件。光学透镜与指标线⊕构成自动归零的整体装置。图 2.21(a)的竖直度盘如同图 2.20 中的正常状态,表示自动归零装置的正确位置:指标线 ⊕ 设在垂线 A 位置,光学透镜二端吊丝的挂位同高。这时,光投射使指标线 ⊕ 沿垂线方向经过光学透镜指在 90°的位置。

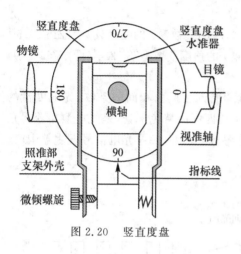

图 2.20　竖直度盘

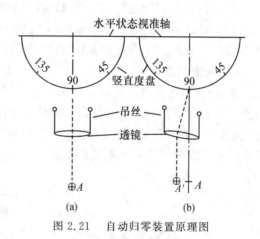

图 2.21　自动归零装置原理图

图 2.21(b)表示自动归零装置因整平不足的不正确位置:指标线 ⊕ 在偏离垂线($\varepsilon < 3'$)A' 处,悬挂式光学透镜二端吊丝挂位不同高,自身重力作用使光学透镜的主焦面倾斜。这时,光投射使指标线 ⊕ 沿平行垂线方向到达光学透镜。由于到达光线不垂直光学透镜的主焦面的光线发生折射,从而使指标线 ⊕ 指在 90°的位置,实现指标线 ⊕ 的自动归零,或称为自动补偿。

3. 度盘读数系统

(1) 光学读数系统

光学经纬仪利用光学读数系统,把水平度盘和竖直度盘的刻画影像传送到目镜读数窗中。图 2.22 表示一种 6″级光学经纬仪的光学读数系统。图中有 A、B 两个光路系统,A 光路用于获取水平度盘角度读数,B 光路用于获取竖直度盘的角度读数。A、B 两个光路最后带着各自的角度信息与光路中的测微读数组合并放大在同一个目镜读数窗中(见图 2.23)。

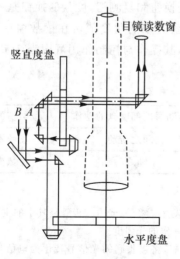

图 2.22　光学角度读数系统

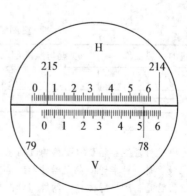

图 2.23　分微尺角度读数

根据图 2.23 的读数窗口,分微尺测微读数方法为:
① 读取分微尺内度分划的度数;
② 读取分微尺 0 分划至该度分划所在分微尺上的分数;
③ 计算以上两数之和,即为读数窗的角度读数。

如图 2.23 所示的水平(Horizontal)度盘(注有"H"的读数窗)的角度读数是 $215°06.5'$(即 $215°06'30''$),竖直(Vertical)度盘(注有"V"的读数窗)的角度读数是 $78°52.4'$(即 $87°52'24''$)。

（2）光电测角系统

光电经纬仪、全站仪的度盘是光电度盘,度盘全周刻注黑白相间的条纹。光电度盘的黑白条纹是角度信息形式便于与光电技术、通信技术相匹配的特色标记,是光电测角获得角度信息的依据。如图 2.24 所示,角度 φ 的大小与光电感应光阑 L_S、L_R(光电信号发生器①)按黑白条纹所引发的电脉冲多寡紧密相关。

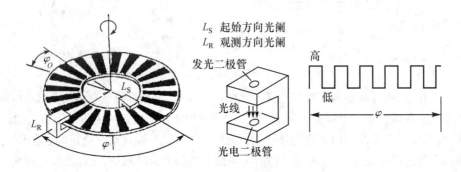

图 2.24 光电度盘测角系统

光电经纬仪、全站仪的光电测角系统结构如图 2.8 所示,光电信号发生器获取按黑白条纹引发的电脉冲,光电测角系统的微处理器对电脉冲处理,最终在键盘显示窗显示角度测量的结果。图 2.15 中显示窗的第一行"VZ"为竖直度盘观测值,第二行"HR"为水平度盘观测值。

4. 水平度盘配置机构

光学经纬仪水平度盘配置机构有两种,即度盘变换钮和复测钮。度盘变换钮是一个带有齿轮的转动装置,通过齿轮的连接带动度盘转动,度盘转动的角度值可在读数窗中看到。复测钮是一种控制水平度盘与照准部联系的控制机构,其操作与控制作用可用表 2-1 表示。

表 2-1　　　　　　　　　　　复测钮操作与控制作用

复测钮的一般操作	度盘与照准部的联系	转动照准部度盘的动作	读数窗的情况
开	连　接	随之转动	度数不变
关	脱　离	不随之转动	度数变化

---

① 光电信号发生器是获取度盘角度信息的重要器件,发光二极管、光电二极管是其中的主要部件。
发光二极管是一种半导体发光器件,有一定电流便发出一定的光强度。
光电二极管是一种半导体光电器件,具有内光电效应功能,将接收到的光信号转化为电信号,在输出电路中反映出来。

光电经纬仪、全站仪的水平度盘配置机构有多种，主要是以键盘的按键功能实现的。按键功能有 OSET、HOLD、HSET，此外还有度盘注记顺序按键功能 HR、HL。

OSET 功能把光电经纬仪、全站仪水平度盘显示设置为零；HOLD 功能相当于光学经纬仪的复测钮，可用于光电经纬仪、全站仪水平度盘的配置；HSET 功能相当于光学经纬仪的度盘变换钮，启动 HSET 功能可根据需要输入角度值实现水平度盘的配置；HR 功能把水平度盘的记度配置为顺时针注记顺序；HL 功能把水平度盘的记度配置为逆时针注记顺序。

2.2.4　角度测量仪器的基座

基座（见图 2.25）主要由轴套、脚螺旋、连接板、固定旋钮等构成，是照准部支承装置。角度测量仪器照准部装在基座轴套以后必须扭紧固定螺旋（锁定杆），一般应用不得松开固定螺旋，如图 2.3、图 2.4、图 2.5、图 2.6 所示。有的基座装备有光学对中器、圆水准器。

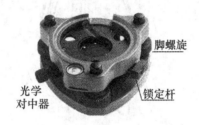

图 2.25　基座

2.3　角度测量基本操作

角度测量是利用角度测量仪器在相应的地面点（一般设有固定标志）上对另一地面点上的目标进行观测的过程，过程涉及基本操作方法和角度观测技术。角度测量基本操作主要是角度测量仪器安置；应用测量仪器瞄准目标，即瞄准；从测量仪器获取角度观测值，即读数；配置水平度盘等。

2.3.1　仪器的安置

角度测量仪器安置的基本目的是仪器的中心在地面点中心的垂线上；仪器的水平度盘处于水平状态。仪器的安置又称为对中整平。仪器设有光学对中器（或激光对中器），仪器的安置方法以光学对中器进行"四步骤"① 操作，具体方法如下：

1. 三脚架对中

三脚架是安放角度测量仪器的支架，将三脚架安置在地面点上，如图 2.26 所示，要求高

---

① 仪器安置的四步骤：三脚架对中、仪器对中、三脚架整平、精确整平。四步骤应步步为营，稳扎稳打；上步未成，下步不行；上步完成，下步可行；下步不满足要求，上步必然不合格。最后检查对中不合格，应从第二步开始重来。

度适当、架头概平、大致对中、稳固可靠。伸缩三脚架的架腿可调整三脚架高度,三脚架安置时,在架头中心处自由落下一小石头,观其落下点位与地面点的偏差在 3cm 之内,则实现大致对中。三脚架的架腿尖头尽可能插进土中。

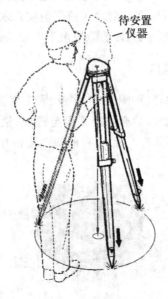

图 2.26　三脚架对中

2.仪器对中

这是精密对中的工作。

(1)安置仪器(如全站仪)

从仪器箱中取出角度测量仪器放在三脚架架头上(手不放松),位置适中。另一手把中心螺旋(在三脚架头内)旋进仪器的基座中心孔中,使仪器牢固地与三脚架连接在一起。

(2)脚螺旋对中

这是利用基座的脚螺旋进行精密对中的工作。

① 光学对中器对光(转动或拉动目镜调焦轮),使之看清光学对中器的对中标志和地面点,同时根据地面情况辨明地面点的大致方位。

② 用手转动脚螺旋,同时眼睛在光学对中器目镜中观察对中标志与地面点的相对位置不断发生变化的情况(见图 2.14),直到对中标志与地面点重合为止,则脚螺旋光学对中完毕。

如果仪器设有激光对中器,则可以:开激光对中器,观察地面激光点(有的仪器设有对光旋钮,即转激光对中器调焦轮聚焦);用手转动脚螺旋,同时观察地面激光点移动情况,直到激光点与地面点重合为止。

3.三脚架整平

这是一种升降三脚架脚腿达到概略整平目的的操作。具体做法如下:

① 任选三脚架的两个脚腿,转动照准部使管水准器的管水准轴与所选的两个脚腿地面支点连线平行,升降其中一脚腿使管水准器气泡居中。

② 转动照准部使管水准轴转动 90°，升降第三脚腿使管水准器气泡居中。

三脚架整平是一项重要的手上功夫。注意：升降脚腿时，不能移动脚腿地面支点；升降时，左手指抓紧脚腿上半段，大拇指按住脚腿下半段顶面（见图 2.27），并在松开箍套旋钮时以大拇指控制脚腿上下半段的相对位置实现，渐进的升降；眼睛观察管水准气泡居中时，扭紧箍套旋钮；整平时，水准器气泡可偏离零点 2～3 格；整平工作应重复一两次。

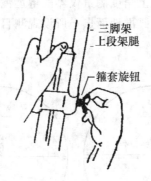

图 2.27　升降三脚架脚腿

有的仪器设两个互相垂直的管水准器，如图 2.18 所示。三脚架整平操作，只要上述 ① 操作使管水准轴与所选的两个脚腿地面支点连线平行，在 ② 操作不必转动照准部使管水准轴转动 90°。

4. 精确整平

① 任选基座两个脚螺旋，转动照准部使管水准轴与所选两个脚螺旋中心连线平行，相对转动两个脚螺旋使管水准器气泡居中，如图 2.28(a) 所示。管水准器气泡在整平中的移动方向与转动脚螺旋左手大拇指运动方向一致。

② 转动照准部 90°，转动第三脚螺旋使管水准器气泡居中，如图 2.28(b) 所示。重复上述步骤使水准器气泡精确居中。

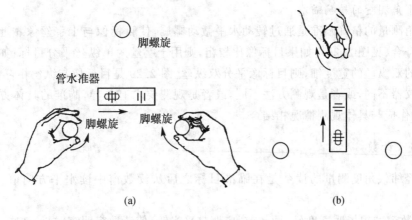

图 2.28　精确整平

有的仪器设两个互相垂直的管水准器,如图 2.18 所示。精确整平时,只要在上述 ① 操作使管水准轴与所选的两个脚螺旋中心连线平行,在 ② 操作不必转动照准部使管水准轴转动 90°。

2.3.2 瞄准

瞄准的实质是安置在地面点上角度测量仪器的望远镜视准轴对准另一地面点的中心位置。一般地,测角仪器正像望远镜瞄准地面点上所设观测目标(见图 2.29),目标中心在地面点的垂线上,目标是瞄准的对象。

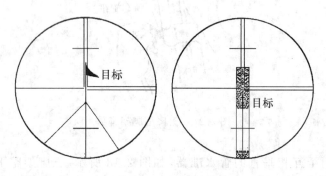

图 2.29　精确瞄准

1. 一般人工瞄准方法

① 大致瞄准,或称粗略瞄准,即松开水平、垂直制动螺旋(或制动卡),按水平角观测要求转动照准部,使望远镜的准星对准目标,旋紧制动螺旋(或制动卡);

② 正确做好对光工作,先使十字丝像清楚,后使目标像比较清楚;

③ 精确瞄准,即转动水平、垂直微动螺旋,使望远镜的十字丝像中心部位与目标有关部位相符合。精确瞄准应注意微动螺旋的操作,一旦转不动,不得再继续扭转,应重新调整微动螺旋后再操作。

2. 水平角测量的精确瞄准

水平角测量的精确瞄准是通过转动水平微动螺旋,使目标像与十字丝像靠近中心部分的纵丝相符合(见图 2.29)。如果目标像比较粗,则用十字丝的单纵丝平分目标;如果目标像比十字丝的双纵丝的宽度细,则目标像平分双纵丝。图 2.29 是目标像与纵丝相符合的形象。由于测量仪器不同,或者是观测方法不同,或者是观测要求有差异,瞄准的具体方法也有区别,瞄准工作应与具体观测情况相结合。

2.3.3 读数

光学经纬仪角度测量的读数是在瞄准目标之后从读数窗中读水平方向值。读数时应注意:

① 读数窗的视场明亮度好。读数前,应调整采光镜,使读数窗明亮,视场清晰。

② 按不同的角度测微方式读数,精确到测微窗分划的 0.1 格。如分微尺测微方式,直接读度数和分微尺上的分,估读到 0.1′。

③ 读数与记录有呼有应,有错即纠。即记录者对读数回报无误再记;纠正记错的原则是"只能画改,不能涂改"。画改,即将错的数字画上一斜杆,在错字附近写上正确数字。

④ 最后的读数值应化为度、分、秒的单位。

光电经纬仪、全站仪角度测量值可直接从仪器显示窗读取。如图 2.15 所示,显示水平方向观测值 HR 为 $156°16'18''$,显示竖直度盘观测值 VZ 为 $90°16'00''$,是确认仪器瞄准目标后的观测值。仪器显示窗观测值可直接读取记录,也可以通过电子存储器记录。

光电经纬仪、全站仪角度显示格式一般为度、分、秒。有的光电经纬仪、全站仪角度显示格式有多种设置,角度测量时,应根据仪器设计选取角度显示格式,保证读数正确。

显示窗的显示不明显或者因显示窗亮度不足,可以启动照明按键功能,保证读数方便。

2.3.4 水平度盘的配置

水平度盘的配置是使度盘的起始读数位置在起始方向上满足规定的要求。

光学经纬仪水平度盘的配置方法有度盘变换钮配置和复测钮配置两种。

1. 度盘变换钮配置

转动照准部,使望远镜瞄准起始方向目标;② 打开度盘变换钮的盖子(或控制杆),转动变换钮,同时观察读数窗的度盘读数,使之满足规定的要求;③ 关闭度盘变换钮的盖子(或控制杆)。

2. 复测钮配置

复测钮控制着度盘与照准部的关系(见表 2-1),复测钮配置度盘的具体方法如下:

① 关复测钮,打开水平制动旋钮转动照准部,同时观察读数窗的度盘读数,使之满足规定的要求(可在水平制动后获取规定的粗略度盘读数,再用水平微动旋钮获取满足规定的度盘读数);

② 开复测钮,转动照准部照准起始方向,并用水平微动旋钮精确瞄准起始方向;

③ 关复测钮,使水平度盘与照准部处于脱离状态。

光电经纬仪、全站仪水平度盘的配置方法有 OSET、HOLD、HSET 按键功能。

OSET 按键功能是把光电经纬仪、全站仪水平度盘显示设置为零的按键功能。光电经纬仪、全站仪处于通电工作状态瞄准目标后,启动 OSET 按键功能,这时光电经纬仪、全站仪水平度盘显示为 $0°00'00''$。

HOLD 按键功能相当于光学经纬仪的复测钮功能。具体方法如下:

① 打开水平制动旋钮转动照准部,同时观察仪器显示窗的角度显示数变化,使之满足规定的要求(可在水平制动后获取规定的粗略显示读数,再用水平微动旋钮获取满足规定的显示读数);

② 启动 HOLD 按键功能,仪器显示窗角度显示数不再变化,则水平度盘与照准部处于连接状态。转动照准部照准起始方向,并用水平微动旋钮精确瞄准起始方向。

③ 观察显示窗提示"是"、"否"按键功能,启动"是"功能,仪器显示窗的角度显示数可变化,则水平度盘与照准部处于脱离状态。

HSET 按键功能相当于光学经纬仪的度盘变换钮,启动 HSET 功能可根据需要输入角度值实现水平度盘的配置。具体方法如下:

① 转动照准部照准起始方向,并用水平微动旋钮精确瞄准起始方向;

② 启用 HSET 按键功能，仪器显示窗提示角度输入，按需要输入角度值实现水平度盘的配置。

2.4 水平角观测技术方法

2.4.1 方向法

方向法，或称测回法，用于测量两个方向或三个方向构成的角度。如图 2.30 所示，O 点是安置好经纬仪的地面固定点，A、B 是设有目标的地面点。

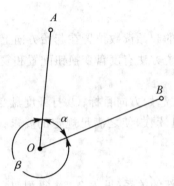

图 2.30　方向法水平角观测

1. 准备工作

① 选定起始方向。如图 2.30 所示，可选角度有 $\angle AOB$ 和 $\angle BOA$。若选定测量的角度是 $\angle AOB$，即 α 角，则称 OA 是起始方向；若选定测量的角度是 $\angle BOA$，即 β，则称 OB 是起始方向。在方向法测角中，又称起始方向为后视方向。

② 按要求在地面点 O 安置经纬仪和在地面点 A、B 树立目标。

③ 根据观测方向的相应距离做好望远镜的对光。图 2.30 中距离 $OA < OB$，对光时选择 OA、OB 的平均距离上的假定目标作为对光的对象。如果 OA、OB 的距离大于 500m，则可以同等距离长度对待。

④ 根据需要进行水平度盘配置。初始观测瞄准起始方向时，度盘读数应比度盘配置值稍大些。

注意：在水平度盘配置之前，有的光电经纬仪和全站仪角度测量的准备工作必须启动仪器的初始化状态，选好度盘注记顺序。如应用苏一光全站仪，电池供电正常，按开机后显示窗口"转动望远镜"的启动提示，使全站仪处于角度测量状态完成初始化。

2. 观测方法

选定测量的角度是 $\angle AOB(\alpha)$。

(1) 盘左观测

角度测量仪器的竖直度盘在望远镜瞄准视线左侧的位置状态，称为盘左，如图 2.31 所示。在盘左位置观测的基本方法如下：

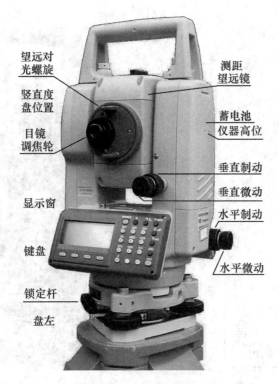

图 2.31　盘左观测

① 按顺时针转动照准部的方向瞄准目标；
② 在分别瞄准目标后立即读数，记录。

如图 2.30 所示，按顺时针转动照准部先瞄准 A 目标后立即读数，接着顺时针转动照准部瞄准 B 后立即读数，记录见表 2-3。全站仪的读数为在图 2.32 的显示窗 HL 注记顺序的方向观测值。

(2) 盘右观测

角度测量仪器的竖直度盘在望远镜瞄准视线右侧的位置状态，称为盘右。完成盘左观测之后在盘右位置观测的基本方法如下：

① 沿横轴纵转望远镜 180°，转动照准部使仪器处于盘右位置，如图 2.33 所示；
② 按逆时针转动照准部的方向瞄准目标；
③ 在分别瞄准目标后立即读数，记录。

如图 2.30 所示，按逆时针转动照准部先瞄准 B 目标，后瞄准 A，记录见表 2-2。

注意：准备工作中已完成对光，瞄准目标仅按大致瞄准和精确瞄准即可。同方向盘左观测值与盘右观测值相差 180°。这种情况在表 2-3 的观测值中随处可见。如果某方向盘左观测值超过 180°，此时盘右观测值一定是超过 360°，只不过角值是小于盘左观测值的小角。如盘左观测值 194°，盘右观测值是 194°+180° = 374° = 360°+14° = 14°，这是因为水平度盘对超过 360° 的角度在度盘上自动减去 360°。

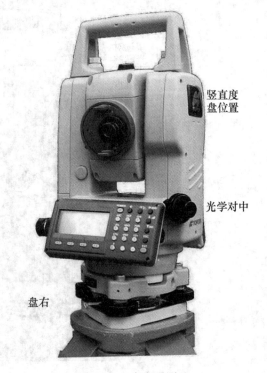

```
VZ: 82° 21′ 50″
HL: 157° 33′ 58″

置零│锁定│记录│P1
```

图 2.32　角度显示状态　　　　　　　图 2.33　盘右观测

表 2-2　　　　　　　方向法观测水平角的记录

测站	盘位	目标	水平度盘 水平方向值读数 ° ′ ″	水平角 半测回值 ° ′ ″	水平角 一测回值 ° ′ ″	备注
O	盘左	A	0　01　18	49　48　54	49　48　42	$\Delta\alpha = \alpha_左 - \alpha_右 = 24″$ $\Delta\alpha_容 = \pm 30″$
		B	49　50　12			
	盘右	B	229　50　18	49　48　30		
		A	180　01　48			

3. 计算与检核

以上盘左观测称为上半测回,盘右观测称为下半测回,两个半测回构成一个测回,称为一测回观测。计算与检核工作步骤如下:

① 计算半测回角度观测值。

盘左:$\alpha_左 = 49°50′12″ - 0°01′18″ = 49°48′54″$,

盘右:$\alpha_右 = 229°50′18″ - 180°01′48″ = 49°48′30″$。

② 检核。首先大数检核:同方向盘左、盘右观测值是否相差180°?是否相等?其次计算

$\Delta\alpha = \alpha_左 - \alpha_右$,检核 $\Delta\alpha$ 是否大于容许误差 $\Delta\alpha_容$。若 $\Delta\alpha > \Delta\alpha_容$,则说明这个测回中的观测值有错误,不符合要求,应重新观测。

③ 检核结果 $\Delta\alpha < \Delta\alpha_容$,计算一测回 $\alpha_平$:

$$\alpha_平 = \frac{\alpha_左 + \alpha_右}{2} \tag{2-4}$$

2.4.2 全圆方向法

全圆方向法,或称全圆测回法。当测站上观测方向数超过 4 个(包括 4 个)时,水平角测量采用全圆方向法。如图 2.34 所示,O 是测站,A、B、C、D 是四个与测站 O 距离不等的地面点。

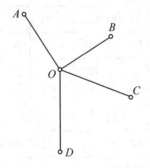

图 2.34 全圆方向法

1. 准备工作

① 按要求安置经纬仪和树立目标。

② 选定起始方向(或称零方向),做好对光工作。

在 A、B、C、D 这四个点中选一个与 O 点距离适中、目标比较清楚的点位作为起始方向,如 A 方向。接着做好对光工作,同时检查其他方向的清晰程度。

③ 进行水平度盘配置。

2. 观测步骤

(1) 盘左观测

① 按顺时针转动照准部的方向依次瞄准目标 A、B、C、D、A;② 在分别瞄准每一目标后立即读数和记录。

(2) 盘右观测

① 沿横轴纵转望远镜 180°,转动照准部使仪器处于盘右位置;② 按逆时针转动照准部的方向依次瞄准目标 A、D、C、B、A;③ 在分别瞄准每一目标后立即读数和记录。

3. 说明

① 如同方向法,盘左、盘右观测构成完整一测回观测,表 2-3 是二测回观测成果。

② 根据记录表格,一个测回盘左观测按从上到下的顺序记录;一个测回盘右观测按从下到上的顺序记录。

表 2-3 全圆方向法观测记录

测站	测回数	目标	水平度盘读数 盘左观测 ° ′ ″	水平度盘读数 盘右观测 ° ′ ″	2C	盘左、盘右平均值 ° ′ ″	归零后水平方向值 ° ′ ″	各测回平均水平方向值 ° ′ ″
1	2	3	4	5	6	7	8	9
O	1	A	Δ_0 (24) 0 01 00	Δ_0 (6) 180 01 12	−12	(0 01 14) 0 01 06	0 00 00	0 00 00
		B	91 54 06	271 54 00	+06	91 54 03	91 52 49	91 52 47
		C	153 32 48	333 32 48	0	153 32 48	153 31 34	153 31 34
		D	214 06 12	34 06 06	+06	214 06 09	214 04 55	214 04 56
		A	0 01 24	180 01 18	+06	0 01 21		
1	2	A	Δ_0 (24) 90 01 12	Δ_0 (12) 270 01 24	−12	(90 01 27) 90 01 18	0 00 00	
		B	181 54 06	1 54 18	−12	181 54 12	91 52 45	
		C	243 32 54	63 33 00	−12	243 33 00	153 31 33	
		D	304 06 26	124 06 20	+06	304 06 23	214 04 56	
		A	90 01 36	270 01 36	0	90 01 36		

③ 水平度盘配置按下式计算各测回的起始读数 δ：

$$\delta = \frac{180}{n} + \Delta \tag{2-5}$$

式中，n 是测回数，Δ 是测微窗微小的角度值(正值)。如 $n=2$，则第一测回 δ 是 $0°01'00''$，第二测回 δ 是 $90°01'12''$。

④ 每个盘位按转动照准部方向最后的瞄准回到开始瞄准的方向，这一步骤称为归零观测。如表 2-4 中第 4 栏，半测回的第二次观测 A 方向就是归零观测，观测值 L_0(归0) $= 0°01'24''$。

4. 计算与检核

全圆方向法的计算与检核项目有：

(1) 归零差的计算与检核

归零差 Δ_0 是半测回中起始方向观测值与归零观测值的差值。如 2″ 级角度测量仪器 $\Delta_0 \leqslant \pm 8''$，6″ 级角度测量仪器 $\Delta_0 \leqslant \pm 18''$。

(2) 二倍照准差 2C 及 2C 互差 $\Delta 2C$ 的计算与检核

$$2C = L_{盘左} - L_{盘右} \pm 180° \tag{2-6}$$

$$\Delta 2C = 2C_i - 2C_j \tag{2-7}$$

式中，$L_{盘左}$、$L_{盘右}$ 是同一方向的盘左观测值和盘右观测值；i、j 是不同方向的标志。

一般说来,经纬仪的2C不能太大,如2″级角度测量仪器的2C≤±30″。2C互差Δ2C有严格的要求,如表 2-4,2″级角度测量仪器的 Δ2C≤±13″,6″级角度测量仪器的 Δ2C≤±35″。

表 2-4　　　　　　　　　　角度测量方向观测的技术要求

等级	仪器等级	光学测微器两次符合读数之差(″)	半测回归零差(″)	一测回2C互差的限值(″)	同一方向值各测回互差(″)
四等及以上	1″级	1	6	9	6
	2″级	3	8	13	9
一级及以下	2″级	—	12	18	12
	6″级	—	18	—	24

(3) 方向平均值 L_i' 的计算

$$L_i' = \frac{L_{盘左} + L_{盘右} \pm 180°}{2} \tag{2-8}$$

(4) 零方向平均值的计算

表 2-4 第 7 栏第一测回 $L_0 = 0°01'06''$,$L_0(归_0) = 0°01'21''$,则 $L_0' = 0°01'14''$。

$$L_0' = \frac{L_0 + L_0(归_0)}{2} \tag{2-9}$$

(5) 归零方向值的计算

$$L_i = L_i' - L_0' \tag{2-10}$$

(6) 测回差的计算与检核

不同测回的同方向归零方向值的差值,称为测回较差,简称测回差,用 $\Delta\beta$ 表示。例如,2″级角度测量仪器 $\Delta\beta \leq \pm 9''$;6″级角度测量仪器 $\Delta\beta \leq \pm 24''$。

上述的计算与检核中如发现有超限的项目(见表 2-5),则说明该项目不合格,应根据有关规定重新观测。如归零差超限,则该半测回重测;又如 Δ2C 超限,则该方向重测。

5.3 个方向的方向法

当测站上观测方向数只有 3 个时,每个盘位不必归零观测,如图 2.35 所示,测站 O 有三个方向 A、B、C,这种情况的观测方法是方向法,观测记录见表 2-5。

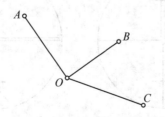

图 2.35　三个方向

表 2-5　　　　　　　　　方向法观测记录

测站	测回数	目标	水平度盘读数 盘左观测 ° ′ ″	水平度盘读数 盘右观测 ° ′ ″	2C ″	盘左、盘右 平均值 ° ′ ″	归零后 水平方向值 ° ′ ″	各测回平均 水平方向值 ° ′ ″
1	2	3	4	5	6	7	8	9
O	1	A	0　01　00	180　01　12	−12	0　01　06	0　00　00	0　00　00
O	1	B	91　54　06	271　54　00	+06	91　54　03	91　52　57	91　52　56
O	1	C	153　32　48	333　32　48	0	153　32　48	153　31　42	153　31　42
O	2	A	90　01　12	270　01　24	−12	90　01　18	0　00　00	
O	2	B	181　54　06	1　54　18	−12	181　54　12	91　52　54	
O	2	C	243　32　54	63　33　06	−12	243　33　00	153　31　42	

2.5　竖直角观测技术方法

2.5.1　竖直角观测方法

竖直角观测方法有中丝法和三丝法。中丝法即以十字丝中横丝瞄准目标的观测方法。

1. 准备工作

做好经纬仪与目标安置工作;根据选定的方向做好对光操作。

2. 观测步骤

(1) 盘左观测

① 瞄准目标。如同一般的瞄准方法,但精确瞄准的部位与水平角测量的情况不同。竖直角测量要求望远镜视场目标像的顶面与十字丝像靠近中间的中横丝相切,如图 2.36(a)所示;或目标像的顶面平分十字丝像靠近中间部分的双横丝,如图 2.36(b)所示;或十字丝的单横丝平分目标像的中间位置。

② 读数。与水平角测量的读数方法相同。

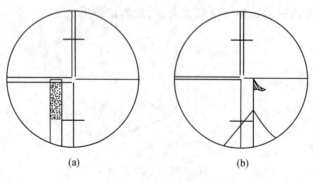

图 2.36　瞄准目标

(2) 盘右观测

观测步骤如同上述的盘左观测。

注意：人工归零操作。有的角度测量仪器没有设置自动归零装置，如图2.3所示的光学经纬仪。这时的盘左、盘右观测步骤在瞄准目标后必须精平，即转动微倾旋钮，使竖直度盘的水准器气泡居中，此时才能读数。

2.5.2 竖直角的计算

1. 盘左观测的竖直角

根据图2.20可知，望远镜、竖直度盘和横轴三者结合在一起，望远镜绕横轴转动，按顺时针顺序刻画的竖直度盘也一起转动。指标线和竖直度盘水准器连在一起，水准气泡居中指标线在垂线方向上指示望远镜瞄准目标时的度盘读数 L 如图2.37所示。由于某种原因指标线不严格处于垂线方向上，指标线在度盘读数中少了一个角度差 x，则望远镜瞄准目标时的准确度盘读数应加上角度差 x，即为 $L+x$，如图2.37(a)所示。在这里 x 称为指标差。

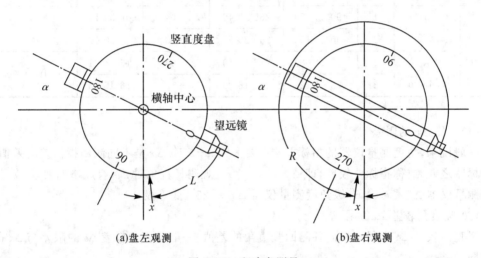

图2.37 竖直角测量

根据竖直角的定义，按图2.37(a)可知，望远镜瞄准目标时盘左观测的竖直角 $\alpha_{左}$ 为

$$\alpha_{左} = 90° - (L+x) \tag{2-11}$$

2. 盘右观测的竖直角

根据盘左观测的竖直角的分析可知，指标线在度盘读数中少了一个角度差 x，盘右观测时，望远镜瞄准目标的准确度盘读数应为 $R+x$（见图2.37(b)），因此，盘右观测的竖直角 $\alpha_{右}$ 为

$$\alpha_{右} = R + x - 270° \tag{2-12}$$

3. 角度计算

根据式(2-11)、式(2-12)得

$$\alpha_{平} = \frac{\alpha_{左} + \alpha_{右}}{2} \tag{2-13}$$

令 $\alpha_{左} = \alpha_{右}$，则

$$\alpha = \frac{R - L - 180°}{2} \tag{2-14}$$

式(2-11)、式(2-12)相减,可得

$$x = \frac{360° - L - R}{2} \tag{2-15}$$

式(2-14)、式(2-15)是利用盘左、盘右观测竖直角的计算公式。

4. 计算中的限差

表 2-6 是测站 O 分别观测目标 A、B 各二测回的观测实例。表中按竖直角测量结果计算各测回指标差 x 和竖直角 α。此外还要计算、检查二项限差。

表 2-6　　　　　　　　竖直角测量的记录与计算

测站 仪器高	目标 及高度	测回	盘 左 观测值	盘 右 观测值	指标差 x ″	竖直角 α ° ′ ″	竖直角平均值 ° ′ ″
O 1.543m	A 2.675m	1	90 30 17	269 29 49	−04	−0 30 14	−0 30 13
		2	90 30 15	269 29 51	−03	−0 30 12	
	B 2.435m	1	73 44 08	286 16 10	−09	16 16 01	16 16 00
		2	73 44 12	286 16 09	−10	16 15 58	

(1) x 及 Δx 的限差

一般说来,角度测量仪器的指标差 x 不要太大,$x \leqslant 1'$。Δx 是不同测回指标差的差值,称为指标差之差,或称指标差较差,即 $\Delta x = x_1 - x_2$。观测竖直角对 Δx 有严格的要求,如 2″ 级角度测量仪器 $\Delta x \leqslant 15''$,6″ 级角度测量仪器 $\Delta x \leqslant 25''$(低等级)。

(2) 竖直角较差 $\Delta \alpha$ 的限差

竖直角较差 $\Delta \alpha$ 为同一方向各测回竖直角的差值。一般竖直角较差 $\Delta \alpha$ 的限差与 Δx 的限差相同。

2.5.3　竖直角简易测量与计算

若要求不高,指标差 $x < \pm 1'$,视 x 为零,式(2-11)竖直角观测以盘左观测值 L 即可,这时

$$\alpha = 90° - L \tag{2-16}$$

比较式(2-2),此时,式(2-16)中的 L 就是天顶距 Z。

2.6　角度测量误差与预防

影响角度测量的误差来源主要是仪器误差、观测误差和外界环境条件。

2.6.1　仪器误差

仪器误差主要包括三轴误差(视准轴误差、横轴误差、竖轴误差)、照准部偏心差和度盘

误差等。

1. 视准轴误差

如图 2.38 所示,视准轴 OC' 与横轴 HH 不垂直,存在 c 角误差,即视准轴误差。据推证,这种误差对水平方向影响为

$$\Delta c = \frac{c}{\cos\alpha} \tag{2-17}$$

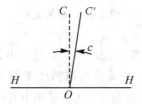

图 2.38 视准轴误差

由式(2-17)可见,观测方向竖直角 α 越大,Δc 越大。一般,α 为 $1°\sim 10°$,$\cos\alpha \approx 1$,故可认为

$$\Delta c = c \tag{2-18}$$

据研究,若盘左观测 c 为正值,则盘右观测 c 为负值。因此,在盘左、盘右观测取水平方向平均值时,视准轴误差 c 的影响被抵消,即视准轴误差被抵消。

2. 横轴误差

这种误差表现在横轴不垂直于竖轴 OZ,竖轴在垂线上,横轴处在 $H'H'$ 位置,如图 2.39 所示,横轴 $H'H'$ 与水平状态 HH 的夹角 i 就是横轴误差。据推证,夹角 i 对观测方向水平角的影响为

$$\Delta i = i \times \tan\alpha \tag{2-19}$$

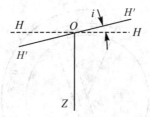

图 2.39 横轴误差

设盘左观测时 i 为正,则盘右观测时因横轴位置处在相反位置,故 i 为负。因此,Δi 的存在与 Δc 有相同性质,在盘左、盘右观测取水平方向平均值时,可抵消横轴误差的影响。

3. 竖轴误差

这是竖轴不平行垂线而形成的误差,如图 2.40 所示,OV 是垂线,OV' 是出现偏差的竖轴,OV 与 OV' 的夹角 δ 就是竖轴误差。据推证,竖轴误差 δ 引起的测角误差可表示为

$$\Delta\delta = \delta\cos\beta\tan\alpha \tag{2-20}$$

式中,α 是观测目标的竖直角,β 是观测目标的水平角。

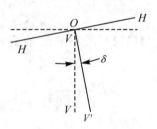

图 2.40 竖轴误差

根据式(2-20),当竖直角 α 为零时,$\Delta\delta = 0$。必须指出,当 α 不为零时,由于竖轴误差 δ 的存在,竖轴位置不变,与竖轴保持垂直关系的横轴位置便不可能在盘左、盘右观测中发生变化,所以同一方向上 $\Delta\delta$ 是不变量,在盘左、盘右观测中符号不变。因此,不能指望通过盘左、盘右观测抵消 $\Delta\delta$ 的影响。

解决的办法有:① 在实际工作中,只要严格整平仪器,特别在测回之间发现水准气泡偏离一定的限差,必须重新整平,以便削弱竖轴误差的影响;② 在精密测角中,可以计算 $\Delta\delta$ 值对水平方向值进行改正,削弱竖轴误差的影响。

4.仪器构件偏心差

这主要是照准部偏心差和度盘偏心差。

(1) 照准部偏心差

如图 2.41 所示,照准部旋转中心 O' 和度盘刻画中心 O 不重合的距离 d,称为照准部偏心差。照准部偏心差对各个方向的影响是不一样的。但是对一个方向来说,在盘左、盘右观测值的影响在数值上相等,符号相反。如图 2.41 中的方向,照准部偏心差的影响为 x,盘左观测时的观测值为 $L+x$,盘右观测时的观测值为 $R-x$。故盘左、盘右观测值的平均值便可以消除照准部偏心差的影响。

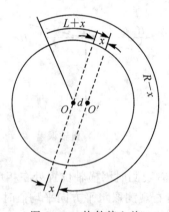

图 2.41 构件偏心差

(2) 度盘偏心差

度盘的旋转中心 O' 和度盘的刻画中心 O 不重合。度盘偏心差对观测值的影响性质同照准部偏心差,可以用盘左、盘右观测值取平均值进行消除。

对径符合读数方式读数可消除以上两种误差的影响。对径读数,即在水平度盘(或竖直度盘)相差 $180°$ 的两个位置取得角度观测值的方法。如图 2.41 所示,度盘的旋转中心 O' 和度盘的刻画中心 O 不重合。设偏心时第一读数为 $L+x$,x 是偏心引起的误差。在相差 $180°$ 的第二读数为 $L+180-x = R-x$。对径读数是第一读数与第二读数之和的平均值,由此抵消了偏心差的影响。因此,对径读数获取观测值的方法广泛用于现代角度精密测量仪器中。

5. 度盘分划误差

这包括长周期误差和短周期误差,现代精密光学经纬仪的度盘分划误差为 $1''\sim 2''$。在工作上要求多测回观测时,各测回配置不同的度盘位置,其观测结果可以削弱度盘分划误差的影响。

6. 竖直度盘指标差

理论和实践说明,竖直度盘指标差与望远镜视准轴误差同性质,故指标差可通过盘左、盘右观测取平均值的方法消除指标差对竖直角观测的影响。

2.6.2 观测误差

1. 对中误差

原因:测站对中不准。如图 2.42 所示,仪器中心 O' 偏离测站地面固定点的中心 O,两中心存在偏心距 e,则 e 便对各方向观测值产生影响。图中 A、B 两地面点,仪器在其本身中心 O' 所测的角度为 $\angle AO'B$,而实际的角度应为 $\angle AOB$,显然

$$\angle AOB = \angle AO'B + \varepsilon_1 + \varepsilon_2 \tag{2-21}$$

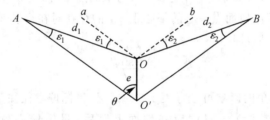

图 2.42 对中误差

式中,ε_1、ε_2 是偏心距 e 对观测值的对中误差影响。

分析:图 2.42 中,Oa、Ob 分别平行于 $O'A$、$O'B$,OA、OB 的距离长度分别是 d_1、d_2。设 $\angle AO'O = \theta$,故 $\angle OO'B = \angle AO'B - \theta$。在 $\triangle AO'O$ 和 $\triangle O'BO$ 中,根据正弦定理可知

$$\frac{\sin\varepsilon_1}{e} = \frac{\sin\theta}{d_1} \tag{2-22}$$

一般的 ε_1 很小,$\sin\varepsilon_1 = \varepsilon_1/\rho$,故上式可表示为

$$\varepsilon_1 = \frac{e \times \sin\theta}{d_1}\rho \tag{2-23}$$

同理,图 2.42 中的 ε_2 可表示为

$$\varepsilon_2 = \frac{e \times \sin(\angle AO'B - \theta)}{d_2}\rho \tag{2-24}$$

式中,$\rho = 206265$ 秒。

为了说明偏心距 e 对观测值的影响,令 $\sin\theta = \sin(\angle AO'B - \theta) = 1, d_1 = d_2 = d$,则这种影响为

$$\varepsilon = \varepsilon_1 + \varepsilon_2 = \frac{2e}{d}\rho \tag{2-25}$$

可见,ε 与 e 成正比,与 d 成反比。ε 与 e、d 误差关系见表 2-7。从表中可见,对中误差在短边的情况下随偏心距 e 的增长而迅速增大。

表 2-7　　　　　　　　　　　对中误差 ε 表

e \ d	100m	200m	300m	500m
100mm	412″	206″	137″	41″
50mm	206″	103″	69″	21″
10mm	41″	21″	14′	4″
5mm	21″	10″	7″	2″

解决的办法有:① 在测角中必须精确做好仪器对中;② 如果在测角中由于客观原因仪器必须偏离地面点的中心观测,则必须测定偏心距 e 及 θ,以便对观测值改正,消除对中误差的影响。

2. 目标偏心差

如图 2.43(b) 所示,目标是标杆,底端虽然与地面点重合,但标杆树立不垂直,这时标杆顶端的瞄准位置存在偏离地面点中心的偏心距 e。e 的存在对在 O 点观测水平角的误差影响和对中误差有相同的性质,即

$$\varepsilon = \frac{e\sin\beta}{d}\rho \tag{2-26}$$

目标偏心距 e 对测角的影响可参考表 2-8 的情况。目标偏心往往不能通过精确对中来解决,例如有的目标(寻常标)一旦固定在地面上以后,目标偏心就可能客观存在,如图 2.43(a) 所示。解决办法为:

① 可适当测定偏心距 e 等参数,计算偏心改正数,消除对中误差影响;

② 竖直标杆,或者尽量瞄准标杆底部。

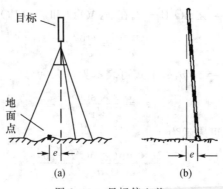

图 2.43　目标偏心差

3. 瞄准误差

瞄准目标与人眼的分辨率 P 及望远镜的放大倍率 V 有关，瞄准误差一般为

$$m = \frac{P}{V} \tag{2-27}$$

当 $P = 10'' \sim 60''$，$V = 25 \sim 30$ 时，则瞄准误差 $m = 0.5'' \sim 2.4''$。但是由于对光时视差未消除，或者目标构形和清晰度不佳，或者瞄准的部位不合理，实际的瞄准误差可能要大得多。如表 2-4 中 $\Delta 2c$ 或竖直角测量的 $\Delta \alpha$、Δx 的大小可以反映水平角、竖直角测量中瞄准的质量。因此，在观测中，选择较好的目标构形，做好对光和瞄准工作，是减少瞄准误差影响的基本方法。

4. 读数误差

读数装置的质量、照明度以及读数判断准确性等是产生读数误差的原因。6″级经纬仪观测时估读误差最大可达 $0.2'$，即 $12''$；而 2″级经纬仪的估读误差最大可达 $2'' \sim 3''$。一般说来，增加读数次数可以减少读数误差的影响，如对径符合测微的读数，采用二次读数法可削弱读数误差的影响。一般的光电经纬仪和全站仪的电子电路稳定，显示误差可以忽略。

2.6.3 外界环境的影响

外界环境的影响包括大气密度、大气透明度的影响；目标相位差、旁折光的影响；温度湿度对仪器的影响等。

大气密度随气温而变化，便造成目标成像不稳定。大气中的尘埃影响大气透明度，便造成目标成像不清楚，甚至看不清目标。观测中应当避免这些不利的大气状况。

太阳光使圆形目标形成明暗各半的影像（见图 2.44），瞄准时往往以暗区为标志，这样便产生目标相位差 Δ 的影响。

在地表面、水面及地面构造物表面附近，大气密度的非均匀性表现比较突出，观测视线通过时就不可能是一条直线（见图 2.45），存在的 Δ 称为旁折光的影响。解决办法是：观测视线应离开地表及地面构造物表面一定的距离，不应紧贴地表面、水面及地面构造物表面。

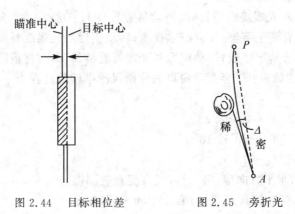

图 2.44　目标相位差　　图 2.45　旁折光

温度、湿度剧烈变化的环境会引起仪器原始稳定状态发生变化，使角度观测受到影响。在使用的过程中，应当注意仪器防日晒、防雨淋、防潮湿，使仪器处于可靠状态。

习 题

1. 图 2.1 中的水平角是_____。
   A. $\angle mNp$ B. $\angle MNp$ C. $\angle MNP$

2. 如图 2.1 所示,观测视线 NM 得到的水平方向值 $m' = 59°$,观测视线 NP 得到的水平方向值 $p' = 103°$,问:水平角 $\angle mNp$ 为多少?

3. 图 2.1 中,NT 至 NP 的天顶距 $Z = 96°$,问:观测视线 NP 的竖直角 α 为多少?α 是仰角还是俯角?NT 至 NM 的天顶距 $Z = 83°$,问:观测视线 NM 的竖直角 α 为多少?α 是仰角还是俯角?

4. 角度测量仪器基本结构由___(1)___,角度测量仪器的等级是___(2)___。
   (1) A. 照准部、度盘、辅助部件三大部分构成
     B. 度盘、辅助部件、基座三大部分构成
     C. 照准部、度盘、基座三大部分构成
   (2) A. 一等级、二等级、三等级、四等级
     B. 1″级、2″级、6″级
     C. 1″级、2″级、3″级、4″级

5. 水准器的作用是什么?管水准器、圆水准器各有什么作用?

6. 光学经纬仪的正确轴系应满足_____。
   A. 视准轴 ⊥ 横轴、横轴 ∥ 竖轴、竖轴 ∥ 圆水准轴
   B. 视准轴 ⊥ 横轴、横轴 ⊥ 竖轴、竖轴 ∥ 圆水准轴
   C. 视准轴 ∥ 横轴、横轴 ∥ 竖轴、竖轴 ⊥ 圆水准轴

7. 望远镜的目镜调焦轮和望远对光螺旋有什么作用?

8. 角度测量仪器度盘安装按"水平度盘与竖轴固定安装,随竖轴转动。竖直度盘套在横轴可自由转动",是否正确?

9. 望远镜的一般对光操作是_____。
   A. 转动望远对光螺旋看清目标;转动目镜看清十字丝;注意消除视差。
   B. 转动目镜看清十字丝;注意消除视差;转动望远对光螺旋看清目标。
   C. 转动目镜看清十字丝;转动望远对光螺旋看清目标;注意消除视差。

10. 图 2.23 中读数窗"V"竖直角窗口的分微尺测微读数过程为___(1)___。图 2.15 中仪器显示窗的意义是___(2)___。
    (1) A. $78° \sim 52.3' \sim 78°52'18''$
      B. $52.3' \sim 78° \sim 78°52'18''$
      C. $79° \sim 52.3' \sim 79°52'18''$
    (2) A. 第一行,水平方向值,第二行,竖直度盘观测值
      B. 第一行,竖直度盘观测值,第二行,水平方向值
      C. 第一行,天顶距观测值,第二行,水平方向值

11. 测站上全站仪对中是使全站仪中心与___(1)___,整平目的是使全站仪___(2)___。
    (1) A. 地面点重合   B. 三脚架中孔一致   C. 地面点垂线重合
    (2) A. 圆水准器气泡居中   B. 基座水平   C. 水平度盘水平

12. 角度测量仪器安置的步骤是_____。
    A. 仪器对中、三脚架对中、三脚架整平、精确整平
    B. 三脚架对中、仪器对中、三脚架整平、精确整平
    C. 三脚架整平、仪器对中、三脚架对中、精确整平
13. 一般瞄准方法应是_____。
    A. 正确对光、粗略瞄准、精确瞄准
    B. 粗略瞄准、精确瞄准、正确对光
    C. 粗略瞄准、正确对光、精确瞄准
14. 水平角测量的精确瞄准的要求是什么？
15. 如果角度测量仪器照准部有两个管水准轴互相垂直的管水准器，三脚架在第二步整平时是否要转动照准部90°？为什么？
16. 光学经纬仪水平制动、微动旋钮机构主要作用是什么？
17. 什么是盘左？什么是盘左观测？
18. 如何进行方向法二测回观测水平角的第二测回度盘配置？
19. 以方向法、全圆方向法角度测量一测回，各有哪些检验项目？
20. 试计算表2-8的角度观测值。在 $\Delta\alpha_容 = \pm 30''$ 时查明哪个测回观测值无效。

表2-8

测回	竖盘位置	目标	水平度盘读数 ° ′ ″	半测回角度 ° ′ ″	一测回角度 ° ′ ″	备注
1	2	3	4	5	6	7
1	左	1 3	0 12 00 181 45 00			$\Delta\alpha = \alpha_左 - \alpha_右 =$ $\Delta\alpha_容 = \pm 30''$
1	右	3 1	1 45 06 180 11 42			
2	左	1 3	90 11 24 271 44 30			各测回角度平均值 ° ′ ″
2	右	3 1	91 45 26 270 11 42			

21. 说明一般竖直角观测方法与自动归零的竖直角观测方法的差别。
22. 式(2-18)与式(2-20)在计算竖直角中有什么不同？
23. 试述以中丝法竖直角的测量方法，计算表2-9的竖直角、指标差。

表2-9　　　　　　　　　　**竖直角测量的记录**

测站及仪器高	目标高度	测回	盘 左 观测值 ° ′ ″	盘 右 观测值 ° ′ ″	指标差 ″	竖直角 ° ′ ″	竖直角平均值 ° ′ ″
A	M	1	93 30 24	266 29 30			
A	M	2	93 30 20	266 29 26			

24. 说明表 2-10 中经纬仪各操作部件的作用。

表 2-10

操作部件	作　　用	操作部件	作　　用
目镜调焦轮		水平制动旋钮	
望远对光螺旋		水平微动旋钮	
脚螺旋		微倾旋钮	
垂直制动旋钮		水平度盘变换钮	
垂直微动旋钮		光学对中器	

25. 角度测量仪器在盘左、盘右观测中可以消除哪些误差的影响？
26. 如果对中时偏心距 $e=5\text{mm}, d=100\text{m}$，问：对中误差 ε 为多少？
27. 角度测量仪器在盘左、盘右观测中可以消除_____。
    A. 视准轴误差 Δc、横轴误差 Δi、度盘偏心差照、准部偏心差
    B. 视准轴误差 Δc、横轴误差 Δi、对中误差 ε、竖轴误差 $\Delta \delta$
    C. 视准轴误差 Δc、旁折光的影响、对中误差 ε、竖轴误差 $\Delta \delta$
28. 在水平角测量中，如何避免竖轴误差的影响？
29. 什么是光电测角？
30. 什么是光电经纬仪？
31. 与光学经纬仪相比，光电经纬仪具有哪些特点？
32. 光电经纬仪瞄准目标后的读数是_____。
    A. 记录显示结果
    B. 光电读数系统获取瞄准目标的角度信息，由微处理器处理后直接显示
    C. 在瞄准之后，启动自动记录按键进行数据记录

第3章 距离测量

☞ **学习目标**：学习光电测距、尺子量距和光学测距三种距离测量的原理与方法，在掌握现代光电测距技术原理与方法基础上，掌握钢尺量距、光学测距基本方法。

3.1 光电测距原理

距离测量的方法主要有光电测距、尺子量距和光学测距三种方法。光电测距的主要仪器是光电测距仪。尺子量距的主要工具是皮尺、钢尺和铟瓦线尺。光学测距是一种利用光学原理和尺子相配合的量距方法。本章先介绍光电测距技术。

3.1.1 基本原理

1. 概念

光电测距即是以光和电子技术测量距离。光电测距是20世纪科学技术发展的重大成就之一，这一技术主要是利用光的速度测量距离，早期（20 世纪 40 年代）的实验样机以惊人的速度和精密度获得测量结果，由此极大地吸引世界科学家和测量学家的注意和研究。由于光的速度就是电磁波的速度，故光电测距又统称为电磁波测距。

当今光电测距技术已成为现代测量的主要技术。

2. 原理

如图 3.1 所示，设 A、B 为地面上两个点，待测距离为 D。A 点上安置一台测距仪，称为测站；B 点上安置一个反射器（或称反光镜），称为镜站。测距开始，测距仪向 B 处反射器发射光束，光以近 300000km/s 的速度 c 射向反射器后便反射为测距仪所接收。在这一过程中，光束经过了 2 倍的距离，即 $2D$；同时，测距仪测出光束从发射到接收期间的时间 t_{2D}。根据速度乘以时间得路程的原理，便可知，$2D = c \times t_{2D}$，故 A、B 两地面点之间的距离为

$$D = \frac{1}{2} c t_{2D} \tag{3-1}$$

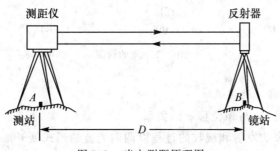

图 3.1 光电测距原理图

式(3-1)是光电测距最基本的原理公式。

3. 实现式(3-1)的基本条件

(1) $c_真$ 的测定

人类几百年奋斗结果得到真空光速 $c_真 = 299792458\text{m/s}$，是当今公认的精确物理量。根据折射定理可知，式(3-1)光速 c 为

$$c = \frac{c_真}{n} \tag{3-2}$$

式中，n 是光在大气中的折射率，可实地测定。

(2) 时间 t_{2D} 的测定

由式(3-1)可见，光电测距技术把距离测量转化为时间 t 的直接测定，时间的测定是距离测量的关键。根据式(3-1)，测距仪测定光在一公里路程的往返时间约十五万分之一秒；由误差理论可知，工程上保证距离误差小于1cm，测定时间的误差必须小于 $\frac{1}{150 \times 10^8}$ s。现代光电测距技术准确测定这样短的瞬时时间，技术上有相位法、脉冲法等。

3.1.2 相位法测距原理

相位法测距的实质是利用测定光波的相位移 φ 代替测定 t_{2D} 实现距离的测量。

1. 光的调制

光的调制即对光的发射或发射的光进行改造，使光的传输特征按照某种特定信号出现有规律的变化。如图3.2(a)所示，一种称为GaAs(砷化镓)发光二极管的光源接收了按正弦变化的激发电流 I，由于光源具有如图3.2(b)所示的光强～电流($J \sim I$)特性曲线，光源GaAs便发出强度按交变电流特征变化的光波，如图3.2(c)所示。由此可见，光的发射接收了电流信号的传输特征，亦即发射的光束成为一种光强度有规律明暗变化的调制光波。调制光波是相位法测距的基本条件。

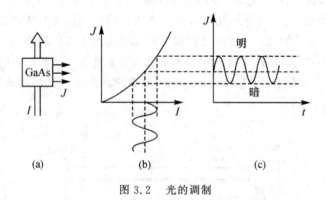

图3.2 光的调制

2. 距离 D 与相位移 φ 的关系

(1) 光波传播时间 t_{2D} 与相位移 φ 的关系

现将图3.1中光束的发射和接收的过程以调制光波的形式展开成图3.3的情形，A 是测距仪的发射点，A' 是测距仪的接收点，两点之间的长度就是光束经过的二倍距离 $2D$，B 是反

射器的位置。从图可见，调制光波经过 2D 路程的相位移为 φ，根据波的传播理论，波传播的相位移 φ 与时间 t_{2D} 的关系为

$$\varphi = 2\pi f t_{2D} \tag{3-3}$$

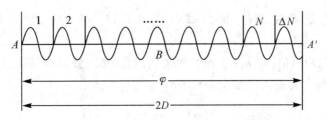

图 3.3　光波传播时间与相位移的关系

式中，f 是调制光波明暗变化的频率，在数值上等于正弦波电流的频率，故已知的正弦波电流的频率是调制光波的频率，称为调制频率。根据式(3-3)得

$$t_{2D} = \frac{\varphi}{2\pi f} \tag{3-4}$$

式(3-4) 表明光波传播时间 t_{2D} 与相位移 φ 的关系。

(2) 距离 D 与相位移 φ 的关系

将式(3-4) 代入式(3-1) 得

$$D = \frac{1}{2} \times c \times \frac{\varphi}{2\pi f} \tag{3-5}$$

式(3-5) 表示距离 D 与相位移 φ 的关系，这是相位法测距的原理公式。该式表明，在调制频率 f 已知的情况下，只要通过测定相位移 φ，便可以实现距离 D 的测定。

3. 测尺和尺段

由图 3.3 可见，整个波形的 φ 包含 N 个整波和一个尾波 $\Delta N(\Delta N < 1)$，故

$$\varphi = 2\pi(N + \Delta N) \tag{3-6}$$

将式(3-6) 代入式(3-5)，经整理得

$$D = u \times (N + \Delta N) \tag{3-7}$$

$$u = \frac{c}{2f} \tag{3-8}$$

式中，u 称为测尺，u 的长度值取决于光速 c 和调制频率 f；N 称为整尺段，ΔN 称为尾尺段。

从式(3-7) 可见，相位法测距相当于用一把测尺 u 一尺段一尺段地丈量距离，获得 N 个整尺段和一个尾尺段 ΔN，然后按式(3-7) 计算距离 D。

4. 组合测距过程

相位法按式(3-7)测距时，N 是一个不确定数，故把式(3-7) 变为

$$D = u \times \Delta N \tag{3-9}$$

相位法按式(3-9)测距时，采用多测尺组合测距技术过程。如采用 u_1、u_2 两把测尺，按式(3-8)可知

$$u_1 = \frac{c}{2f_1}, u_2 = \frac{c}{2f_2} \tag{3-10}$$

在测距仪的设计上，u_1 用于保证测距精确度，称为精测尺；u_2 用于保证测距的长度，称

为粗测尺。一般地,设 $f_1 \approx 15\text{MHz}$,精测尺 $u_1 = 10\text{m}$,$f_2 \approx 150\text{kHz}$,粗测尺 $u_2 = 1000\text{m}$。两把测尺组合测距的基本过程如下:

① 以 u_1 测量距离得 ΔN_1。例如 $\Delta N_1 = 0.8654$,把 ΔN_1 及 u_1 代入式(3-9),得 $D_1 = 8.654\text{m}$。

② 以 u_2 测量距离得 ΔN_2。例如 $\Delta N_2 = 0.9875$,把 ΔN_2 及 u_2 代入式(3-9),得 $D_2 = 987.5\text{m}$。

③ 组合完整的距离值。将 u_1、u_2 测量距离值组合为完整的距离值,如图 3.4 所示,其中的 7.5 不显示,则组合的距离值是 988.654m。

u_1测量值	8.654
u_2测量值	98̄7̄.̄5̄
组合显示值	988.654

图 3.4　组合测量值

上述组合过程类似于光学经纬仪测角读取度和读取分秒的组合形式,但是光电测距的上述三步过程以电子电路为条件进行全自动交替测量,同时又在数字电路①中完成数据处理,并直接从屏幕上显示测距的成果。

3.1.3　相位法测距仪的基本结构

图 3.5 是相位法测距仪的基本结构图。

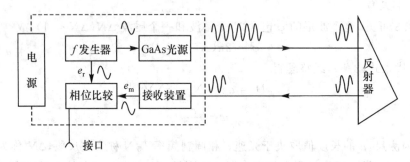

图 3.5　相位法测距仪基本结构

光源:一般采用砷化镓(GaAs)发光二极管,发射红外光束(若采用 He-Ne 激光器,发射红色激光),直接受调制信号(频率为 f)的控制发射调制光波。

接收装置:接收反射回测距仪的调制光波,并利用光敏物质的内光电效应,把接收的光转换为电信号 e_m,该信号 e_m 提供给测相装置。

---

①　数字电路:源于脉冲电路、逻辑门电路及其器件,是现代计算机、电子电信和自动化等技术发展的基本电路技术。数字电路应用于光电测量仪器设备,是测量自动化的重要条件。

调制频率 f 发生器①：发出调制信号（电流 I）对光源进行调制；同时发出参考信号 e_r 给测相装置。以上电信号 e_m、参考信号 e_r 的频率与电流 I 的频率 f 相同。

测相装置：通过对电信号 e_m、参考信号 e_r 进行相位比较测定 N 和 ΔN，在处理方法上利用自动数字测相电子电路技术把相位移 φ 转换成距离 D 直接显示出来。

电源：提供测距仪正常工作的电量，一般由蓄电池和稳压电源组成。

反射器：精密测距的合作目标，能够把测距仪射来的光反射给测距仪接收。

3.1.4 脉冲法测距原理及其应用

脉冲法测距是一种以光脉冲激发与接收记取测距时间获得距离的光电测距技术。图3.6是一种脉冲法测距仪的原理结构图。

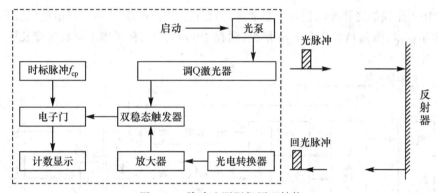

图 3.6 脉冲法测距仪原理结构

图 3.6 中，调 Q 激光器是脉冲法测距仪的发光器件，用以调 Q 技术发射光脉冲。光泵的作用在于增强激光脉冲的发射强度。当启动测距仪时，光泵使激光器的激励物质源源不断在激发态大量集结。一定时间后，调 Q 技术装置发生作用，调 Q 激光器的大量激发态原子在极短时间内产生辐射，发射高功率的光脉冲，通过光学系统射向目标（反射器）。同时，调 Q 激光器还输出一个起始计数脉冲，使双稳态触发器转换输出高电位打开电子门。

调 Q 激光器射向目标的光脉冲从反射器返回测距仪，其回光脉冲经光电转换为电脉冲，电脉冲经放大后进入双稳态触发器，使其高电位转换输出低电位，由此而关闭电子门。

上述电子门打开与关闭的时间就是调 Q 激光器发射高功率的光脉冲往返于距离 D 的时间。图 3.6 中的时标脉冲 f_{cp} 是测距仪的每秒标准时标脉冲，在电子门打开与关闭的时间内通过电子门记取时标脉冲数 n，则根据脉冲数结果显示的距离为

$$D = \frac{1}{2} c t_{2D} = \frac{1}{2} c \frac{n}{f_{cp}} \tag{3-11}$$

设光速 $c = 300000 \text{km/s}$，时标脉冲 $f_{cp} = 15 \text{MHz}$。将 c、f_{cp} 代入式(3-11)得 $D = n(\text{m})$，说明测距原理设计合理，测距仪计取的时标脉冲数 n 与测距结果一一对应（见图 3.7），显示脉冲数结果就是距离 D。

---

① 调制频率 f 发生器：电子技术领域的一种电路器件，启动后便会按设计要求产生有一定频率和功率的电信号，在光电测距仪中可作为调制信号。

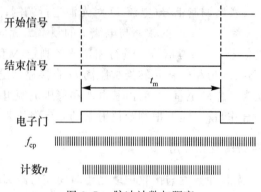

图 3.7 脉冲计数与距离

脉冲法测距仪的光脉冲峰值功率非常高,测程远。如早期的 DI3000 测距仪(见图 3.8),采用计时脉冲技术,测量精度达到 mm 量级,测程 10km 以上,有利于工程高精度长距离测量。

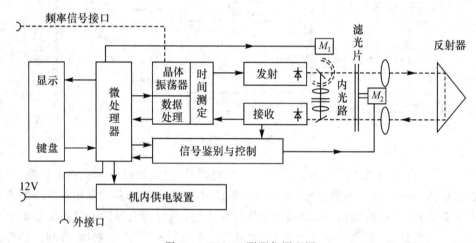

图 3.8 DI3000 测距仪原理图

脉冲法测距仪光脉冲峰值功率高的另一个优点是,在较短的距离中可免反射器实现距离测量。如图 3.9 所示,脉冲法测距仪的光脉冲射向目标后,以漫反射的形式返回测距仪,实现距离测量。免反射器距离测量是简捷、精确获取点位定位信息的重要技术,当今的三维激光扫描测量、激光雷达测量(Lidar 技术)就是免反射器距离测量技术的应用发展。

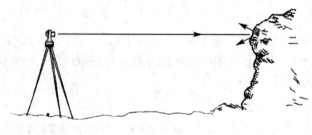

图 3.9 脉冲法测距仪漫反射距离测量

3.2 红外测距仪及其使用

3.2.1 红外测距仪的优良特点与发展

1. 优良特点

红外测距仪是以发射红外光的光源装备的光电测距仪。1962年砷化镓(GaAs)发光二极管研制成功以及相应发展迅速的微电子技术、计算机技术和集成光学,为红外测距仪的发展提供了极为有利的条件,以最新科学技术成果武装的红外测距仪在应用上具有很多优良特点:

① 仪器以当代高新技术的集成,形体小,重量轻。

② 自动化程度高,测量速度快。仪器一旦启动测距,必须完成信号判别、调制频率转换、自动数字测相等一系列的技术过程,最后把距离直接显示出来,其间才几秒钟的时间。

③ 功能多,使用方便。测距仪有各种测距功能以及满足测绘和各种工程测量要求的功能。

④ 功耗低,能源消耗少。

2. 红外测距仪的发展

光电测距,即距离测量光电化,是测量技术的一场革命。20世纪60年代以来,红外测距仪的发展突飞猛进,世界各知名厂商竞相投入、大量生产并不断更新红外测距仪,以满足国土和工程的需要。红外测距仪种类繁多,型号千差万别。按其测程分类有:短程测距仪,测程1～3km;中程测距仪,测程3～10km;远程测距仪,测程10～60km;超远程测距仪,测程达几千千米以上。其中以红外发光器件装备的短程测距仪占据主流。

在光电测距发展初期,红外短程测距仪以专用型为常见:如图3.10所示,测距仪安装在基座上,只用于测量距离。由于多元素的测量需要,红外短程测距仪很快与光学经纬仪结合起来,按一定形式组合安装在三脚架上,形成半站型仪器,如图3.11所示。测距仪与光学经纬仪组合后的功能较强,便于及时距离测量和角度测量,便于进行其他数据处理等工作。

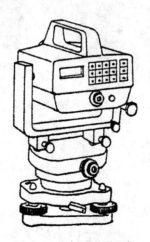

图3.10 专用型测距仪

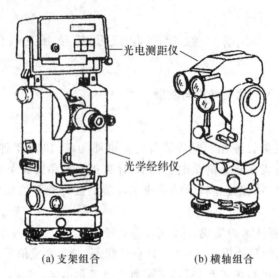

(a) 支架组合　　　　　(b) 横轴组合

图 3.11　半站型测距仪

随着测量科技的发展,测距仪的时代进步就是全站型仪器。光电测距仪与光电经纬仪安装成为组合式的仪器,或者光电测距仪与光电经纬仪(见图 2.5)结合成为一体化的仪器,统称全站仪(见图 2.6)。图 3.12 表示的是测距仪与经纬仪发展成为全站仪的历史过程。本章重点说明光电距离测量等内容,关于全站仪主要内容,第 6 章将有详细叙述。

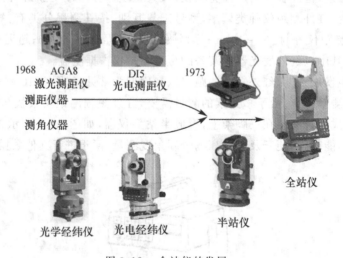

图 3.12　全站仪的发展

3.2.2　红外测距仪的技术指标

1. 测距精度

光电测距仪的精度表达式的通式为

$$m = \pm (a + bD) \tag{3-12}$$

关于精度的概念将在第 8 章中阐述,这里可以测距误差大小的程度理解测距精度。式中,a 称为非比例误差;b 称为比例误差;D 是以 km 为单位的测距长度。通过检验测定,一台光电测距仪有具体的测距精度表达式,红外测距仪的测距精度用下式表示,即

$$m = \pm(5\text{mm} + 5\text{ppm}D) \tag{3-13}$$

式中,ppm 是百万率,5ppm 是 5mm/1km 的意思;D 是测距的公里数。

2. 测程

所谓测程,指的是在满足测距精度的条件下测距仪可能测得的最大距离。一台测距仪的实际测程与大气状况及反射器棱镜数有关。红外测距仪测程为 1.2～3.2km。

3. 测尺频率

一般红外测距仪设有 2～3 个测尺频率,其中有一个是精测频率,其余是粗测频率。有的仪器说明书标明了这些频率值,便于用户使用。

4. 测距时间

光电测距测量速度快,一般的正常测距 4s;跟踪测距 1s 以内。

为全面考察红外测距仪的性能,红外测距仪的技术指标还有测尺长度、测距分辨率、发光波长、光束发散角、功耗、工作温度、仪器重量体积等。

3.2.3 红外测距仪基本设备

1. 测距仪主机

测距仪主机,即具有光电测距基本原理结构和完成测距的主要设备。

(1) 红外测距仪的发展过程

图 3.10 和图 3.11 是测距仪发展过程的主机早期样式。其中红外测距仪与经纬仪组合而成的半站型仪器有两种方式,即支柱装载组合方式,如图 3.11(a) 所示,测距仪安装在照准部支柱上;望远镜装载组合方式,如图 3.11(b) 所示,测距仪安装在望远镜上。

图 3.11(a) 中的红外测距仪是早期的产品,图中的支柱装载组合方式有如下特点:① 经纬仪保持原有的测角功能和运转方式,如望远镜的纵转和水平旋转方式不会受到测距仪的影响;② 测距仪的水平旋转方式接受经纬仪的控制;③ 测距仪和经纬仪望远镜的两个纵转中心保持一定的高差。

全站仪是由红外测距仪发展而成的测距主机。

(2) 主机的外貌

测距仪主机外貌包括前面板。半站型测距仪前面板有发射、接收的物镜及数据接口,如图 3.13(a) 所示。其中,测距发射、接收采用异轴或同轴设计。异轴设计,即红外光的发射光轴及返回光信号的接收光轴分开设置,两轴相向平行,如图 3.5 所示;同轴设计,即光信号的发射光轴和接收光轴都在同一轴,同一个物镜出、进,如图 3.13 所示。图中的接口测距的结果可通过数据接口与有关的电缆连接输出。

操作面板包括有目镜、操作按键和显示窗,如图 3.8(b) 所示。操作面板目镜用于精确瞄准目标,瞄准的视准轴按同轴设计的要求从前面板的物镜通过,而且与发射光轴及接收光轴同轴。操作按键和显示窗用于测距操作和显示测量结果等信息。

① 全站仪的前面板:在测距望远镜物镜,按同轴设计,光信号的发射光轴和接收光轴同轴,同时视准轴按同轴设计的要求从前面板的物镜通过。全站仪的操作面板设计在照准部与光电经纬仪相同,如图 2.5 所示。

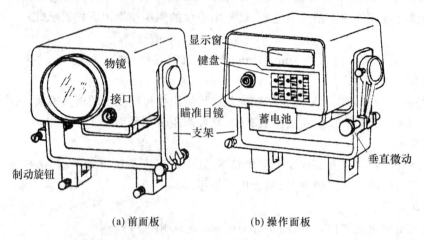

(a) 前面板　　　　　　(b) 操作面板

图 3.13　主机外貌

获取测量距离信息的窗口,窗口显示信息的内容与方式随机而异。图 3.14 表示的是苏一光全站仪窗口显示信息的内容,图(a)为全站仪开机后的窗口提示,图(b)为显示全站仪角度测量状态;图(c)为显示全站仪距离测量状态。

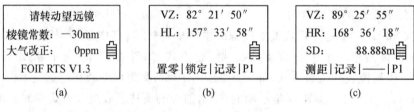

图 3.14　全站仪的显示窗

显示窗窗口全屏幕显示有加常数乘常数显示和电量强度显示等基本内容。显示窗的棱镜常数指的是距离测量的加常数。大气改正即气象改正。加常数单位为 mm、气象改正单位为 mm/km,在本章第三节介绍。

全屏幕显示中,仪器启动后,将有各项正常状态的显示,如电量、回光强度显示。电量显示可检查蓄电池的供电情况;回光强度显示可检查往返所测距离的光强度的强弱。电量、回光强度不正常,显示窗有不正常状况提示。

② 全站仪的操作键盘:全站仪的操作键盘随机而异,功能丰富。图 3.15 所示的是苏一光全站仪操作键盘,其中的 F1、F2 是测距、记录功能键。

2. 反射器

反射器以直角棱镜为光学玻璃器件构成,如图 3.16 所示。一块直角棱镜有 4 个面,△ABC 等边三角形,接收光面。△OAC、△OAB、△OBC 是直角三角形,三直角以 O 为顶点。直角棱镜装配在反射器框架内,通过连接杆与基座安装在一起。反射器设有光学对中器、管水准器等。图 3.17 是与红外测距仪配套的反射器。

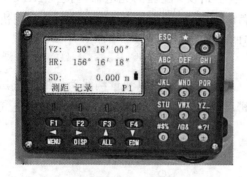
图 3.15　苏一光全站仪操作键盘

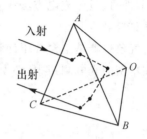
图 3.16　直角棱镜光路原理

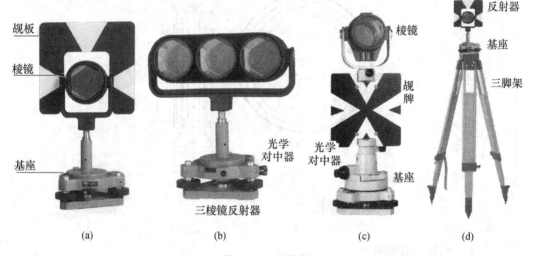
图 3.17　反射器

根据直角棱镜构造，反射器有以下三个特点：

① 反射器的入射光线和反射光线的方向相反，且线径互相平行。这一特点在使用上有利于瞄准目标，只要反射器的直角棱镜受光面大致垂直测线方向，反射器就会把光反射给测距仪接收。

② 可以根据测程的长短增减棱镜的个数。测距仪的测程与棱镜的个数有关，图 3.17(a) 所示，只有一个棱镜，称为单棱镜反射器，用于短距离测量；图 3.17(b) 所示有三个棱镜，称为三棱镜反射器，可用于较长的距离测量。

③ 反射器有本身的规格参数。因此，反射器与测距仪配合使用，不要随意更换。

3. 蓄电池、充电器

蓄电池是适合测距仪的一种小型化学电源，具有电池本身电能与化学能相互转化的性能，在反复充、放电中具有重复应用功能。充电，则把电能转化为化学能储存在蓄电池中；供电，则是把化学能转化为电能释放出来。

红外测距仪（全站仪）配套的小型蓄电池为盒装的镍铬电池。测距的工作时间长，应备用多个盒装小型蓄电池，或采用容量大的蓄电池。

充电器是蓄电池充电的设备,红外测距仪(全站仪)配套的充电器可接入 AC 220V 市电,经降压和整流电路输出低压充电电流对蓄电池充电,一次充电 14～15h。若利用快速充电器充电 2h 即可。具体充电方法参看充电说明书。

4.气象仪器

主要的气象仪器是空盒气压计和温度计(见图 3.18),用以测量测线两端的大气压力 p 和温度 t。在精密的光电测距中,必须配备精密度较高的通风干湿温度计,用以测量空气干温 t 和湿温 t'。

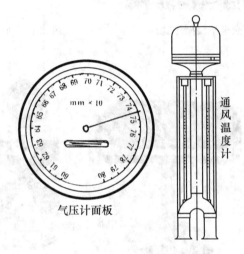

图 3.18 气象仪器

3.2.4 测距仪的使用

1.测距仪基本操作

(1) 经纬仪和反射器的安置

安置(即对中整平)方法见第 2 章,这里不再重述。

(2) 测距仪的安置

测距仪装上供电正常的蓄电池,如图 3.13(b)所示。把测距仪装载在经纬仪的支柱上。将红外测距仪安放在经纬仪支柱上(不松手)与柱上接合栓绞合,旋紧座架制动旋钮,检查固定后才能松手。反射器安置后即可瞄准测距仪。

全站仪的安置要一次性完成,具体方法如第 2 章所述。

(3) 瞄准反射器

① 经纬仪瞄准反射器:注意反射器的构造形式,瞄准的位置。如图 3.17(a)、(b) 所示,瞄准的位置是反射器棱镜(或棱镜组)的中央。如图 3.17(c)所示,瞄准位置是觇牌中心。

② 测距仪瞄准反射器:瞄准的位置均是反射器棱镜(或棱镜组)的中央。

全站仪瞄准反射器,以控制全站仪照准部望远镜直接瞄准反射器形象中心,如图 3.19 所示。

图 3.19　瞄准反射器

（4）开机检查

一般的测距仪、全站仪按电源键数秒后，可看到显示窗全屏幕显示，观测者应注意检测信息的显示内容。

（5）测距

不论红外测距仪还是全站仪，根据仪器的设置选择测距状态。如苏一光全站仪以 DISP 键选择测距状态，图 3.15 中的 SD 表示全站仪处于斜距测量准备状态，按 F1 启动距离测量。

测距仪器测距功能一般有正常测距、跟踪测距、连续测距、平均测距四种。

① 正常测距：属于测距仪按标准规定时间的一次精密测距。按测距键一次，启动正常测距功能，在规定时间数秒内(如 4s)完成单次测距。一次瞄准反射器后进行 2～4 次正常测距，便是一测回观测。

② 跟踪测距：属于测距仪以短促时间为间隔的连续粗略间断测距。按跟踪测距键一次，启动跟踪测距功能，以短促时间间隔(如 2s)连续测距和显示每次测距的倾斜距离，显示距离最小单位为 cm。中断跟踪测距时应按退出键。

③ 连续测距：属于连续正常测距。启动连续测距一次，以正常测距的规定动作，按标准规定时间连续一次次地完成精密测距。每次显示单次测距结果。中断连续测距时应按退出键。

④ 平均测距：启动平均测距一次，以设定的 n 次正常测距的规定动作，完成 n 次精密测距，最后得 n 次精密测距平均值。中断平均测距时应按退出键。

（6）测量气象元素

按气象仪器说明书的操作要求进行测量。一般测距，可在测距现场测量气象元素的气温 t 和气压 p。

（7）关机收测

2. 红外测距仪、全站仪使用中的注意问题

（1）操作规程

按规程要求使用仪器，保证安全生产。做好避日晒、防雨淋准备工作。工作过程有关器件组合与拆卸必须有步骤地进行。注意电源连接的极性准确无误，测距仪、全站仪通电后应有 2～3min 的预热时间。测距成果应满足表 3-1 的要求。

表 3-1　　　　　　　　　　光电测距的主要技术要求

控制网等级	仪器精度等级	每边测回数		一测回读数较差（mm）	单程各测回较差（mm）	往返较差（mm）
		往	返			
二　等	5mm 级仪器	3	3	≤5	≤7	≤$2(a+bD)$
三　等	5mm 级仪器	3	3	≤5	≤7	
	10mm 级仪器	4	4	≤10	≤15	
四　等	5mm 级仪器	2	2	≤5	≤7	
	10mm 级仪器	3	3	≤10	≤15	
一　级	10mm 级仪器	2		≤10	≤15	
二、三级	10mm 级仪器	1		≤10	≤15	

注：测回、瞄准目标或反射器一次，测距读取 2～4 次测量结果的一个过程。

(2) 测线状态的监察

测线，即光电测距光波往返的路线。红外光测距对测线环境的要求：大气透明度比较好，测线上没有影响测距的障碍物；测线上只能架设一个反射器，不得存在多个反射器或向测距仪反射光的物体；测线上不存在强烈光源，更不能有强烈太阳光对射测距仪。测距时，不能盲目依赖测距仪的自动化功能，应该增强监察，保证测距顺利进行。

(3) 加强仪器保存期间的供电检查

除一般光学仪器的防潮、防尘、防霉措施之外，在保存期间，应定期对光电测距仪器进行通电检查，定期对蓄电池充电检查，考查性能稳定情况。

3.3　光电测距成果处理

由于光电测距技术的特殊性，一般的距离观测成果不能直接应用。光电测距成果处理是一项观测成果改化的计算工作，其目的是获取准确可靠的距离值。成果处理的主要内容有：仪器改正、气象改正和平距化算。

3.3.1　仪器改正

从光电测距仪器本身现状出发，找出原理、结构等因素对测距的影响及改正的内容和方法，是仪器改正的任务。

仪器改正的主要内容是加常数改正。假设在一条已知边的两端安置测距仪和反射器，测距的结果总与已知边相差一个固定值，这个固定值就是测距仪（包括反射器）的加常数，用 k 表示。测距仪出现加常数 k 的主要原因是：测距仪发射与接收的等效中心偏心；反射器接收与反射的等效中心偏心；仪器内部光路、电路的时间延迟等。

一般地，k 值是通过对测距仪（包括反射器）的检定得到的。在光电测距的观测值中加入 k 值，可消除加常数的影响。

此外，还有频率改正、周期误差改正、光轴不合改正等仪器改正的内容。

频率改正是调制频率发生变化时对光电测距成果的改正,频率改正的公式是

$$\Delta D_f = D \times \frac{f_1 - f_1'}{f_1} \tag{3-14}$$

式中,ΔD_f 是频率改正数;f_1 是测尺 u_1 的调制频率设计值,f_1' 是测尺 u_1 的调制频率实际值;D 是光电测距的观测值。

一般说来,一台测距仪的性能稳定合格,结构合理,频率改正、周期误差改正、光轴不合改正等仪器改正内容的改正数很小,可以忽略不计。对此,这里不详细讨论,读者可参考相关书籍。

3.3.2 气象改正

1. 气象改正的原理公式

将式(3-2)代入式(3-5)得

$$D = \frac{c_{真}}{2nf} \times \frac{\varphi}{2\pi} \tag{3-15}$$

研究表明,折射率 n 与测距时的气象元素大气压力 p、温度 t 关系密切,式(3-15)的距离 D 必然是随大气压力 p、温度 t 而变的测量值。但是仪器设计上采用参考气象元素 p_0、t_0 相应的折射率 n_0,故测距仪按设计的测距公式是

$$D_0 = \frac{c_{真}}{2n_0 f} \times \frac{\varphi}{2\pi} \tag{3-16}$$

显然,测距仪按设计公式完成测距任务,没有也不可能按式(3-15)要求获得距离的实际值。由此可见,式(3-15)与式(3-16)存在差值,即 $\Delta D_{tp} = D - D_0$,称为气象改正。推证可知

$$\Delta D_{tp} = D - D_0 = \frac{c_{真} \varphi}{2f 2\pi}\left(\frac{1}{n} - \frac{1}{n_0}\right) = \frac{c_{真} \varphi}{2f 2\pi}\frac{1}{n}\left(\frac{n_0 - n}{n}\right) = D_0\left(\frac{n_0 - n}{n}\right) \tag{3-17}$$

式中,D_0 是按设计要求测得的距离值;n_0 是参考大气状态的折射率;n 是测距时的实际大气状态的折射率(n 是一个接近于 1 的参数,作分母时当做 1 考虑),气象改正原理公式是

$$\Delta D_{tp} = D_0 (n_0 - n) \tag{3-18}$$

2. 气象改正的实用公式

由于测距仪所用的光源波长不同,设定的参考气象元素不同,按气象改正的原理公式推证的实用公式也不同。这里列举两个推证结果:

(1) D3000 红外测距仪的气象改正的实用公式

$$\Delta D_{tp} = D_{okm}\left(278.96 - \frac{793.12p}{273.16 + t}\right) \tag{3-19}$$

(2) wild DI1600 红外测距仪的气象改正的实用公式

$$\Delta D_{tp} = D_{okm}\left(281.80 - \frac{793.94p}{273.16 + t}\right) \tag{3-20}$$

3. 气象改正的注意事项

① 气象改正公式中的气压 p 单位为 kPa,温度的单位摄氏 ℃,ΔD_{tp} 的单位为 mm,D_{okm} 的单位为 km。其中,kPa(千帕)与 mmHg(毫米汞柱)的关系是 1mmHg = 0.1333224kPa。有些测距仪器和气象仪器没有采用国际单位制,在公式的应用上应注意单位换算。

② 气象改正的方法以公式计算的精密度为最高,其他方法(如查表法、内插诺谟图法和刻度盘法)都是来自气象改正公式,但改正精密度不高,应用时应慎重对待。

③ 气象改正和频率改正一起可表示为以 mm/km 为单位的比例改正,称为 s 值,即

$$s = \frac{\Delta D_f + \Delta D_{tp}}{D'_{km}} \tag{3-21}$$

式中,D'_{km}是以 km 为单位的光电测距值。若频率改正 $\Delta D_f = 0$,则 $s = \frac{\Delta D_{tp}}{D'_{km}}$。如按式(3-19),则 s 是

$$s = 278.96 - \frac{793.12p}{273.16 + t} \tag{3-22}$$

④ 上述公式均未考虑大气湿度的影响。在短距离测距或在精度要求不高的情况下,可以忽略不计。在重要精密测距中,大气湿度引起的改正是

$$\Delta D_e = D_{okm} \times \frac{112.68e}{273.16 + t} \tag{3-23}$$

式中,e 称为大气中水蒸气分压力,是空气干温 t、湿温 t' 和大气压力 p 的函数。

当湿温计不结冰时,有

$$e = E' - 0.000662(t - t')p(1 + 0.001146t') \tag{3-24}$$

式中,$E' = 0.61075 \times 10^{\frac{7.5t'}{237.3+t'}}$。

当湿温计结冰时,有

$$e = E' - 0.000583(t - t')p(1 + 0.001146t') \tag{3-25}$$

式中,$E' = 0.61075 \times 10^{\frac{9.5t'}{265.5+t'}}$。

3.3.3 平距化算

1. 概念

在一般情况下,光电测距边两端点不可能同高程,光电测距边是一条倾斜边。把倾斜的测距边化算为端点同高程的直线距离的工作,称为平距化算。

图 3.20 中 A、B 是地面上两个点,A 点上设测距仪,仪器高是 i;B 点上设反射器,反射器高是 l;O 表示地球中心;R 表示地球半径;H_A、H_B 分别表示 A、B 两地面点高出似大地水准面的高程。AB 是经过仪器改正和气象改正以后的光电测距边,用 D 表示。

2. 平距化算的辅助参数

(1) 地球曲率影响参数

图 3.20 中,B' 是 B 点在 OB 垂线上与 A 点同高程的点。连接 AB' 弧和 AB' 弦,过 A 点作 AO 的垂线 AI,则弦切角 $\angle IAB'$ 实际上就是在 A 处的水平线 AI 与 AB' 夹角。这个角就称为地球曲率影响参数,用 C 表示,即

$$C = \frac{AB'}{2R}\rho \approx \frac{AB}{2R}\rho = \frac{\rho}{2R}D \tag{3-26}$$

式中,$\rho = 206265''$,$R = 6371 \text{km}$,则 $C = 16.19''D_{km}$。

(2) 折光角

大气密度随着空中高度的增加由密向稀变化,因此,在 A 点观测 B 点的视线行程按折射原理成为一条向上弯曲的弧线。过 A 点作弧线的切线 AJ,则 AJ 与 AB 的夹角称为折光角,

用 γ 表示,按弦切角原理,折光角满足下式,即

$$\gamma = \frac{AB}{2R}\rho k = \frac{D}{2R}\rho k = \frac{k\rho}{2R}D \tag{3-27}$$

式中,k 称为大气折光系数,一般取 $k = 0.13$(特殊情况按当地的实际参数)。根据地球曲率影响参数推证,可知 $\gamma = 2.10''D_{km}$。

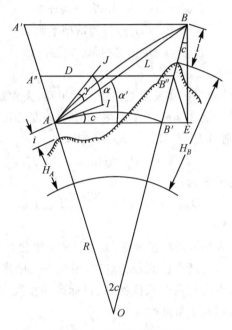

图 3.20 平距化算的参数

(3) 竖直角

根据竖直角的概念,从图 3.20 可见,在 A 处观测的竖直角实际上是 AB 弧的切线 AJ 与水平线 AI 的夹角,用 α 表示,则天顶距 $Z = 90 - \alpha$。α 可在测距时由经纬仪测得。

3. 平距化算的几个公式

在图 3.20 中,过 B 点作 AB' 的平行线交 OA 延长线于 A' 点,过 B 点作 AB' 延长线的垂线 BE,过 E 点作 OA 的平行线交 BB' 于 B'' 点,过 B'' 点作 AB' 的平行线交 AA' 于 A'' 点。根据作图,A、B' 两点除同高程之外,A''、B'' 两点和 A'、B 两点也同高程;△$AB'O$ 是等腰三角形,△ABE 是直角三角形,∠$B'BE = c$。根据平距化算概念可知,图中有三条平距 AB'、$A''B''$、$A'B$,平距化算公式如下:

(1) 平均型平距化算公式

图 3.20 中的 $A''B''$ 是 A、B 两点平均高程上的平距,平均高程是 $H_m\left(= \frac{H_A + H_B}{2}\right)$。直角 △$ABE$ 中,设 ∠$BAE = \alpha'$,则 $A''B'' = AE = AB \times \cos\alpha'$,即

$$D_{A''B''} = AB\cos(\alpha + c - \gamma) \tag{3-28}$$

根据式(3-26)、式(3-27),$c - \gamma = 14.09''D_{km}$,故式(3-28)平均型平距化算公式为

$$D_{A''B''} = D\cos(\alpha + 14.09''D_{km}) \tag{3-29}$$

式中，D_{km} 是以 km 为单位的光电测距边长(下同)。

(2) 测站型平距化算公式

从图 3.20 可见，AB' 是处在 A 点测距仪高程上的平距，高程是 H_A。在 $\triangle ABB'$ 中，根据正弦定理，则 $AB'/\sin\angle ABB' = AB/\sin\angle AB'B$。根据图中角度的几何关系，$\angle ABB' = Z - 2C + \gamma$，$\angle AB'B = 90 + c \approx 90$（$c$ 角很小），则 $AB' = AE = AB \times \sin\angle ABB'$，即

$$D_{AB'} = AB \times \sin(Z - 2c + \gamma) \tag{3-30}$$

根据式(3-26)、式(3-27)，$2c - \gamma = 30.3''D_{km}$，得测站型平距化算公式为

$$D_{AB'} = D\sin(Z - 30.30''D_{km}) \tag{3-31}$$

(3) 镜站型平距化算公式

从图 3.20 可见，$A'B$ 是处在 B 点反射器高程上的平距，高程是 H_B。在 $\triangle ABA'$ 中，根据正弦定理，$A'B/\sin\angle A'AB = AB/\sin\angle BA'A$。根据图中角度的几何关系，$\angle A'AB = Z + \gamma$，$\angle BA'A = 90 - C \approx 90$，则 $A'B = AB \times \sin\angle A'AB$，即

$$D_{A'B} = AB \times \sin(Z + \gamma) \tag{3-32}$$

经推证，得镜站型平距化算公式为

$$D_{A'B} = D\sin(Z + 2.10''D_{km}) \tag{3-33}$$

4. 平距化算中的注意事项

① 平距化算的结果与所在的高程相对应。上述三种平距化算公式的计算结果是不相同的，原因在于平距化算的结果与所在的高程相对应，因此平距化算不能混淆高程的区别。

② 平距化算涉及的端点高程是顾及仪器高、目标高的参数，故在完成光电测距和的竖直角测量的同时，应丈量仪器高 i 和目标高 l。

3.3.4 光电测距成果处理自动化

1. 成果处理步骤

(1) 加常数和气象改正

设按仪器光电测距的野外测量成果为 D'，仪器加常数为 k，根据野外测量时获得温度 t、气压 p 计算得到气象改正为 ΔD_{tp}。此时，加常数和气象改正后得到距离 D，即

$$D = D' + k + \Delta D_{tp} \tag{3-34}$$

(2) 平距化算

根据测量的竖直角和经加常数、气象改正得到距离 D，按平距化算公式计算平距。

2. 光电测距成果处理自动化

成果处理自动化视测距仪器的情况而定。一般的全站仪设有成果处理自动化必备的数据存储器、程序存储器，有关成果处理必需的数据和计算公式可以存入储备。测距仪器的成果处理自动化的基本方法为：

① 测距前，按要求把必需的参数，如加常数、温度、气压存入；仪器显示加常数改正、气象改正值，以示检查。其中，气象改正以比例改正 s 表示，如式(3-22)。

② 启动测距后，测距仪器完成测距并进行成果处理，获得加常数改正、气象改正后距离 D。

③ 平距化算在平距测量方式中实现。

3.4 钢尺量距

3.4.1 概述

传统上所谓的尺子量距的工具是皮尺、钢尺(见图 3.21)和钢瓦线尺,皮尺、钢尺是长带形的尺子,长度有 20m、30m、50m 等,带面上有 m、dm、cm、mm 的长度注记。钢尺是较为精密的丈量工具,比较适用于短距离测量。本节主要介绍钢尺量距。

图 3.21 钢尺

钢尺量距的方法有一般量距方法和精密量距方法两种。

丈量的基本工作步骤如下:

① 定线:钢尺本身长度有限,当丈量的长度超过钢尺本身长度时,必须对丈量的场地按钢尺长度进行分段。定线就是一项把分段点确定在待量直线上的工作,也是常规直线测量中的基本工作。

② 长度丈量:按要求利用钢尺逐段丈量距离。

③ 计算与检核:按要求对丈量成果进行检查和计算。

3.4.2 定线的方法

定线方法有目测法和经纬仪法两种。

1. 目测法

按不同地形条件,目测法有二点法、趋近法、传递法等。

(1) 在平地

二点法目测定线,"二端为准,概量定点"。如图 3.22 所示,A、B 是平坦地面二点,方法是:

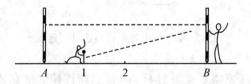

图 3.22 在平地用二点法目测定

① 在 A、B 端点上竖立标杆；
② 一指挥者立 B 点标杆后瞄 A 点的标杆；
③ 二位定点人员按整尺段从 A 概量至 1 号点,根据指挥确定 1 号点位置立在 AB 视线上；
④ 按 ③ 的做法依次把 $2,3,4,\cdots$ 等分段点定在 AB 线上。

(2) 在山头

趋近法目测定线,"概略定中,依次拉直"。如图 3.23 所示,A、B 是山脚下的两点,在不通视的 AB 线上定线确定 C、D 点,定线的方法：

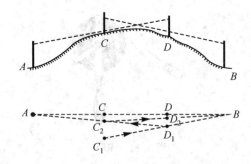

图 3.23　在山头用趋近法目测定线

① 在靠近 A 点又能看到 B 点的位置上初定 C 点(即 C_1),同时立标杆；
② 按二点法在 CB 线上定 D 点(即 D_1),D 点立标杆并能看到 A 点；
③ 按二点法在 DA 线上重新定 C 点,移动原来的标杆到新定的 C 点上(即 C_2)；
④ 按二点法在 CB 线上重新定 D 点,移动原来的标杆到新定的 D 点上(即 D_2)；
⑤ 按 ②、③ 的步骤重复定点,逐渐趋近,最后使 C、D 点落在 AB 线上。

(3) 在山谷

传递法目测定线,"直线选点,逐点传递"。如图 3.24 所示,在山谷两边山顶上的两点 A、B 立有标杆,在 AB 线上定线确定 C、D、E、F 等点位,定线的方法：

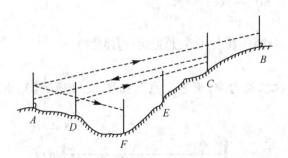

图 3.24　在山谷用传递法目测定线

① 按二点法在 AB 线概略 C 处立标杆,在 B 点指挥使之落在 AB 线上,定 C 点；
② 按二点法在 CA 线概略 D 处立标杆,在 C 点指挥使之落在 CA 线上,定 D 点；
③ 按二点法在 DC 线概略 E 处立标杆,在 D 点指挥使之落在 DC 线上,定 E 点；

④ 按上述方法逐级传递,使所有的分段点落在山谷的 AB 线上。

在地面起伏较大的地段定线,分段长度不要求是整尺段,分段点应立挂有垂球的竹杆三脚架,以垂球线作为分段的标志,如图 3.30 所示。

2. 经纬仪法

这是一种精密的定线方法,具体有纵丝法和分中法两种。

(1) 纵丝法

纵丝法即以经纬仪望远镜十字丝"纵丝为准,概量定点"。如图 3.25 所示,具体方法如下:

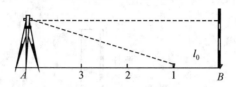

图 3.25　用纵丝法测量定线

① 在丈量直线的一端 A 安置经纬仪,经纬仪望远镜精确瞄准另一端 B 竖立的目标,此时照准部在水平方向上不得转动;

② 沿 BA 方向按尺段长 l_0 概量 B_1;

③ 纵转望远镜瞄到 1 处附近,指挥 1 号分段点测钎定在十字丝的纵丝影像上,如图 3.26 所示。

图 3.26　纵丝影像定点

④ 仿步骤 ②、③,依次将分段点 2,3,4… 定在 AB 线上。

(2) 分中法

分中法即以经纬仪望远镜"盘左盘右,平均取中"。如图 3.27 所示,A、B、C 在同一直线上,要求把 D 点定在 BC 线上。具体方法如下:

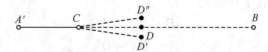

图 3.27　用分中法测量定线

① 在 C 点安置经纬仪,盘左瞄准 A 目标;
② 纵转望远镜在概量位置 D 的附近设定线点 D';
③ 盘右瞄准 A 目标,纵转望远镜在概量位置 D 的附近设定线点 D'';
④ 取 D'、D'' 的平均位置 D 作为最后定线点。

3.4.3 钢尺一般丈量法

1. 准备工作

① 主要工具:钢尺(钢尺完好,刻画清楚)、垂球、测钎、测杆(见图 3.28)等。

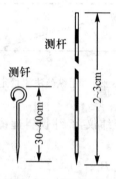

图 3.28 测钎、测杆

② 工作人员组成:拉尺、读数、记录 2~3 人。
③ 场地:一般比较平坦,各分段点已定线在直线上,并插有测钎,如图 3.29 所示。

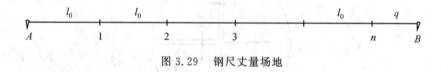

图 3.29 钢尺丈量场地

2. 丈量工作

① 逐段丈量整尺段,尺段长为 l_0;最后丈量零尺段长 q。
② 返测全长。以上步骤①丈量工作从 A 丈量至 B,称为往测,往测长度为 $D_{往}$;在此基础上,再按步骤①的丈量工作从 B 丈量至 A,称为返测,返测长度为 $D_{返}$。

3. 计算与检核

① 计算往测 $D_{往}$、返测 $D_{返}$ 全长,即

$$D_{往} = nl_{0往} + q_{往} \tag{3-35}$$

$$D_{返} = nl_{0返} + q_{返} \tag{3-36}$$

② 检核:检核计算按下列公式:

$$\Delta D = D_{往} - D_{返} \tag{3-37}$$

$$D = \frac{D_{往} + D_{返}}{2} \tag{3-38}$$

$$k = \frac{\Delta D}{D} = \frac{1}{\dfrac{D}{\Delta D}} \tag{3-39}$$

上述公式中，n 是尺段长为 l_0 的整尺段数；ΔD 是往返测较差，k 称为相对较差。一般工程要求 k 为 $1/2000 \sim 1/1000$。

③ 计算总长平均值 D。在 k 满足要求时，按式(3-38)计算的 D 作为总长平均值。

4. 钢尺一般丈量法的基本要求

① 尺段丈量注意调整分段点，使尺段长度与钢尺的整尺长相等。调整时，只移动前尺端的分段点，把测钎插在移动后的分段点上即可。

② 丈量时应尽量做到"直、平、准"。

直，即沿直线方向丈量，尺端偏离直线的偏差少于 5cm。

平，即读数时应有一定的拉力(100N 左右)，尺端同高。特别注意倾斜地段的丈量。

倾斜地段的丈量：尺端分段点应立标杆三脚架(或竹杆三脚架)，吊有垂球对准分段点，如图 3.30 所示。丈量时以钢尺对准垂球线读取钢尺刻画计算尺段距离，即

$$q_i = l_i - l_{i-1} \tag{3-40}$$

式中，l_i 是钢尺前端读数；l_{i-1} 是钢尺后端读数；q_i 是第 i 零尺段距离丈量值。

准，即读数准确可靠，没有错误。

③ 丈量时应有统一口令，保证丈量工作步调一致。

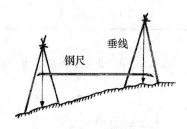

图 3.30 垂线分段标

3.4.4 精密量距方法

1. 准备工作

① 主要丈量工具：钢尺、弹簧秤、温度计等。用于精密丈量的钢尺必须经过检验，而且有其检定的尺长方程式，即

$$l = l_0 + \Delta l_0 + \alpha(t - t_0)l_0 \tag{3-41}$$

式中，l_0 为钢尺的名义长度；Δl_0 为钢尺的尺长改正数；α 为钢尺的线膨胀系数，取 $0.0000125 \text{m/m} \cdot ℃$；$t$ 为丈量时的空气温度，单位 ℃；t_0 为检定时的温度，单位 ℃，一般 $t_0 = 20℃$；l 为钢尺的实际长度。如表 3-2 的算例，钢尺的尺长方程式为

$$l = 30.000\text{m} + 12.5\text{mm} + 0.0125\text{mm}(t-20) \times 30 \tag{3-42}$$

表 3-2　　　　　　　　　精密钢尺丈量与计算的例子

尺段起讫	丈量次数	后端读数（mm）	前端读数（m）	尺段长度（m）	尺长改正	温度改正数	改正后尺段长度	高差平距化算
A-1	1 2 3 平均	76.5 65.5 86.0	29.9300 29.9200 29.9400	29.8535 29.8545 29.8540 29.8540	12.4	25.8 2.1	29.8685	0.567 29.863
1-2	1 2 3 平均	18.0 9.0 27.5	29.8900 29.8800 29.9000	29.8720 29.8710 29.8725 29.8718	12.4	27.4 2.7	29.8869	0.435 29.884
...	...	...	...	...	...	...	...	...
14-15	1 2 3 平均	35.5 26.5 55.0	28.7300 28.7200 28.7500	28.6945 28.6935 28.6950 28.6943	12.0	30.7 3.7	28.7100	0.932 28.695
15-B	1 2 3 平均	80.0 61.5 50.5	18.9700 18.9500 18.9400	18.8900 18.8885 18.8895 18.8893	7.9	30.5 2.4	18.8996	0.873 18.879

② 工作人员：主要工作人员有拉尺员 2 人，读数员 2 人，记录员 1 人，分工安排如图 3.31 所示。

图 3.31　精密量距分工安排

③ 场地：经整理便于丈量；定线分段点设有精确标志，如图 3.32 所示，分段点设有木桩顶面的定线方向有"十"字标志（或小钉）；测量各分段点顶面尺段高差 h_i（测量方法见第四章）。

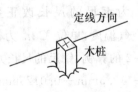

图 3.32　分段点标志

2. 精密量距

丈量有统一的口令,如采用"预备"、"好"等口令协调人员的工作步调。下面介绍一尺段丈量方法。

① 拉尺:拉尺员在尺段两个分段点上拉着弹簧秤摆好钢尺,其中钢尺零端在后分段点,整尺端在前分段点。前方拉尺员发出"预备"口令,后方拉尺员拉尺准备就绪回口令"好",两拉尺员同时用力拉弹簧秤,30m 钢尺的弹簧秤拉力指示为 100N,钢尺面刻画与分段点标志纵线对齐。

② 读数:两位读数员两手轻扶钢尺,在钢尺分划与分段点标志相对稳定时,前方读数员使钢尺 cm 分划与分段点标志横线对齐,同时发出"预备"口令。后方读数员预备就绪(即看准钢尺分划面与分段点标志横线对齐的读数)发出口令"好"。就在发出口令"好"的瞬间,两位读数员依次读取分段点标志对应的钢尺分划值。前端读数员读至 cm,后端读数员读至 0.5mm,如前端读数 $l_{前} = 29.9800$m,后端读数 $l_{后} = 75.5$mm。

③ 记录:记录 $l_{前}$、$l_{后}$,计算尺段丈量值 $l' = l_{前} - l_{后}$。

④ 重复丈量:按步骤①、②、③重复丈量和记录,计算获得 l''、l'''。

⑤ 检核:比较 l'、l''、l''',观察各尺段丈量值之差 Δl,$\Delta l < \pm \Delta l_{容}$。在精密钢尺丈量中,$\Delta l_{容} = \pm 2 \sim 3$mm。检核合格,计算尺段丈量平均值 l_i',即

$$l_i' = \frac{l' + l'' + l'''}{3} \tag{3-43}$$

把计算的尺段丈量平均值 l_i' 填写到表格中。

⑥ 记录温度 t_i,抄录尺段高差 h_i。

3. 计算

① 二项改化计算:这是精密钢尺量距的观测成果处理工作。

各尺段尺长改正数 Δl_i 计算,即

$$\Delta l_i = \frac{\Delta l_0}{l_0} l_i' \tag{3-44}$$

各尺段温度改正数 Δl_{t_i} 计算,即

$$\Delta l_{t_i} = \alpha (t_i - t_0) l_i' \tag{3-45}$$

以上两项改正后的尺段长为

$$l_i = l_i' + \Delta l_i + \Delta l_{t_i} \tag{3-46}$$

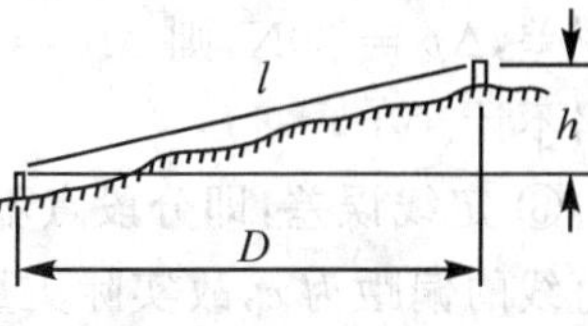

图 3.33 平距化算

② 平距化算:从图 3.33 可见,在尺段 AB 两端 A、B 存在尺段高差 h_i 的情况下,尺段丈量值 l_i 是倾斜边长(已加上尺长改正数 Δl_i 和温度改正数 Δl_{t_i}),A、B 的平距 D_i 按勾股定理,得

$$D_i = \sqrt{l_i^2 - h_i^2} \tag{3-47}$$

③ 计算与检核:检核的有关技术要求列于表 3-3 中,其中相对较差检核计算如下:

表 3-3　　　　　　　　　外业钢尺量距的技术要求

钢尺丈量相对较差	作业尺数	丈量总次数	定线最大偏差(mm)	尺段高差较差(mm)	读数次数	估读值至(mm)	温度读数值(°C)	同尺或同段的尺差(mm)
1:20000	1～2	2	50	≤10	3	0.5	0.5	≤2
1:10000	1～2	2	70	≤10	2	0.5	0.5	≤3

计算往测 $D_{往}$、返测度 $D_{返}$ 总长，即

$$D_{往} = \sum D_{i往} \tag{3-48}$$

$$D_{返} = \sum D_{i返} \tag{3-49}$$

检核：检核计算与式(3-37)、式(3-38)、式(3-39)相同。相对较差 k 容许值为 $1/30000 \sim 1/10000$。在 k 满足要求时，按式(3-38)计算的 D 作为总长平均值。表 3-2 是一段精密钢尺丈量的例子。

3.4.5 钢尺量距的误差

钢尺丈量误差包括钢尺本身误差、操作误差和外界影响误差。

1. 钢尺本身误差

钢尺本身误差包括尺长误差和检定误差。一般地，这类误差小于 0.5mm。

2. 操作误差

操作误差包括温度误差、拉力误差、定线误差、垂曲误差、对点读数误差等。

① 温度误差：严格地，丈量中得到的温度应是钢尺本身温度，由点温度计测定。但常规方法以温度计悬空得到空气温度。然而，钢尺本身温度与空气温度往往相差较大，特别在夏季晴天暴晒，温度相差可达 10℃ 以上，由此引起的尺长误差超过 3.6mm。为了减少温度误差影响，应在环境空气温度比较接近于钢尺检定温度的情况下丈量，或者在阴天丈量，避免烈日暴晒钢尺。

② 拉力误差：根据虎克定理的推证，拉力误差为

$$\Delta l_p = \frac{L \times \Delta p}{E \times S} \tag{3-50}$$

式中，L 是钢尺长度，$E = 2 \times 10^7 \text{N/cm}^2$，$S$ 是钢尺横截面积，Δp 是拉力变化量，Δl_p 是钢尺拉力误差，$\Delta p = 30\text{N}$，则 $\Delta l_p = 0.45\text{mm}$。一般地，精密丈量时以弹簧秤指示拉力，拉力误差可忽略不计。

③ 定线误差：即分段点不在直线上所引起的误差。如图 3.34 所示，1、2 两个分段点分别与直线的偏距为 e，故实际丈量长度 l 不能代表 1、2 在 AB 直线上的长度 l'，引起的误差为

$$\Delta l = l - l' = l - \sqrt{l^2 - (2e)^2} \tag{3-51}$$

按式(3-51)，令 $l = 30\text{m}$，为了使 $\Delta l < 0.5\text{mm}$，则应当使 $e < \pm 8\text{cm}$。精密量距要求越高，对 e 的要求也越高，一般要求 $e < \pm 5\text{cm}$。

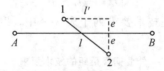

图 3.34 定线误差

④ 垂曲误差：一定拉力情况下因钢尺自重产生线状下垂形成的曲线，称为悬链线。垂曲，即悬链线低点处与两同高端点连线的距离 f，如图 3.35 所示。30m 钢尺的垂曲约 0.267m。由于垂曲的存在，图中钢尺长度 ACB 弧长与 AB 弦长不相等。尽管如此，若以图

3.35 的形式悬空检验钢尺,以悬空拉力形式丈量距离,则不存在垂曲误差。在其他条件下丈量距离会存在垂曲误差,有时可达 cm 级。因此,应根据钢尺检验条件丈量距离,否则应进行垂曲改正。

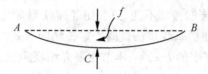

图 3.35　垂曲误差

⑤ 对点读数误差:是人的感官能力限制而存在的误差,如钢尺刻画对点不准、读数不准等,通常应限制在 ±2mm 以内。

3. 外界影响误差

外界影响误差主要是风力、气温的影响,一般在阴天、微风的天气,外界环境对钢尺丈量的误差影响比较小。

3.5　视距法测距

3.5.1　光学测距

1. 基本原理

光学测距是根据几何光学原理,应用三角定理进行测距的技术。如图 3.36 所示,A、B 为两个地面点,A 点设经纬仪,B 点设立一把尺子。利用视线构成等腰三角形 $\triangle AMN$,其中 $MN \perp AB$,$MB = BN$,$\angle MAN = \gamma$,$MN = l$。根据余切定理可知,A、B 两点的距离为

$$D = \frac{l}{2}\cot\frac{\gamma}{2} \tag{3-52}$$

从式(3-52)可见,光学测距的基本原理是,光学测得角度 γ,读取尺子长度 l,利用式(3-52)计算 A、B 两点的距离 D。在距离不长(100～300m)、要求不高的情况下,光学测距是一种可行的测距方法。

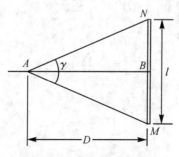

图 3.36　光学测距基本原理

2. 光学测距的方式

光学测距的方式依角度 γ 和尺长 l 的测量方法不同而异,主要有:

① 定角测距方式:即角度 γ 是一个常数,只要测量尺子的长度 l 就可以获得距离 D,这种方式称为定角测距方式。如视距法和视差法就属于定角测距方式。

② 定长测距方式:即尺子长度 l 不变,只要用经纬仪测量角度 γ 就可以获得距离 D,这种方式称为定长测距方式。如横基线尺法就属于定长测距方式。

此外,还有测角 γ 测尺子 l 的方式等。本节主要介绍视距法。

3.5.2 视距法测量距离

1. 视距原理

视距法测距是利用测量仪器望远镜十字丝的上、下丝获得尺子刻画读数 M、N,从而实现距离测量技术。图 3.37 表示经纬仪望远镜的几何光路原理,图中,L_1 是目镜前的十字丝板,a、b 是上下丝的位置,二者相距宽度为 p;L_2 是望远镜的凹透镜;L_3 是望远镜的物镜;F 是物镜焦点;A 是测量仪器的安置中心;B 是竖立尺子的点位。M、N 是上、下丝在尺面截获的刻画值,且 $N > M$。M、N 的间隔长度 l 称为视距差,即

$$l = N - M \tag{3-53}$$

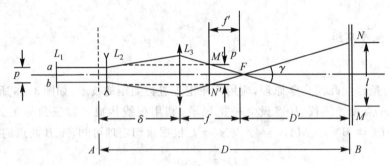

图 3.37 望远镜的几何光路原理

从图 3.37 可见,由于十字丝板上下丝 a、b 的间隔 p 一定,故根据光线的几何路径所构成的角 γ 也一定(一般 γ 约 $34'$)。在 △MFN 中,有

$$D' = \frac{l}{2}\cot\frac{\gamma}{2} \tag{3-54}$$

在 △$M'FN'$ 中,有

$$f' = \frac{M'N'}{2}\cot\frac{\gamma}{2} \tag{3-55}$$

因为 $M'N' = ab = p$,则

$$D' = \frac{f'}{p}l \tag{3-56}$$

比较上式,可得

$$f' = \frac{p}{2}\cot\frac{\gamma}{2} \tag{3-57}$$

式中,f' 是物镜与调焦镜的等效焦距。由式(3-56)可见,D' 的长度取决于视距差 l。

2. 望远镜视距法测距原理公式

从图 3.37 可见,经纬仪中心 A 到立尺点 B 的距离为

$$D = D' + f + \delta \tag{3-58}$$

把式(3-56)代入式(3-58),得

$$D = \frac{f'}{p}l + f + \delta \tag{3-59}$$

式中,f 是物镜的焦距,δ 是经纬仪中心到物镜主平面的距离。

在实用上,测量仪器望远镜瞄准看清目标必须预先调焦对光,式(3-59)中的 l 是调焦后得到的视距差,调焦后公式的形式也相应发生变化,即

$$D = \frac{f'_0}{p}l + \left(\frac{\Delta f'}{f'}D' + f + \delta\right) \tag{3-60}$$

式中,f'_0 是假定瞄准无穷远目标的望远镜等效焦距,

$$\Delta f' = f' - f'_0 \tag{3-61}$$

令

$$C = \frac{\Delta f'}{f'}D' + f + \delta \tag{3-62}$$

$$k = \frac{f'_0}{p} \tag{3-63}$$

则式(3-60)变为

$$D = kl + C \tag{3-64}$$

式(3-64)就是望远镜视距法测距原理公式。式中的 k 称为乘常数,C 称为加常数。在望远镜的设计上,可以使加常数 $C = 0$,乘常数 $k = 100$,故式(3-64)变为简单的公式,即

$$D = 100l \tag{3-65}$$

3. 平视距测量方法

① 测量仪器望远镜视准轴处于水平状态瞄准直立的尺子(如木制标尺),如图 3.38 所示;

② 利用望远镜读取上、下丝所截的尺面上刻画值 M、N(即图 3.38 中的 $l_下$、$l_上$);

③ 按式(3-53)计算 l,按式(3-65)计算距离 D。

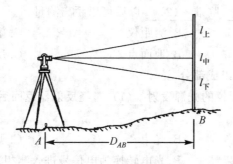

图 3-38 平视距测距

4. 斜视距测量平距计算公式

在图 3.39 中，A 点安置测量仪器，望远镜视准轴 SO（S 是望远镜旋转中心）处于倾斜状态；其竖直角为 α，望远镜十字丝的上下丝在 B 点标尺上位置是 M、N，读数为 $l_下$、$l_上$，中丝在标尺上位置是 O，读数为 $l_中$。图中可见，A、B 两点的平距是

$$D_{AB} = SO \times \cos\alpha \tag{3-66}$$

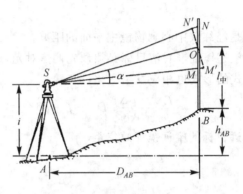

图 3-39 斜视距测距

过 O 作 $M'N'$ 垂直 SO，则根据望远镜的视距原理，有

$$SO = 100 \times M'N' \tag{3-67}$$

因为从 $\triangle MOM'$ 和 $\triangle NON'$ 可知，$M'N' = MN \times \cos\alpha$，故

$$SO = 100 \times MN \times \cos\alpha \tag{3-68}$$

把式(3-68)代入式(3-66)，整理得平距计算公式

$$D_{AB} = 100(l_上 - l_下) \times \cos^2\alpha \tag{3-69}$$

或根据式(2-2)，得

$$D_{AB} = 100(l_上 - l_下) \times \sin^2 Z \tag{3-70}$$

习 题

1. 光速 c 已知，测量 $D = 1\text{km}$ 的距离，问：光经历的时间 t_{2D} 为多少？
2. 光电测距是 ___(1)___，瞄准 ___(2)___ 以后可以距离测量。
   (1) A. 经纬仪   B. 测距仪   C. 望远镜
   (2) A. 目标   B. 地面点   C. 反射器
3. 简述测距仪的基本组成部分。
4. 如图 3.5 所示，测距仪的光源发射 ___(1)___，经反射器返回后经接收装置 ___(2)___ 与 e_r 比较 ___(3)___。
   (1) A. 调制光波   B. 光束   C. 调制频率
   (2) A. 直接进入测相装置   B. 光电转换为电信号进入测相装置   C. 测得时间 t_{2D}
   (3) A. 计算距离 D B. 计算   C. 并由数字电路把距离 D 显示出来
5. 说明某红外测距仪的测距精度表达式 $m = \pm(3\text{mm} + 2\text{ppm}D)$ 的意义。

6. 红外测距仪应用中的一般基本过程是_____。
   A. 安置仪器,启动测距仪电源开关,瞄准反射器,测距,测量气象元素,关机
   B. 安置仪器,瞄准反射器,启动测距仪电源开关,测距,测量气象元素,关机
   C. 安置仪器,启动测距仪电源开关,瞄准反射器,测量气象元素,测距,关机

7. 红外光测距测线上应该_____。
   A. 没有障碍物;测线上只架一个反射器;不存在强烈光源,严禁强烈光对射测距仪;测距时应加强监察
   B. 有障碍物;测线上可架多个反射器,不存在强烈光源,不能有强光对射,测距有自动化功能,不必监察
   C. 有障碍物;测线上架一个反射器,也可有多个反射器,有强烈光对射测距仪,测距时应监察

8. 下述关于应用反射器的说法哪个是正确的?
   应用反射器时,① 只要反射器的直角棱镜受光面大致垂直测线方向,反射器就会把光反射给测距仪接收。② 可以根据测程长短增减棱镜的个数。③ 反射器与测距仪配合使用,不要随意更换。

9. 已知测距精度表达式(3-13),问:当 $D = 1.5 \text{km}$ 时,m 是多少?

10. 测距仪的加常数 ΔD_k 主要是_____引起的。
    A. 测距仪对中点偏心;反射器对中点偏心;仪器内部光路、电路的安装偏心
    B. 通过对测距仪和反射器的鉴定
    C. 测距仪等效中心偏心;反射器等效中心偏心;仪器内部光路、电路信号延迟时间

11. 已知 $t = 29.3℃$ $p = 99.6 \text{kPa}$,试计算 DI1600 测距仪的比例改正。

12. 接上题,求 DI1600 测距仪在 1.656km 的气象改正。

13. 按表 3-4 成果处理。光电测距得到的倾斜距离 $D = 1265.543\text{m}$,竖直角 $\alpha = 3°36'41''$,气压 $P = 98.6\text{kPa}$,空气温度 $t = 31.3℃$,仪器的加常数 $k = -29\text{mm}$,已知气象改正公式是

$$\Delta D_{tp} = D_{0\text{km}} \left(281.8 - \frac{793.94 p}{273.16 + t}\right)$$

表 3-4

项 目	数 据		处理参数	处理后的距离	说 明
距离观测值	D	m	m	m	未处理的倾斜距离
	$D_{\text{km}}:$	km	km	km	以公里为单位的倾斜距离
仪器加常数	mm		$k:$	m	加常数改正后倾斜距离
气象元素	$t:$ ℃ $p:$ kPa		$\Delta D_{tp}:$ mm		气象改正后倾斜距离
平均型平距	$\alpha:$ ° ′ ″		$+14.1'' D_{\text{km}}$	m	平均高程面的平距
测站型平距	$Z:$ ° ′ ″		$-30.3'' D_{\text{km}}$	m	测站高程面的平距

14. 钢尺量距的基本工作是_____。

A.拉尺;丈量读数;记温度   B.定线;丈量读数;检核 C.定线;丈量;计算与检核

15.图3.26是定线时分段点测钎在望远镜里的倒像,说明测钎位置在观测者方向 AB 的_____。

　　A.AB 线上　　　　　　B.左侧　　　　　　　C.右侧

16.一般量距一条边,$D_{往}=56.337\text{m}$,$D_{返}=56.346\text{m}$。问相对较差 k 为多少?

17.平视距测量步骤是经纬仪望远镜水平瞄准远处___(1)___,读取___(2)___,计算___(3)___。

　　(1)A.反射器　　　　　　B.目标　　　　　　　C.尺子

　　(2)A.读数为 $l_{中}$　　　　B.上、下丝所截尺面上读数　C.竖直角 α

　　(3)A.平距 $D=100\times l$　B.斜距 D　　　　　　C.视距差

18.$l = l_{下} - l_{上} = 1.254\text{m}$,按式(3-65)计算平距 D。

19.斜视距测量平距计算公式可以是 $D_{AB}=100(l_{下}-l_{上})\times\sin^2 L$ 吗?

20.$l = l_{下} - l_{上} = 1.254(\text{m})$,竖直度盘读数 $L = 88°45'36''$。按19题答案求 D_{AB}?

21.接20题:(1)$\alpha = 90° - L = 1°14'24''$,求 D_{AB};(2)$L = 90°$,求 D_{AB}。

22.钢尺精密量距计算题:尺段长度、尺段平均长度、温度改正、尺长改正、倾斜改正的计算;总长及相对误差的计算。(计算数据见表3-5,尺长方程式为 $l = 30\text{m} + 0.008\text{m} + \alpha(t-20)\times l'$)

表 3-5

尺段	丈量次数	后端读数 (mm)	前端读数 (m)	尺段长度 (m)	尺长改正	温度改正数	改正后尺段长度	高差平距化算
1	2	3	4	5	6	7	8	9
A～1	1	0.032	29.850					
	2	0.044	29.863			27.5℃		0.360m
	3	0.060	29.877					
	平均							
1～2	1	0.057	29.670					
	2	0.076	29.688			28.0℃		0.320m
	3	0.078	29.691					
	平均							
2～B	1	0.064	9.570					
	2	0.072	9.579			29.0℃		0.250m
	3	0.083	9.589					
	平均							

长度、相对误差计算　　　　　　　　AB 平均长度:

改正后 AB 往测总长:　　　　　　　较差:

改正后 AB 返测总长:68.950m　　　相对误差:$k=$

第4章 高程测量

学习目标：明确高程测量是确定地面点位置的基本工作，掌握地面点高程测量的两种技术——水准测量和三角高程测量的原理与方法。

地面点的高程测量主要方法有水准测量和三角高程测量。此外，还有流体静力水准测量、气压高程测量和GPS高程测量等。本章主要阐述水准测量和三角高程测量。

4.1 水准测量原理

4.1.1 基本原理

水准测量是一种利用水平视线测量两个地面点高差的方法。实现这种方法的仪器称为水准仪。如图4.1所示，A、B是两个竖立尺子的地面点，两个地面点之间安置一台水准仪，单实线是水准仪的水平视线，a、b是水平视线在尺子面上得到的观测数据。过A、B两点各作水平视线的平行线，则两条平行线的距离就是A、B两个地面点的高差h_{AB}。从图4.1可见，h_{AB}是尺子面上观测数据a、b的差值，即

$$h_{AB} = a - b \tag{4-1}$$

式(4-1)是水准测量的基本原理公式。该式表明，水准测量的原理实质是利用水准仪的水平视线测量立在地面点上尺面数据，求其数据之差，实现地面点之间的高差测定。

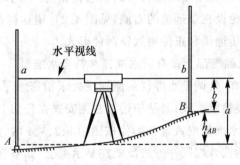

图4.1 水准测量原理

地面点高程可以利用已知高程和测定的高差推算得到。如图4.1所示，设A点已知高程为H_A，则B点的高程为

$$H_B = H_A + h_{AB} = H_A + a - b \tag{4-2}$$

4.1.2 水准测量仪器

1. 水准仪

水准仪是水准测量的主要仪器设备。用于高程测量的水准仪有微倾式水准仪、自动安平水准仪、电子水准仪等。

(1) 微倾式水准仪

如图 4.2 所示,系列型号有 DS_{05}、DS_1、DS_3、DS_{10} 四个等级。DS_{05}、DS_1 属于精密等级水准仪;DS_3、DS_{10} 属于工程水准仪,而且以 DS_3 为常见。

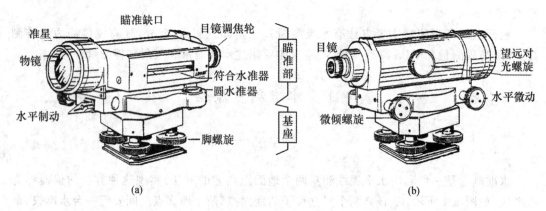

图 4.2 微倾式水准仪

仪器型号等级不同,仪器精密度各有区别,但是基本结构大致相同。基本结构主要有瞄准部和基座两大部分。基座与角度测量仪器相同。微倾水准仪瞄准部是水准仪的重要部分,主要有望远镜、符合水准器、托架及竖轴。

① 望远镜:水准仪望远镜内部构件包括物镜、调焦镜、十字丝板、目镜以及倒像棱镜,内部构件在望远镜筒中的位置与角度测量仪器的望远镜相同。不同的是,水准仪望远镜水平设置在托架上方,望远调焦轮设在望远镜的右侧(见图4.2)。望远镜在托架上与之一起水平转动。水准仪望远镜有倒像望远镜和正像望远镜两种形式。

② 水准器:在水准仪瞄准部上设有圆水准器和符合水准器。

符合水准器(见图 4.3)是调整水准仪观测视线处于精密水平状态的装置。符合水准器由一个管水准器和一个棱镜组构成,紧贴望远镜左侧安置在托架上。符合水准器利用棱镜组的几何光学反射原理,使水准气泡 A 端半影像按图中1、2、3、4 的方向反映在显示面上,B 端半影像从另一个棱镜开始按 A 端同样方式反映在显示窗上。如果管水准器处于水平状态,则显示面上气泡两半影像组合成为图 4.3(c) 所示的形式,称为气泡符合;如果管水准器未实现水平状态,则显示面上气泡两半影像未能符合,如图 4.3(b) 所示。转动微倾旋钮(见图4.2)可以精确整平管水准器,实现 A、B 气泡影像符合成图 4.3(c) 所示的形式。

③ 托架与竖轴:如图 4.4 所示,托架支承着望远镜、水准器及各种旋钮,并和竖轴结合在一起装在基座轴套中,使瞄准部与基座结合起来。

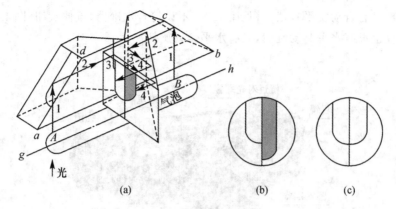

图 4.3 符合水准器

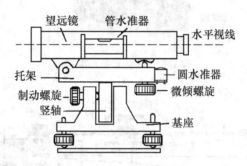

图 4.4 托架与竖轴

④ 基本轴系：瞄准部的基本轴包括视准轴(cc)、管水准轴(LL)、圆水准轴($L'L'$)和竖轴(vv)。瞄准部基本轴系在结构上必须满足：①$L'L' \parallel vv$；②$LL \parallel cc$；③$LL \perp vv$；④十字丝的中横丝与竖轴vv互相垂直，如图4.5所示。

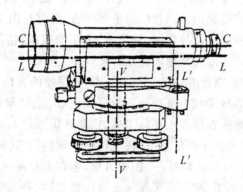

图 4.5 基本轴系

此外，还有水平制动、水平微动旋钮等操作部件。

(2) 自动安平水准仪

自动安平水准仪（见图4.6）是微倾水准仪的发展。自动安平水准仪与微倾水准仪的区别在于瞄准部设有自动安平补偿器(见图4.7),不设符合水准器、微倾旋钮。图4.6所示的自动安平水准仪也没有水平制动旋钮,只有水平微动旋钮。

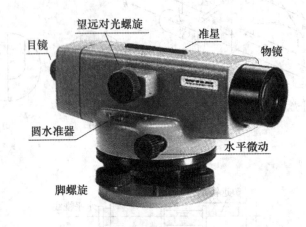

图 4.6　自动安平水准仪

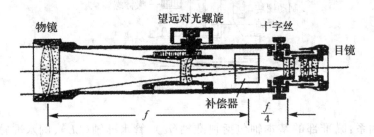

图 4.7　自动安平补偿器的位置

自动安平基本原理是:自动安平补偿器用以为水准仪提供一条实际的水平观测视线的装置。补偿器安装在水准仪望远镜的调焦镜与十字丝板之间(见图4.7)。图4.8(a)是悬吊式自动安平补偿器示意图,屋脊棱镜与物镜、调焦镜、十字丝板、目镜的相对位置不变,直角反射棱镜由金属丝悬挂,可以在限定范围内摆动。

如图4.8(a)所示,望远镜视准轴处于水平状态,补偿器的直角棱镜处于原始悬垂状态。如果没有补偿器,视准轴的水平状态可获得正确标尺读数 L_0。如果补偿器存在,水平观测视线在补偿器内反射后,仍然落在原来十字丝中央 A,读数仍然是 L_0。

如图4.8(b)所示,因仪器未严格整平,视准轴处于倾斜状态(即与水平线存在 α 角,$\alpha <$ 10′),视准轴非水平得到的标尺读数是 L_0'。图中可见,客观上存在一条水平视线,在直角反射棱镜与屋脊棱镜的位置关系不变时,水平视线正确读数 L_0。在补偿器内反射落在 B 处,不为人眼所观察。

如图4.8(c)所示,补偿器直角反射棱镜的重力作用使直角反射棱镜摆向悬垂位置,这时,直角反射棱镜与屋脊棱镜的相对位置发生变化,使水平视线在补偿器内的反射方向得到调整而射向十字丝中心位置(设计上必须满足这一要求),人眼可观察到水平视线的标尺读数 L_0。

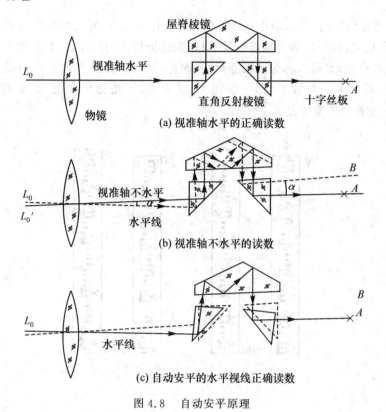

图 4.8　自动安平原理

自动安平的原理实质是：在仪器视准轴粗略水平时，设置的补偿器在自身重力的作用下自动为水准仪提供一条水平观测视线及时获得标尺读数 L_0。

2. 标尺

图 4.1 中的尺子，称为水准标尺，简称标尺。常用的标尺有木质标尺和金属标尺两种，造型有整形直尺和分节组合的塔尺，如图 4.9 所示。整形的直尺有普通水准标尺和钢瓦水准尺等。日常应用比较多的标尺有普通双面水准尺和塔尺。

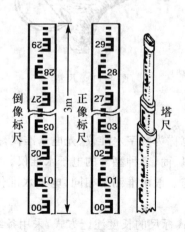

图 4.9　普通水准标尺

① 普通水准标尺：长3m，最小刻画单位cm，注记dm、m。图4.9中的27dm是2.7m。刻画注记以倒像形式的标尺，称为倒像标尺；以正像注记形式的标尺，称为正像标尺。两个尺面分别按黑色、红色刻画标记，称为双面标尺。双面标尺的黑、红面刻画零点相差一个常数，一测站所用的一对尺子的常数不相同。如图4.10所示，一把标尺的黑、红面相差的常数是4.687m，另一把标尺的常数是4.787m。

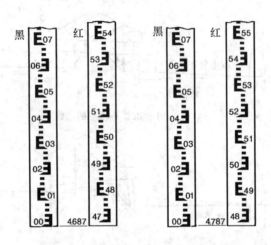

图4.10 双面标尺

② 塔尺：总长5m，单面刻画或双面刻画，尺长度可根据需要缩短。塔尺应用的精密度比较低。

③ 尺垫：是由铁质铸成的垫件，如图4.11所示，下部有三个短钝脚尖，上部有一个突出的半球状体。

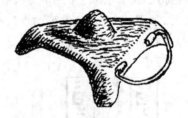

图4.11 尺垫

4.1.3 电子水准仪

图4.12为电子水准仪，也称为数字水准仪、光电水准仪，是一种自动化程度较高的水准测量仪器，市场上已出现多家厂商、多种型号的电子水准仪。

这种仪器在测量原理上与一般水准测量相同。电子水准仪新的观测系统改变测站观测的传统，新的观测特色有：

① 摒弃常规等分划区格式标尺的长度注记方式，采用条纹编码的标尺（条码标尺，见图4.13）长度注记方式。

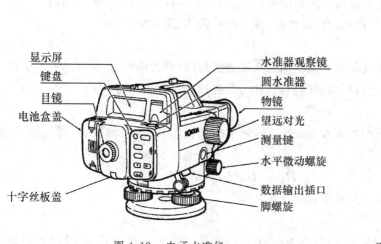

图 4.12 电子水准仪　　　　　　　　图 4.13 条码标尺

② 采用 CCD(charge-coupled device)摄像技术(电荷耦合器件技术),测量时对标尺进行摄像观测。

③ 自动实现图像的数字化处理以及观测数据的测站显示、检核、运算等。

4.1.4 几个基本概念

1. 测站

如图 4.1 所示,水准仪及尺子所摆设的位置称为测站,这种摆设测站所进行的水准测量工作,称为测站观测。式(4-1)中的 h_{AB} 是一次测站观测的高差观测值。

2. 水准路线

连续若干测站水准测量工作构成的高差观测路线,称为水准路线。如图 4.14 所示,A 点是起点,B 点是终点,其间设有 5 个测站,观测的前进方向由 A 至 B(图 4.14 中箭头指的方向),各个测站依次由立尺点 ZD_1、ZD_2、ZD_3、ZD_4 联系起来,构成由 A 至 B 的水准路线。

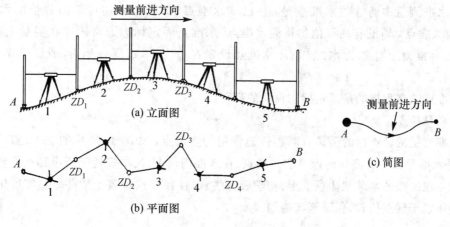

图 4.14 水准路线

3. 后视

一测站中与水准路线前进方向相反的水平观测视线,称为后视。后视所瞄的尺子称为后视尺。后视从后视尺面上得到的观测数据,称为后视读数,用 a 表示。

4. 前视

一测站中与水准路线前进方向相同的水平观测视线,称为前视。前视所瞄的尺子称为前视尺。前视从前视尺面上得到的观测数据,称为前视读数,用 b 表示。

5. 视线高程

后视尺立尺点高程与后视读数之和,称为水准仪视线高程,简称视线高程。将式(4-1)代入式(4-2)得

$$H_B = H_A + a - b \tag{4-3}$$

式中,$H_A + a$ 就是图 4.1 中水准仪的视线高程。

6. 视距

水准仪到立尺点的水平距离,称为视距。视距按视距测量方法测得。水准仪到后视尺的视距称后视距,水准仪到前视尺的视距称前视距。一测站视距长度指的是前、后视距之和。

7. 水准点

用于水准测量而设有固定标志的高程基准点,如图 4.15 所示。

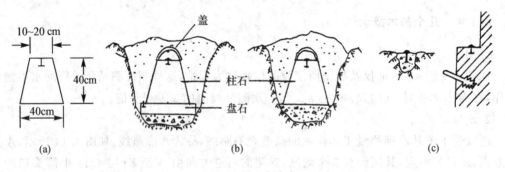

图 4.15 水准点

在水准测量中通常的水准点是:① 已知水准点,即具有确切可靠高程值的水准点;② 未知水准点,即没有高程值的待测水准点。水准点固定标志通常固埋在混凝土桩顶面中心,这种混凝土桩称为水准标石。水准点设置在地面下,或露设地面,或设于建筑墙边(见图 4.15)。

水准点的高程指的是固定标志顶面的高程。

8. 高程转点

水准测量的转点指的是具有高程传递作用的立尺点,如图 4.14 中的 ZD_1、ZD_2、ZD_3、ZD_4,是水准路线中各测站传递高程的转点。在水准测量中,尺垫安置于所设转点位置上,标尺被扶立在尺垫的半球状体顶面上。初学者应注意,往往转点位置土质并非坚实可用,故应把尺垫压紧于转点位置,保证坚实稳固。

4.2 水准测量高差观测技术

4.2.1 一测站的基本操作

根据水准测量原理公式(4-1),一测站的基本操作的目的是获得后视读数 a 和前视读数 b,以便按式(4-1)计算高差 h。普通水准测量以自动安平水准仪应用为常见,因此,基本操作有:

1. 安置仪器,安置水准仪和竖立标尺

① 水准仪安置:和角度测量一样,水准仪必须安置在三脚架上。要求是:三脚架高度适当,架头面大致水平,三脚架脚腿稳固,仪器连接可靠。从仪器箱取出水准仪安放在三脚架上(不放手),并用中心螺旋扭紧使仪器与三脚架头连接起来。

② 竖立标尺:要求:一,竖直;二,稳当。一般说来,竖立的标尺处于悬垂位置时,是比较竖直的,而且易于扶稳的。初学者必须注意,标尺应竖立于水准点上,或竖立于待测的高程点上,或竖立于转点位置的尺垫上。

2. 粗略整平

转动水准仪基座的三个脚螺旋,使圆水准气泡居中,实现粗略整平。粗略整平基本步骤如下:

① 相对转动两个脚螺旋,使圆水准气泡移向两脚螺旋的中间位置。中间位置,即两脚螺旋中心连线的垂直平分线的位置。如图4.16(a)所示,Ⅰ、Ⅱ是任选的脚螺旋,圆水准气泡位于图中"中间位置"的左侧,从左手在Ⅰ的转动方向(箭头所示)可知,气泡按箭头的方向移动到"中间位置"。

② 转动第三个脚螺旋,使气泡移到圆水准器的中心。如图4.16(b)所示,左手大拇指在Ⅲ脚螺旋的转动方向(箭头所示)使气泡移向圆水准器的中心。

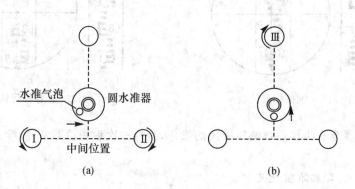

图4.16 粗略整平调整圆水准气泡

当操作熟练时,可在相对转动两个脚螺旋的同时转动第三个脚螺旋,使圆水准气泡居中。

3. 瞄准标尺

瞄准标尺即瞄准后视尺,开始的瞄准工作要经历粗瞄、对光、精瞄的过程。

① 粗瞄:松开水平制动,转动瞄准部,利用水准仪的准星对准标尺,水平制动旋钮固紧;

② 对光:如同经纬仪望远镜的对光,先转目镜调焦旋钮使十字丝像清楚;后转动望远调焦旋钮使标尺像清楚。在对光中应注意消除视差。

③ 精瞄:转动水平微动旋钮,使望远镜十字丝纵丝对准标尺的中央。

4. 精确整平

从微倾水准仪轴系结构(图 4.5)可知,望远镜视准轴(cc)平行于符合水准器的管水准轴(LL)。但是,由于圆水准器的整平精确度不高,故粗略整平时符合水准器的管水准轴 LL 和望远镜的视准轴(cc)不可能处于严格的水平状态。应用微倾水准仪时,为了保证水准仪视准轴处于水平状态,精确整平是一项重要工作,方法是:转动微倾旋钮,观察符合气泡影像(见图 4.3(c))的图像,实现望远镜视准轴(cc)精确整平。

必须明白,自动安平水准仪已经装备自动安平补偿器,可以自动提供实际应用的水平观测视线。因此,以自动安平水准仪高差测量的操作,无需精确整平的操作。

5. 读数和记录

根据望远镜视场中十字丝横丝所截取的标尺刻画,读取该刻画的数字,以 m 为单位。读数的方法:先估读 mm,后读 m、dm、cm。与倒像望远镜相配合,观测倒像标尺时,视场的标尺影像数字自上而下增大,读数应注意倒像标尺成像的特点。如图 4.17 所示,先估读不足 1cm 的 4mm,后读 1.88m,整个读数为 1.884m。记录时,按读数先后顺序回报,回报无异议才记录。与正像望远镜相配合,正像标尺成像如图 4.18 所示,标尺影像数字自下而上增大,读数应注意正像标尺成像的特点。

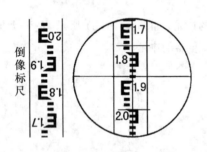

图 4.17 倒像标尺读数

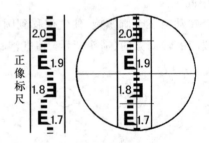

图 4.18 正像标尺读数

以上 3 步骤至 5 步骤是观测后视尺的操作,获得一次后视读数 a。后续是观测前视尺的操作。

6. 瞄准标尺,即瞄准前视尺

如图 4.1 所示,水准仪完成观测 A 点的后视尺的操作之后,松开水平制动旋钮,转动水准仪的瞄准部粗瞄 B 点的前视尺,接着关水平制动旋钮,转动水平微动旋钮精瞄前视尺。在一测站观测中,由于前、后视距基本相等,不必重新对光。

7. 精确整平

方法同步骤 4,应用自动安平水准仪,无需精确整平的操作。

8. 读数和记录

方法同步骤 5。

4.2.2 测站高差观测技术

1. 改变仪器高法

该法在测站观测中获得一次高差观测值 h' 之后,变动水准仪的高度再进行二次高差观测,获得新的高差观测值 h''。具体观测步骤如下:

① 一次观测:观测顺序为:后视距 $s_后$ — 后视读数 a' — 前视距 $s_前$ — 前视读数 b'。

② 变动三脚架高度(10cm 左右),重新安置水准仪。

③ 二次观测:观测顺序为前视读数 b'' — 后视读数 a''。

④ 计算与检核

表 4-1 是一测站观测记录。按表 4-1 的顺序(1),(2),…,(11)进行,其中视距差 d、视距差累计 $\sum d$、高差变化值 δ_2 是主要限差。检核合格,则计算 h,即 $h = \dfrac{(h' + h'')}{2}$;否则重测。

表 4-1　　　　　　　改变仪器高法测站的观测记录

测站	视距 s		测次	后视读数 a	前视读数 b	$h = a - b$	计算说明
	$s_后$	(1)	1	(2)	(5)	(7)	d:(1)−(3)→(4)
							h':(2)−(5)→(7)
	$s_前$	(3)	2	(9)	(8)	(10)	h'':(9)−(8)→(10)
							$\delta_2 = h' - h''$
							$h = (h' + h'')/2 →$ (11)
	d	(4)	$\sum d$	(6)	平均 h	(11)	"→":记入的意思
1	$s_后$	56.31	1	1.731	1.215	0.516	一般技术要求
							$s_后$、$s_前 < 100\text{m}$,$d < 5\text{m}$
	$s_前$	53.20	2	1.693	1.173	0.520	多测站连续观测时
							$\sum d < 10\text{m}$,$\delta_容 = \pm 6\text{mm}$
	d	3.1	$\sum d$	3.1	平均 h	0.518	

进行变动三脚架高度约 10cm 的二次观测,目的在于检核和限制读数(尤其是分米读数)的可能差错,提高观测的可靠性和精确性。

2. 双面尺法

双面尺法是一种标准型的水准高差测量方法。该法根据标尺黑、红面的刻画特点,按一定程序完成黑、红双面标尺的观测、计算、检核过程,具有步骤严密、成果可靠的特点。

(1) 观测程序

以中丝观测获得观测值的程序有：

① 程序一：后$_黑$ — 前$_黑$ — 前$_红$ — 后$_红$，即后视尺黑面 — 前视尺黑面 — 前视尺红面 — 后视尺红面。

② 程序二：后$_黑$ — 后$_红$ — 前$_黑$ — 前$_红$，即后视尺黑面 — 后视尺红面 — 前视尺黑面 — 前视尺红面。

(2) 程序一的观测步骤（程序二的观测步骤，不另说明，读者可参考程序一的观测步骤自行掌握）

① 观测黑面：利用十字丝的上、下、中丝获得后视尺黑面刻画数字上$_黑$、下$_黑$和$a_黑$；利用十字丝的上、下、中丝获得前视尺黑面刻画数字上$_黑$、下$_黑$和$b_黑$；

② 观测红面：利用十字丝的中丝获得前视尺、后视尺的红面刻画数字$b_红$和$a_红$。

(3) 记录、计算与检核

按程序一，表4-2是双面尺法的记录实例，表头说明观测、记录的内容，其中，(1)，(2)，…，(18)表示记录、检核、计算的顺序。表4-3根据记录、检核、计算的顺序，说明记录、检核、计算的步骤和方法。

表 4-2　　　　　　　　　　　双面尺法观测记录实例

测站编号	后视尺		前视尺		方向及尺号	标 尺 读 数		黑+k减红	高差中数	备 注
	下丝		下丝			黑 面	红 面			
	上丝		上丝							
	后视距		前视距							
	视距差 d		$\sum d$							
	(1)		(4)		后	(3)	(8)	(14)		记录计算检核说明
	(2)		(5)		前	(6)	(7)	(13)		
	(9)		(10)		后-前	(15)	(16)	(17)	(18)	
	(11)		(12)							
1	1.574		0.735		后 No.5	1.384	6.171	0		No.5 $k=4.787$ No.6 $k=4.687$
	1.193		0.367		前 No.6	0.551	5.239	−1		
	38.1		36.8		后-前	0.833	0.932	1	0.8325	
	1.3		1.3							
2	2.225		2.302		后 No.6	1.934	6.621	0		
	1.642		1.715		前 No.5	2.008	6.796	−1		
	58.3		58.7		后-前	−0.074	−0.175	1	−0.0745	
	−0.4		0.9							

表 4-3　　双面尺法记录计算的顺序说明

步骤	目标	观测丝	记录	计算与记入	检核	备注
1	后视黑面	下丝 上丝 中丝	(1) (2) (3)	$((1)-(2))\times 100 \to (9)$	$(9) \leqslant D$	"→":记入的意思 此处将(1)、(2)栏的数据之差乘以100记入(9)栏,下同 D:视距长度限值 d_1:前后视距差限值 d_2:视距差累计限值 δ_1、δ_2:较差限值 见表4-4说明 检核是否相等、取平均以(15)为准
2	前视黑面	下丝 上丝 中丝	(4) (5) (6)	$((4)-(5))\times 100 \to (10)$ $(9)-(10) \to (11)$ $(11)+前站(12) \to (12)$ $(3)-(6) \to (15)$	$(10) \leqslant D$ $(11) \leqslant d_1$ $(12) \leqslant d_2$	
3	前视红面	中丝	(7)	$K+(6)-(7) \to (13)$	$(13) \leqslant \delta_1$	
4	后视红面	中丝	(8)	$K+(3)-(8) \to (14)$ $(8)-(7) \to (16)$ $(14)-(13) \to (17)$ $(15)-(16)\pm 0.1=(17')$ $((15)+(16)\pm 0.1)/2 \to (18)$	$(14) \leqslant \delta_1$ $(17) \leqslant \delta_2$ $(17)=(17')$	

4.2.3 测站观测的限差控制

1. 限差控制特点

表 4-4 是水准测量测站观测主要容许误差的限值要求,水准测量测站观测限差控制的特点:伴随观测,逐一检核,随时控制,逐步放行。根据表 4-4 的有关限差随时检核。观测一开始就要接受检核,不能等到测站观测完毕再检核,这就是"伴随观测,逐一检核"的意思。而且,检核合格之后才容许下一步的观测工作,这就是"随时控制,逐步放行"的意思。典型例子是按标准双面尺法的四等水准测量。在整个观测过程中,记录与观测互相配合互相监督,两者的熟练程度将有利于水准测量工作的顺利进行。

表 4-4　　水准测量测站观测的主要容许误差

等级	水准仪型号	视距长度限值 D (m)	前后视距差限值 d_1 (m)	前后视距差累计限值 d_2 (m)	视线离地面最低高度 (m)	基本分划与辅助分划的较差或黑面与红面读数较差 δ_1 (mm)	基本分划与辅助分划或黑面、红面所测高差的较差 δ_2 (mm)
二等	DS1	50	1	3	0.5	0.5	0.7
三等	DS1	100	3	6	0.3	1.0	1.5
三等	DS3	75	3	6	0.3	2.0	3.0
四等	DS3	100	5	10	0.2	3.0	5.0
五等	DS3	100	(10)	(50)	—	(4.0)	(6.0)

注:表中"五等"带括号的数字是一般的参考数字。

2. 双面尺法检验计算

双面尺法是一种标准的高差测量,在整个限差控制过程中"黑＋k减红"检验计算比较复杂。

(1) 方法一

按"黑＋k减红"检验计算,如表4-2测站编号1。k 称双面标尺黑、红面刻画零点常数。

号尺 No.5 的 $k = 4.787$,黑面中丝读数 1.384,红面中丝读数 6.171。按"黑＋k减红",$1.384 + 4.787 - 6.171 = 0(\text{mm})$。

号尺 No.6 的 $k = 4.687$,黑面中丝读数 0.551,红面中丝读数 5.239。按"黑＋k减红",$0.551 + 4.687 - 5.239 = -1(\text{mm})$。

(2) 方法二

观测保证米位正确,米位数可以不检,按"黑3－(红3＋k')"检验计算。黑3,即黑面中丝读数的后3位数。红3,即红面中丝读数的后3位数。k' 称为新常数。方法二如表4-2测站编号1:

号尺 No.5 的 $k = 4.787$,新常数 $k' = 213$。黑面中丝读数 1.384,红面中丝读数 6.171。按"黑3－(红3＋k')",$384 - (171 + 213) = 0(\text{mm})$。

号尺 No.6 的 $k = 4.687$,新常数 $k' = 313$。黑面中丝读数 0.551,红面中丝读数 5.239。按"黑3－(红3＋k')",$551 - (239 + 313) = -1(\text{mm})$。

方法二和方法一的检验计算效果相同,但方法二较易掌握。

在精密度要求比较高的水准测量中,采用电子记录的方法,即以一台功能较强、内存较大的袖珍计算机代替记录手簿,可加快测站观测的限差控制及计算等工作的速度。

4.2.4 测段高差的观测

1. 测段的概念

两个水准点之间构成的水准路线,称为测段。如图 4.12 所示,地面上 A、B 埋设了水准点,从 A 到 B 连续经过 5 个测站连成一个测段。

2. 测站的搬设

在测段多测站连续观测中,水准仪、标尺必须按前进方向逐一搬设测站,方法如下:

① 一测站观测、记录、检核无误,由记录员发出"搬站"口令;

② 观测员、扶尺员按口令搬站:a. 前视尺扶尺员不离开原立尺点,确保尺垫不变动(标尺暂可脱离尺垫),准备作为下一测站的后视尺;b. 观测员将水准仪搬到下一测站适当位置准备新测站观测,搬动的距离少于表 4-4 的 D 值;c. 后视尺在下一测站成为前视尺,扶尺员根据水准仪新设站的后视距确定前视尺的位置。

3. 测段的高差计算

(1) 概念

如图 4.14 所示,前进方向从 A 到 B 的连续逐站水准测量称为往测;前进方向从 B 到 A 的连续逐站水准测量称为返测。一般地,一个测段的高差必须往返测。

(2) 测段高差计算

① 往返测高差计算:根据表 4-1,一测段高差观测值整理见表 4-5,往测高差为 $h_{往}$,即 $h_{往} = \sum h_{i往}$。检核:$\sum h_{i往} = \sum a_{i往} - \sum b_{i往}$。同样,返测高差为 $h_{返}$,即 $h_{返} = \sum h_{i返}$。检核:

$$\sum h_{i返} = \sum a_{i返} - \sum b_{i返}。$$

② 测段高差计算:若 $h_{往}$ 符号为正,则 $h_{返}$ 必为负,故高差检核公式是

$$\Delta h = h_{往} + h_{返} \tag{4-4}$$

测段高差即高差平均值计算公式是

$$h = \frac{h_{往} - h_{返}}{2} \tag{4-5}$$

表 4-5　　　　　　　　　测段往返测高差计算

测站	往测			返测		
	后视	前视	高差	后视	前视	高差
1	a_1	b_1	h_1	a_1	b_1	h_1
2	a_2	b_2	h_2	a_2	b_2	h_2
⋮	⋮	⋮	⋮	⋮	⋮	⋮
n	a_n	b_n	h_n	a_n	b_n	h_n
$\sum$	$\sum a_{i往}$	$\sum b_{i往}$	$\sum h_{i往}$	$\sum a_{i返}$	$\sum b_{i返}$	$\sum h_{i返}$

4.3　水准测量误差及其预防

如同测角一样,水准测量的误差也是来自仪器、操作和外界环境三个方面。

4.3.1　仪器误差

1. 视准轴与管水准轴不平行误差

视准轴与管水准轴不平行误差,简称不平行误差。根据微倾式水准仪基本轴系,视准轴与管水准轴必须严格平行。实际上,仪器的装配和校正不可能严格实现这种平行,因此,两轴将构成一个角度,称为 i 角,如图 4.19 所示。由于 i 角的存在,则在精确整平时,水准仪视准轴不是处于严格水平状态。设这种状态下给测站观测造成的误差影响为 Δa、Δb,即

$$\Delta a = s_{后} \times \tan i \tag{4-6}$$
$$\Delta b = s_{前} \times \tan i \tag{4-7}$$

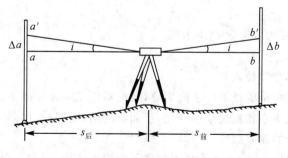

图 4.19　视准轴与管水准轴

故测站的后视读数和前视读数便是 a'、b'，即

$$a' = a + \Delta a \tag{4-8}$$

$$b' = b + \Delta b \tag{4-9}$$

式中，a、b 是水平视线严格水平时的标尺读数；$s_{后}$、$s_{前}$ 是测站的后视距、前视距。根据式(4-1)，这时的测站观测高差为

$$h' = a' - b' \tag{4-10}$$

把式(4-8)、式(4-9)代入上式，经整理得

$$h' = h + s_{后} \tan i - s_{前} \tan i = h + \Delta h \tag{4-11}$$

式中

$$\Delta h = s_{后} \tan i - s_{前} \tan i \tag{4-12}$$

式(4-12)表明了 i 角的存在引起不平行误差对观测高差的影响。当 i 角等于零，或 $s_{后} = s_{前}$ 时，则 $\Delta h = 0$。

自动安平水准仪也存在不平行误差，主要是设置的补偿器水平视线与实际水平视线 i 角的存在引起的。

为了减少这种不平行误差影响，应该做到：

① 在测站观测中，测站前、后视距应尽可能相等，前、后视距差不要超出表4-4的规定。

② 对水准仪的 i 角检验校正，使 i 角少于规定的要求（DS_1，少于15″；DS_3，少于20″）。

2. 水准标尺的误差

水准标尺的误差包括有一米真长误差、标尺零点不等差、标尺弯曲误差等。为了减少标尺误差的影响，应当对标尺进行检验，找出和判断有关误差的影响程度，按照有关规定，如按表4-6中的限定参数进行相应的处理。其中，零点不等差可在水准路线的连续成对设站（即一条水准路线所设测站数是偶数站）的观测方法中调整消除。

表4-6　　　　　　　　　　　水准标尺的限差

项　　目	木质水准标尺限差	超限处理方法
一米真长误差	0.5mm	禁止使用
标尺弯曲 f^*	8.0mm	施加改正
零端不等差	1.0mm	调整

* f 是标尺两端连线至尺面的距离，施加改正公式：

$$l = l' - \frac{8f^2}{3l'}$$

式中，l' 是标尺名义长度，l 是标尺实际长度。

3. 望远镜调焦机构隙动差

望远镜的调焦机构是机械器件装配而成，装配器件之间存在间隙。这种间隙将通过转动调焦旋钮引起调焦镜中心和视准轴的变化，从而给测站观测带来误差，这就是望远镜调焦机构隙动差对水准测量的误差影响。

一般说来，调焦机构隙动差太大的水准仪不应投入使用。即使一台合格的水准仪在测站观测中只能采用一次对光的观测方法，即在一测站瞄准第一把标尺调焦对光后，由于后视距

与前视距基本相等,故在瞄准第二把标尺时不必再调焦对光。

4.3.2 操作误差

1. 管水准器气泡居中误差

据推证,管水准器气泡居中误差可表示为

$$m_{中} = \frac{\tau}{25U} \frac{s}{\rho} \tag{4-13}$$

式中,U 是观察符合气泡的放大倍数,取 $U = 3$。当 $\tau = 20''$,$s = 100\text{m}$,理论上 $m_{中} = \pm 0.1\text{mm}$,很小。因管水准器的格值很小,灵敏度很高,整平难度就大。稍不注意,气泡的居中误差将超出这个数字。因此,认真做好精确整平工作、提高整平稳定性,是减少管水准器气泡居中误差的重要措施。自动安平水准仪没有符合水准器,可避免管水准器气泡居中误差影响。

2. 标尺瞄准误差

水准测量的瞄准是以获得标尺面刻画读数为目的的。十字丝横丝和标尺刻画的正确吻合与否,以十字丝横丝获取标尺刻画数据的正确程度,是否产生标尺瞄准误差的主要原因。

影响十字丝横丝和标尺刻画的正确吻合与否的瞄准误差,主要是视差。解决的办法正确对光。

据分析,十字丝横丝获取标尺刻画数据正确程度,误差 $m_{瞄}$ 表示为

$$m_{瞄} = \frac{60''}{U} \frac{s}{\rho} \tag{4-14}$$

望远镜的放大倍数 $U = 30$,$s = 100\text{m}$,$m_{瞄} = \pm 1\text{mm}$。但是,视距 s 越长,$m_{瞄}$ 就越大。因此,在水准测量中,必须对视距长度进行限制,使之满足表 4-4 的规定;同时,认真读取标尺面的数字,提高估读精确性,防止读错,减少其影响。

3. 水准标尺的倾斜误差

从图 4.20 可见,立尺不直,水准标尺倾斜,观测视线在标尺面的读数必然偏大。减少水准尺的倾斜误差的有效方法是立尺人员认真可靠地竖立标尺。

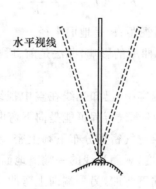

图 4.20 标尺倾斜

4.3.3 外界环境影响

1. 地球曲率的影响

如图 4.21 所示,设 A、B 分别是后视尺、前视尺立尺点,E 是水准仪视准轴中心点,三者

各有相应的水准面。严格地,地面点之间的高差是两地面点的水准面之间的高差。a、b 是中心点 E 的水准面在标尺上获得的读数。

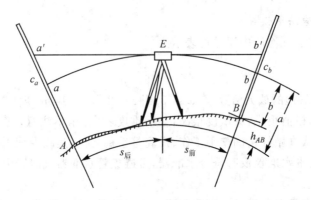

图 4.21 地球曲率影响

实际上,水准测量的是经 E 点的水平观测视线从标尺获得的读数,即 a'、b',故获得的高差是

$$h'_{AB} = a' - b' \tag{4-15}$$

上式高差与式(4-1)的不同在于 c_a、c_b 的存在,这就是地球曲的影响。显然,式(4-18)应是

$$h'_{AB} = a' - b' = (a + c_a) - (b + c_b)$$

即

$$h'_{AB} = h_{AB} + c_a - c_b \tag{4-16}$$

根据式(3-26),可得 $c_a = \dfrac{s_{后}^2}{2R}$,$c_b = \dfrac{s_{前}^2}{2R}$,由此得

$$h'_{AB} = h_{AB} + \frac{s_{后}^2 - s_{前}^2}{2R} \tag{4-17}$$

式中,$s_{后}$、$s_{前}$ 是测站观测的前、后视距;R 是地面半径。

从式(4-17)可知,减少地球曲率的影响,办法是前、后视距尽可能相等。

2. 大气折射的影响

在第 2 章和第 3 章的有关内容中,已知光线在空中视线行程因大气折射是一条向上弯曲的弧线。然而光线在贴近地表的视线行程可能是向下弯曲的弧线。原因是日晒地表温度较高,受地表热辐射影响,近地表层空气密度分布下稀上密。水准测量的观测视线比较接近地面,而且所在地段存在一定的坡度,观测视线的一端离地面比较高,而另一端则贴近地面。这种情况下的观测视线可能一端向下弯曲,另一端向上弯曲,如图 4.22 所示。大气折射影响将造成水准仪观测视线不再是一条水平直线,高差观测结果将受大气折射的复杂影响。

减少大气折射影响的措施如下:

① 水准测量的观测视线不能紧贴地面,特别在等级水准测量中,观测视线离开地面的高度应符合表 4-4 的规定。

② 尽量在大气状况比较稳定的阴天观测,在气温高的晴天,尤其是中午不测为宜。

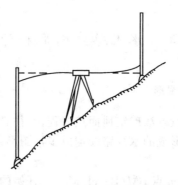

图 4.22　地表大气折射

③ 观测视线经过水面时,水蒸气变化引起大气折射影响大,观测时应尽量提高视线高度,选择有利的天气和时间观测。

3.温度的影响

温度的影响主要反映在仪器本身受到热辐射引起水准仪视准轴发生变化,影响了观测高差的正确性。为了削弱温度的影响,晴天水准测量必须打测伞遮住阳光。精密的测量还要注意刚取出箱的仪器与外界温度的一致性过程(一般取出箱后需要半小时的时间才进行测量)。

4.仪器标尺升沉的影响

仪器标尺升沉的影响指的是在水准测量中仪器和标尺的升沉,即一方面是仪器和标尺重力引起的位置下降;另一方面是地面土壤的回弹引起仪器和标尺的上升。

(1) 水准仪的升沉影响

以后$_{黑}$ — 前$_{黑}$ — 前$_{红}$ — 后$_{红}$ 的观测顺序,设升沉影响与时间成比例。

① 黑面读数:观测后视读数 $a_{黑}$ 之后,观测前视读数应为 $b_{黑}$,但仪器下沉 Δ,则前视读数为 $b_{黑}+\Delta$,故黑面高差为

$$h_{黑} = a_{黑} - (b_{黑} + \Delta) \tag{4-18}$$

② 红面读数:观测前视读数 $b_{红}$ 之后,观测后视读数为 $a_{红}$,但仪器下沉 Δ,则前视读数为 $a_{红}+\Delta$,故红面高差为

$$h_{红} = a_{红} + \Delta - b_{红} \tag{4-19}$$

③ 测站高差计算:式(4-18)与式(4-19)相加除以 2,即 $h = (h_{黑} + h_{红})/2$,经整理得

$$h = \frac{a_{黑} - (b_{黑} + \Delta) + a_{红} + \Delta - b_{红}}{2} = \frac{a_{黑} - b_{黑} + a_{红} - b_{红}}{2} \tag{4-20}$$

上式表明,按后$_{黑}$ — 前$_{黑}$ — 前$_{红}$ — 后$_{红}$ 的观测顺序可减少水准仪升沉的影响。

(2) 标尺的升沉影响

假设在测站搬设时发生标尺升沉。

① 往测:如第一测站观测得 h_1 之后搬设第二测站,原第一测站前视尺下沉 Δ,则在第二测站观测的高差将增加 Δ,即为 $h_2 + \Delta$。以此类推,可知整个测段往测的高差比实际高差增大。

② 返测:按往测的分析可知,整个测段返测的高差比实际高差增大。但是与往测相比这种增大是反号的增大。因此,往返测高差取平均可减少标尺的升沉影响。

4.4 水准路线图形和计算

4.4.1 水准路线的布设图形

在工程建设中,以水准测量方法确定地面点高程,往往必须根据工程建设需要设立更多的水准点,设立的水准点之间形成的水准路线构成多种图形。

1. 闭合水准路线

如图 4.23 所示,从已知水准点 BM(Bench Mark)开始的水准路线沿各测段经过若干未知水准点 A、B、C、D,最后回到已知水准点 BM,形成一个闭合环,称为闭合水准路线。

2. 附合水准路线

如图 4.24 所示,从已知水准点 BM_1 开始的水准路线沿各测段经过若干未知水准点 A、B、C,最后在另一已知水准点 BM_2 结束,这种水准路线称为附合水准路线。

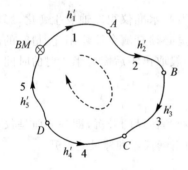

图 4.23　闭合水准路线

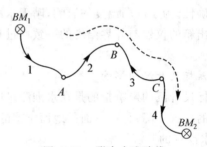

图 4.24　附合水准路线

3. 水准支线

从一个水准点开始,沿有关测段经过一些未知水准点,但不再回到原水准点,也不附合到其他水准点,这种水准路线称为水准支线,如图 4.25 所示。水准支线的布设不宜延伸太长,沿线水准点 1~2 个。

4. 水准网

由多个闭合水准路线及附合水准路线构成的网状形式,称为水准网,如图 4.26 所示。

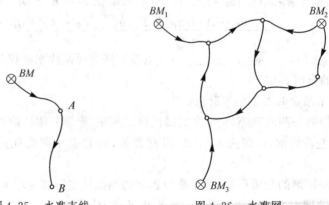

图 4.25　水准支线　　　　图 4.26　水准网

4.4.2 水准路线的计算

1. 闭合水准路线

表 4-7 是图 4.23 所示的闭合水准路线的观测数据,计算工作按表中(1),(2),…,(10)是计算顺序。

表 4-7 闭合水准路线的计算

序号	点名	方向	高差观测值 h_i'(m) (1)	测段长 D_i(km) (3)	测站数 n_i (4)	高差改正 $v_i = -WD_i/[D]$ (mm)(7)	高差最或然值 (m)(8)	高程 (m) (9)
1	BM	+	15.583	1.534	16	−9	15.574	67.648
2	A	+	3.741	0.380	5	−2	3.739	83.222
3	B	+	−16.869	1.751	20	−11	−16.880	86.961
4	C	−	8.372	0.842	10	5	8.377	70.081
5	D	+	5.950	0.833	11	−6	5.944	61.704
	BM							67.648
	(2) $W=\sum h_i'=33$mm $W_容 = \pm 70$mm			(5)[D]= 5.34km	(6) N=62	(10) −33	$\sum h = 0$	

(1) 闭合差 W 计算

由图 4.23 可见,从已知水准点 BM 开始沿虚线方向推算各个未知水准点的高程,最后回到 BM 点的高程应为

$$H_{BM} + h_1' + h_2' + h_3' - h_4' + h_5' = H_{BM}$$

式中,h_i' 是测段高差的观测值,方程中的正负号应根据图 4.28 中测段的方向箭头与虚线箭头的异同来决定,相同者为正,相反者为负。经整理,上式为

$$\sum h_i' = h_1' + h_2' + h_3' - h_4' + h_5' = 0$$

上式表明,如果 h_i' 没有误差,闭合水准路线的各段观测高差之和应为零。但是由于误差的存在,这种情况是不可能的,也就是说,$\sum h_i'$ 不可能为零,这就是闭合差,即

$$W = \sum h_i' = h_1' + h_2' + h_3' - h_4' + h_5' \tag{4-21}$$

式中,W 称为闭合差。

式(4-21)说明:按顺时针虚线方向的各测段观测高差之和就是闭合水准路线的闭合差。计算时,测段方向箭头与虚线箭头相同者,测段高差符号为正,相反者为负。

(2) 检核

$W_容 = \pm 30\sqrt{[D]}$(平缓地区),或 $W_容 = \pm 9\sqrt{N}$(高差起伏大地区)。表 4-7 中 $W_容 = \pm 30\sqrt{5.34} = \pm 70$mm,说明 $W \leqslant W_容$,W 有效。[D] 为各测段水准路线总长,图 4.23 中 [D] = $D_1 + D_2 + D_3 + D_4 + D_5$。

(3) 观测高差改正数计算

① 应用于高差起伏大的地区，改正数按测站数成比例分配的公式计算，即

$$v_i = -W \frac{n_i}{N} \tag{4-22}$$

式中，n_i 是 i 测段的测站数；N 是各测段测站数总和。

② 应用于平缓地区，改正数按距离成比例分配的公式计算，即

$$v_i = -W \frac{D_i}{[D]} \tag{4-23}$$

式中，D_i 是 i 测段的水准路线长。表 4-7 的算例按式(4-23)计算。

注意，当第 i 段的方向箭头与虚线箭头相反时，改正数 v_i 的符号应与式(4-22)或式(4-23)相反。

(4) 测段高差计算

测段高差等于测段高差观测值加观测高差改正数，即

$$h_i = h'_i + v_i \tag{4-24}$$

(5) 水准点高程计算

从 BM 点开始，以 BM 点的高程加上逐段改正后的高差得各水准点高程。

2. 附合水准路线

表 4-8 是图 4.24 所示的附合水准路线的观测数据。表中(1),(2),…,(9)是计算顺序。

表 4-8　　　　　　　　　　附合水准路线的计算

序号	点名	方向	高差观测值 h'_i(m) (1)	测段长 D_i(km) (3)	测站数 n_i (4)	高差改正 $v_i = -W \times n/N$ (mm)(7)	高差最或然值 (m)(8)	高程 (m) (9)
1	BM_1	+	45.078	1.560	20	−13	45.065	175.639
	A							220.704
2		+	134.663	1.054	31	−21	134.642	
	B							355.346
3		−	127.341	1.370	25	17	127.358	
	C							227.988
4		+	−30.621	0.780	11	−7	−30.628	
	BM_2							197.360
		(2) $W=58$mm $W_容=\pm 84$mm		(5)$[D]=$ 4.76km	(6) $N=87$	(10) −58	21.721	

(1) 闭合差的计算

以图 4.24 中虚线方向推算闭合差。仿闭合水准路线计算方法，从已知水准点 BM_1 开始沿虚线方向推算各个未知水准点的高程，最后推算到 BM_2 点的高程应为

$$H_{BM1} + h'_1 + h'_2 - h'_3 + h'_4 = H_{BM2} \tag{4-25}$$

上式表明，如果 h'_i 没有误差，则附合水准路线各段观测高差之和应等于 $(H_{BM_2} - H_{BM_1})$。但是由于误差的存在，这种情况是不可能的，就是说，$\sum h'_i$ 不可能等于 $(H_{BM_2} - H_{BM_1})$，必有闭合差存在，即

$$W = \sum h'_i - (H_{BM_2} - H_{BM_1}) = h'_1 + h'_2 - h'_3 + h'_4 - (H_{BM_2} - H_{BM_1}) \quad (4\text{-}26)$$

式中，W 称为闭合差。

（2）检核

$W \leqslant W_{容}$，$W_{容}$ 的计算方法与闭合水准路线相同。表 4-8 中，$N=87$，计算 $W_{容} = \pm 9\sqrt{87} = \pm 84\text{mm}$，说明 W 计算有效。

（3）观测高差改正数计算

改正数按式(4-22)或式(4-23)及相应的要求计算。

附合水准路线的其他计算见表 4-8。

3. 水准支线计算

水准支线未知水准点高程按测段往返测计算方法求解，这里不重述。

4. 水准网计算

将在后续课程中学习。

4.5 三角高程测量与高程导线

4.5.1 概念

在地面点所设的测站上测量目标的竖直角及边长，并结合丈量的仪器高和目标高，应用三角几何原理公式推算测站点与目标点的高差，这种地面点之间高差的测量方法称为三角高程测量。由于长距离精密测量的优势，三角高程测量便成为现代高效率的大跨度高程测量技术。

4.5.2 光电三角高程测量

光电三角高程测量是利用光电测距边的长度进行三角高程测量的技术。

在图 4.27（或图 3.20）中，i 是仪器（经纬仪或测距仪）高，l 是目标高，其他符号与图 3.20 相同。

1. 精密公式

（1）单方向测量公式

由图 4.27 可见，在地面点 A 观测地面点 B 的高差 $h_{AB} = h'_{AB} + i - l$，h'_{AB} 可通过 BB' 长度的推算得到。在 $\triangle ABB'$ 中，根据正弦定理，有

$$\frac{BB'}{\sin \angle BAB'} = \frac{AB}{\sin \angle BB'A} \quad (4\text{-}27)$$

根据光电测距平距化算原理，$\alpha' = \angle BAB' = \alpha_A + c - \gamma$，$\angle BB'A = 90° + c \approx 90°$，$\alpha_A$ 是 A 测站的竖直角。设 $D_{AB} = AB$，则式(4-27)经推证为

$$h'_{AB} = BB' = D_{AB} \times \sin(\alpha_A + c - \gamma) \quad (4\text{-}28)$$

根据式(3-26)，$\sin(\alpha_A + c - \gamma) = \sin(\alpha_A + 14.09''D_{km})$，顾及仪器高 i、反射器高 l，则 h_{AB} 为

$$h_{AB} = D_{AB} \times \sin(\alpha_A + 14.09''D_{km}) + i_A - l_B \quad (4\text{-}29)$$

式(4-29)就是光电三角高程测量的单方向测量公式。表 4-9 是光电三角高程测量的计算实例。

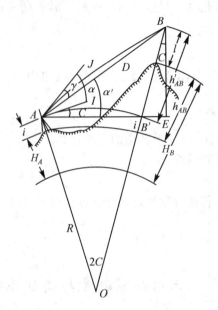

图 4.27 三角高程测量

表 4-9 光电三角高程测量(对向观测)

测站	镜站	斜距 (m)	竖直角 ° ′ ″	仪器高 (m)	目标高 (m)	高差 (m)	Δh (mm)	高差均值 (m)
1	2	1253.876	1 26 33.7	1.543	1.359	31.8723	13	31.8658
2	1	1254.386	1 27 37.2	1.534	1.750	31.8593		
3	4	581.392	0 56 32.6	1.543	1.685	9.4433	10	9.4382
4	3	580.932	0 57 03.6	1.513	1.745	9.4330		

(2) 对向测量公式

根据上述讨论可知,地面点 B 观测地面点 A 的高差 h_{BA} 是

$$h_{BA} = D_{BA} \times \sin(\alpha_B + 14.09''D_{km}) + i_B - l_A \tag{4-30}$$

根据式(4-29)和式(4-30),可得对向测量的高差公式为

$$h_{AB} = 0.5D_{AB}\sin(\alpha_A + 14.09''D_{km}) - 0.5D_{BA}\sin(\alpha_B + 14.09''D_{km}) + 0.5(i_A - i_B + l_A - l_B) \tag{4-31}$$

2. 近似公式

令 $c - \gamma = 0$,光电三角高程测量的高差近似计算公式为

$$h_{AB} = D_{AB} \times \sin(\alpha) + i - l \tag{4-32}$$

4.5.3 平距三角高程测量

平距三角高程测量是利用地面点间的平距进行三角高程测量的技术。

1. 精密公式

如图 4.27 所示,在 $\triangle ABB'$ 中,平距 $\overline{D}$(即 AB')为已知,仿式(4-27)得

$$\frac{BB'}{\sin\angle BAB'} = \frac{AB'}{\sin\angle ABB'}$$

因 A、B 两点高差 $h_{AB} = BB' + i - l$,BB' 按上式,有

$$BB' = AB' \frac{\sin\angle BAB'}{\sin\angle ABB'}$$

仿式(4-27)的推证,得

$$h_{AB} = \overline{D}\frac{\sin(\alpha + 14.09'' D_{km})}{\cos(\alpha + 30.30'' D_{km})} + i - l \tag{4-33}$$

2. 近似公式

令上式竖直角修正值为零,则

$$h_{AB} = \overline{D}\tan\alpha + i - l \tag{4-34}$$

如图 4.28 所示,测定高压电线高度(悬高),可在高压电线下安置反射器,光电测距获得平距 $\overline{D}$,然后用经纬仪观测高压线的竖直角 α。这时,高压线离地面的高度为

$$h_{AB} = \overline{D}\tan\alpha + i \tag{4-35}$$

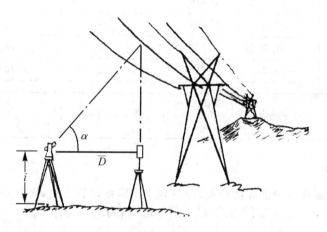

图 4.28 测定高压电线高度

4.5.4 高程导线及其计算

沿地面点进行光电三角高程测量,地面点之间便构成如图 4.29 所示的折线,称为高程导线。由于该高程路线开始于一个已知水准点 BM_1,沿各折线测段经过若干未知高程点 A、B、C、D,最后在另一已知水准点 BM_2 结束,这种高程导线称为附合高程导线。同样,高程路线开始于一个已知水准点 BM,沿各折线测段经过若干未知水准点,最后回到原已知水准点 BM,这种高程导线称为闭合高程导线。

下面阐述附合高程导线的计算方法,闭合高程导线的计算方法读者自行仿效。

表 4-10 是图 4.29 所示的附合高程导线的观测数据。表中(1),(2),…,(8)是计算顺序。

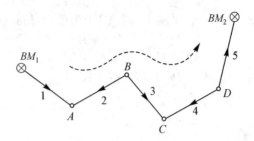

图 4.29　附合高程导线

表 4-10　　　　　　　　　　　　附合高程导线的计算

序号	点名	方向	高差观测值 h'_i(m) (1)	测段长 D_i(km) (2)	高差改正 $v_i = -wD^2/[DD]$ (5)	高差最或然值 $h_i = h'_i + v_i$ (7)	高程 H(m) (8)
	BM_1						231.566
1	A	+	30.561	1.560	-11	30.550	262.116
2	B	-	51.303	0.879	3	51.306	210.810
3	C	+	120.441	2.036	-18	120.423	331.233
4	D	-	78.562	1.136	6	78.568	252.665
5	BM_2	+	-36.760	0.764	-3	-36.763	215.902
(3) $w = 41$mm $w_容 = \pm 50$mm			(4) $[D] = 6.375$ $[DD] = 9.226$	(6) -41mm			

1. 闭合差计算

按图 4.34 中虚线方向推算闭合差。仿附合水准路线计算方法,闭合差为

$$w = h'_1 - h'_2 + h'_3 - h'_4 + h'_5 - (H_{BM_2} - H_{BM_1}) \tag{4-36}$$

2. 检核

$w \leq w_容, w_容 = \pm 20\sqrt{[D]}$(mm),本例中 $[D] = D_1 + D_2 + D_3 + D_4 + D_5$,$w_容 = \pm 50$mm。

3. 观测高差改正数计算

改正数按距离平方成比例分配的公式计算,即

$$v_i = -w \frac{D_i^2}{[DD]} \tag{4-37}$$

式中,D_i 是第 i 测段的距离,$[DD] = D_1^2 + D_2^2 + D_3^2 + D_4^2 + D_5^2$。

注意,第 i 段方向箭头与虚线箭头相反时,改正数 v_i 的符号应与式(4-37)相反。

有关测段高差计算,高程点的高程计算方法可参考水准路线计算。

4.5.5　视距三角高程测量计算公式

在图 3.28 中,AB 两地面点的高差 h 为

$$h_{AB} = D_{AB} \times \tan\alpha + i - l_{中} \tag{4-38}$$

式中,D_{AB} 是平距,$l_{中}$ 是经纬仪望远镜十字丝中丝瞄准标尺 O 位置的读数。设 A 点的已知高程是 H_A,则 B 点的高程 H_B 是

$$H_B = H_A + D_{AB} \times \tan\alpha + i - l_{中} \tag{4-39}$$

将式(3-69)代入式(4-39),整理得视距三角高程测量计算公式为

$$H_B = H_A + 50 \times (l_{下} - l_{上}) \times \sin 2\alpha + i - l_{中} \tag{4-40}$$

习　题

1. 水准仪基本结构由_____构成。
   A. 瞄准部、托架和基座
   B. 望远镜、水准器、基座
   C. 瞄准部、基座
2. 一测站的后视读数是 __(1)__,前视读数是 __(2)__。
   (1) A. b　　　　　　　　B. a　　　　　　　　C. $a-b$
   (2) A. b　　　　　　　　B. a　　　　　　　　C. $b-a$
3. 水准仪的正确轴系应满足_____。
   A. 视准轴 ⊥ 管水准轴、管水准轴 ∥ 竖轴、竖轴 ∥ 圆水准轴
   B. 视准轴 ∥ 管水准轴、管水准轴 ⊥ 竖轴、竖轴 ∥ 圆水准轴
   C. 视准轴 ∥ 管水准轴、管水准轴 ∥ 竖轴、竖轴 ⊥ 圆水准轴
4. 说明一测站视距长度的计算方法。
5. 尺垫"顶面"是获取标尺读数的参照面,因此当在水准点立尺时,应在水准点标志上放上尺垫,对吗?为什么?
6. 一测站水准测量基本操作中的读数之前的一操作是_____。
   A. 必须做好安置仪器,粗略整平,瞄准标尺的工作
   B. 必须做好安置仪器,瞄准标尺,精确整平的工作
   C. 必须做好精确整平的工作
7. 一测站水准测量 $a < b$,则 $h < 0$,那么_____。
   A. 后视立尺点比前视立尺点低
   B. 后视立尺点比前视立尺点高
   C. $b - a$
8. 自动安平水准测量一测站基本操作是_____。
   A. 必须做好安置仪器,粗略整平,瞄准标尺,读数记录
   B. 必须做好安置仪器,瞄准标尺,精确整平,读数记录
   C. 必须做好安置仪器,粗略整平,瞄准标尺,精确整平,读数记录
9. 说明表 4-11 中水准仪各操作部件的作用。

表 4-11

操作部件	作　　用	操作部件	作　　用
目镜调焦轮		水平制动旋钮	
望远对光螺旋		水平微动旋钮	
脚螺旋		微倾旋钮	

10. 水准仪与全站仪应用脚螺旋的不同是_____。
   A. 全站仪脚螺旋应用于对中、精确整平,水准仪脚螺旋应用于粗略整平
   B. 全站仪脚螺旋应用于粗略整平、精确整平,水准仪脚螺旋应用于粗略整平
   C. 全站仪脚螺旋应用于对中,水准仪脚螺旋应用于粗略整平

11. 表 4-12 是改变仪器高观测法一测站的观测记录数据,请判断哪些数据超限。

表 4-12

测站	视　距 s		测次	后视读数 a	前视读数 b	$h=a-b$	备　　注
1	$s_后$	56.3	1	1.737	1.215	0.522	
	$s_前$	51.0	2	1.623	1.113	0.510	
	d	5.3	$\sum d$	5.3	平均 h	0.516	

12. 改变仪器高观测法一次观测的观测值是_____。
   A. 后视距读数 $l_上$ 和 $l_下$,a,前视距读数 $l_上$ 和 $l_下$,b
   B. $s_后$,a,$s_前$,b
   C. d,a,$\sum d$,b

13. 在测站搬设中,为什么前视尺立尺点尺垫不得变动?

14. 表 4-13 是一测段改变仪器高法往测各测站观测记录,计算各测站观测结果及测段往测高差。计算的检核标准见表 4-1。

表 4-13

测站	视　距 s		测次	后视读数 a	前视读数 b	$h=a-b$	备　　注
1	$s_后$	56.3	1	1.731	1.215		$\delta=$　mm
	$s_前$	53.2	2	1.693	1.173		
	d		$\sum d$		平均 h		
2	$s_后$	34.7	1	2.784	2.226		$\delta=$　mm
	$s_前$	36.2	2	2.635	2.082		
	d		$\sum d$		平均 h		
3	$s_后$	54.9	1	2.436	1.346		$\delta=$　mm
	$s_前$	51.5	2	2.568	1.473		
	d		$\sum d$		平均 h		

15. 上题的测段起点为已知水准点 A，高程 $H_A = 58.226$m，终点为未知水准点 B。利用上题的测段往测高差，计算未知水准点 B 高程 H_B。
16. 测站前、后视距尽量相等可削弱或消除_____误差影响。
    A. 视准轴与管水准轴不平行和标尺升沉。
    B. 水准标尺和视准轴与管水准轴不平行。
    C. 视准轴与管水准轴不平行和地球曲率。
17. 自动安平水准仪是否有管水准器气泡居中误差？
18. 阴天观测可减少大气折射影响，为什么？
19. 光电三角高程测量原理公式 $h_{AB} = D_{AB} \times \sin(\alpha_A + 14.1''D_{km}) + i_A - l_B$ 中各符号的意义是_____。
    A. h_{AB}：B 高程；D_{AB}：A、B 之间平距；α_A：A 观测 B 的垂直角；i_A：i 角；l_B：目标高
    B. h_{AB}：A、B 之间高差；D_{AB}：A、B 之间平距；α_A：A 观测 B 的垂直角；i_A：仪器高；l_B：目标高
    C. h_{AB}：A、B 之间高差；D_{AB}：A、B 之间斜距；α_A：A 观测 B 的垂直角；i_A：仪器高；l_B：目标高
20. 利用光电三角高程测量精密公式计算表 4-14 中各镜站点位的高程。

表 4-14

测站	镜站	光电测距斜距（m）	竖直角 ° ′ ″	仪器高（m）	目标高（m）	高差（m）	高程（m）
A H_A：76.452 (m)	1	1253.876	1 26 23.7	1.543	1.345		
	2	654.738	1 04 43.2	1.543	1.548		
	3	581.392	0 56 32.6	1.543	1.665		
	4	485.142	0 47 56.8	1.543	1.765		
	5	347.861	0 38 46.3	1.543	1.950		

21. 三角高程测量的方法有_____。
    A. 光电三角高程测量，平距三角高程测量，视距三角高程测量
    B. 光电三角高程测量，平视距三角高程测量，视距三角高程测量
    C. 光电三角高程测量，平距三角高程测量，斜视距三角高程测量
22. 写出用天顶距代替竖直角的视距三角高程测量计算公式。
23. 说明双面尺法测量高差的工作步骤和计算检核项目。
24. 水准路线有哪些形式？
25. 计算图 4.30 中闭合水准路线各水准点的高程，填表 4-15。
26. 计算图 4.31 中附合高程导线各高程点的高程，填表 4-16。

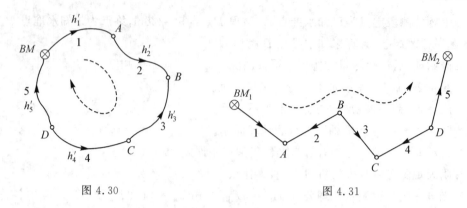

图 4.30 图 4.31

表 4-15 闭合水准路线的计算

序号	点名	方向	高差观测值 h'_i(m) (1)	测段长 D_i(km) (3)	测站数 n_i (4)	高差改正 $v_i = -Wn_i/N$ (mm)(7)	高差最或然值 (m)(8)	高程 (m) (9)
1	BM		1.224	0.535	10			67.648
2	A		−2.424	0.980	15			
3	B		−1.781	0.551	8			
4	C		1.714	0.842	11			
5	D		1.108	0.833	12			
	BM							67.648
(2) $w = \sum h'_i =$ mm $w_容 = \pm 58$mm			(5) $[D] =$ km	(6) $N =$		(10) mm	$\sum h =$	

表 4-16 附合高程导线的计算

序号	点名	方向	高差观测值 h'_i(m) (1)	测段长 D_i(km) (2)	高差改正 $v_i = -WD^2/[DD]$ (5)	高差最或然值 $h_i = h'_i + v_i$ (7)	高程 H(m) (8)
1	BM_1		30.461	1.560			231.566
2	A		51.253	0.879			
3	B		120.315	2.036			
4	C		78.566	1.136			
5	D		−36.560	1.764			
	BM_2						215.921
(3) $w =$ mm $w_容 = \pm 54$mm			(4) $[D] =$ $[DD] =$		(6) mm		

27. 根据第 3 章"习题"第 13 题,设 A 点高程 $H_A = 142.436$m,仪器高 $i = 1.562$m,反射器高 $l = 1.800$m,按光电三角高程测量原理,求 B 点的高程 H_B 及测线 AB 的平均高程。

第5章　观测成果初级处理

▶ **学习目标**：掌握测量成果改化的原理和不改化的条件；掌握地面点之间方位角的测量原理、计算方法等内容。

5.1　观测值的改化

我们已经知道，测量的边长和角度均是在地球表面得到的，或者说，测量的边长和角度均是球面特征的观测值。一般地，这类球面观测值应满足设计平面需要，必须进行适当的改化工作，使之成为平面的定位元素。另外，高程测量的观测值也存在有关的换算问题。

5.1.1　距离的改化

距离改化的目的是把某一高程面上的平距化算为高斯平面上的长度。主要内容有：参考椭球体投影改化和高斯距离改化。

1. 参考椭球体投影改化

（1）投影在参考椭球体面的改化公式

改化的目的是把地球表面某一高程面上的平距化算为参考椭球体面（或似大地水准面）上的平距。图 5.1 中，A、B 两点的平距长度为 D_{AB}；H_m 是平距 D_{AB} 两端点的绝对高程平均值。设 s 是 D_{AB} 投影在参考椭球体面上（忽略图 1.9 h'_m）的平距长度，地球曲率半径为 R。根据几何原理可知

$$\frac{s}{D_{AB}} = \frac{R}{R+H_m} = 1 - \frac{H_m}{R+H_m} \quad (5-1)$$

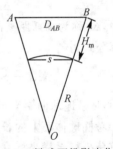

图 5.1　椭球面投影改化

故改化为参考椭球体面上的平距长度是

$$s = D_{AB} \times \left(1 - \frac{H_m}{R+H_m}\right) = D_{AB} - D_{AB}\frac{H_m}{R+H_m} = D_{AB} + \Delta D \quad (5-2)$$

式(5-2)是参考椭球体面平距投影改化公式，简称投影改化公式。其中

$$\Delta D = -D_{AB}\frac{H_m}{R+H_m} \quad (5-3)$$

称为投影改正数。

（2）平距投影到假定似大地水准面上的改化公式

图 5.2 中，设假定似大地水准面到似大地水准面的高程为 H，S' 是 D_{AB} 投影在假定似大地水准面的平距长度，H'_m 是 D_{AB}

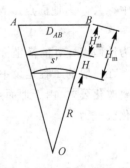

图 5.2　假定面投影改化

的相对高程,则 $H_m = H'_m + H, H'_m = H_m - H$。根据式(5-2)可得

$$s' = D_{AB} \times \left(1 - \frac{H_m - H}{R + H_m}\right) = D_{AB} - D_{AB}\frac{H_m - H}{R + H_m} \quad (5-4)$$

$$\Delta D' = - D_{AB}\frac{H_m - H}{R + H_m} \quad (5-5)$$

从式(5-3)和式(5-5)可见,投影改正数 ΔD、$\Delta D'$ 的计算是工程日常距离测量较多的改化工作。

应该看到,式(5-5)中的 H 可人为设定使($H_m - H$)减少,因而改正数 $\Delta D'$ 也变小,甚至为零。故当工程建设处在绝对高程 H_m 的高地区时,可采用假定大地水准面的高程系统减少 H'_m,避免投影改化工作。

2. 高斯距离改化

据推证,参考椭球体面投影改化后的平距 s 与相应高程面的弧长 S 相差甚小(见图5.3),因此在一般工程中,距离不长时($s < 10$ km),把改化后的平距 s 当做参考椭球体面上的弧长 S。

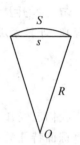

图 5.3 弦弧差异

根据高斯投影的几何意义和高斯平面的特点,参考椭球体面上的边(弧长)投影成高斯平面上时的边长会变形,如图 5.4 所示,x 轴、y 轴分别由中央子午线和赤道投影而成。虚线 ab 表示椭球体面上的弧线长度为 S,实线 $a'b'$ 表示高斯平面的长度 l,S 在高斯投影后伸长为 l(取直线)的数据处理工作就是高斯距离改化。设伸长的变形为 Δs,则

$$\Delta s = l - S \quad (5-6)$$

式中,Δs 称为高斯距离改正数。根据高斯投影理论,Δs 计算公式为

$$\Delta s = S\left(\frac{y_m^2}{2R^2} + \frac{\Delta y^2}{24R^2}\right) \quad (5-7)$$

式中,R 是地球曲率半径(取 6371 km);S 是两个地面点在参考椭球体面上的长度;y_m 是地面点 a、b 在高斯平面直角坐标系横坐标 y 平均值,即

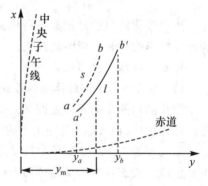

图 5.4 高斯投影变形

$$y_m = \frac{y_a + y_b}{2} \quad (5-8)$$

式中,y_a、y_b 为地面点 a、b 的横坐标近似值,一般计算到米位即可。

$$\Delta y = y_a - y_b \quad (5-9)$$

称为地面点 a、b 的横坐标增量。

在一般的工程建设中,把得到的球面距离 S 投影到坐标平面上,平面距离改化采用高斯距离改化公式。由于地面点之间 Δy 很小,故式(5-7)括号内第二项可忽略,应用的高斯距离改化公式为

$$\Delta s = S\left(\frac{y_m^2}{2R^2}\right) \quad (5-10)$$

式(5-10)在几何意义上如图 5.5 所示。该图从坐标平面的下方往上看,坐标平面成一条直线,即 y 轴,O' 点是平面坐标的原点。设 s 是球体面上的弧长,投影到平面的直线伸长为

l_s(图 5.4 中 $a'b'$),伸长变形 Δs,这就是平面距离改化。图 5.5 中伸长变形 Δs 可表示为

$$\Delta s = l_s - s = \varphi \times \psi \times y_m = \frac{s}{R} \times \frac{y_m}{2R} \times y_m = s\frac{y_m^2}{2R^2}$$

上式与高斯距离改化公式(5-7)的第一项相同。图上可见改化后高斯平面上得长度 l_s 为

$$l_s = S + \Delta s = S + S\left(\frac{y_m^2}{2R^2}\right) \quad (5-11)$$

值得注意的是,当 $S = 1000\text{m}$,$y_m < 20\text{km}$ 的高斯距离改化 $\Delta S < 5\text{mm}$,在一般工程建设中可以忽略不计。也就是说,应用上可以把 $y_m < 20\text{km}$ 的曲面区域当成平面,不再进行高斯距离改化。同样,在独立平面直角坐标系统中,可以把 $y_m < 20\text{km}$ 的曲面区域当成平面,不再进行高斯距离改化①。

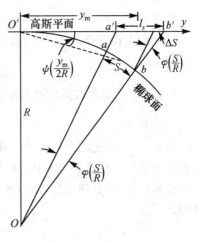

图 5.5 伸长变形计算

5.1.2 角度的改化

就其球面特征而言,球面上地面点之间的水平角是观测视线在球面上投影线的夹角,这种球面上投影线实际上是一条球面弧线,如图 5.6(a) 中的 ab 弧,水平角实际上是球面角。根据高斯投影的特点,ab 弧投影在高斯平面是 $a'b'$ 弧,如图 5.6(b) 所示。

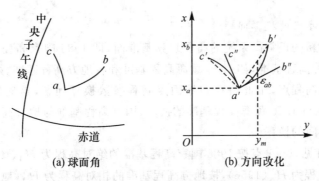

(a) 球面角　　　　　　(b) 方向改化

图 5.6 球面投影线的计算

根据式(2-1)可知,水平角度大小由水平方向观测值所决定,因此,角度的改化主要是水平方向改化。把 $a'b'$ 弧的切线方向改化为弦线(虚线)方向就是在水平方向观测值加上方向改正数 ε_{ab},根据高斯投影理论的推证

$$\varepsilon_{ab} = \rho(x_a - x_b)\frac{y_m}{2R^2} \quad (5-12)$$

式中,x_a、x_b 分别是 a、b 点的 x 坐标近似值;y_m 与式(5-8)相同;R 是地球曲率半

---

① 不改化的条件:指边长化为平面长度时涉及的要求。一是 $y_m < 20\text{km}$,即所在区域不大;二是工程上要求不高。

径(6371km)。

根据式(5-12),当 $y_m = 20(\text{km})$,$x_a - x_b = 2(\text{km})$时,方向改正数 $\varepsilon_{ab} = 0.1''$。对于要求不高的一般工程建设,当 $y_m < 20(\text{km})$,$x_a - x_b = 2(\text{km})$时,亦即把曲面当做平面,不进行方向改化工作。

5.1.3 零点差的概念及其地面点高程的换算

1. 零点差

图1.9可见,绝对高程和相对高程的区别是高程基准面不同。绝对高程基准面与相对高程基准面之间存在差距,用 Δh_0 表示,称为基准面零点差,简称零点差。表5-1列出了我国现有的几种零点差。如图1.9所示,零点差可表示为同一地面点(如 A 点)按不同高程基准面的高程之差,即

$$\Delta h_0 = H'_A - H_A \tag{5-13}$$

式中,H_A 当做地面点的绝对高程,H'_A 当做地面点的相对高程。

表5-1　　　　1985国家高程起算基准面与其他基准面的零点差(单位:m)

高程起算基准	1985国家基准①	1956黄海基准	珠江基准	广州基准	吴淞基准	大沽基准	旧黄河基准
Δh_0	0	0.029	−0.557	4.443	−1.856	−1.952	−0.092

2. 地面点高程参数的换算问题

我国已经确定新的正常高系统的高程起算基准面,即1985国家高程基准。由于历史的原因,我国仍有多种高程基准,如1956黄海高程基准和各地方高程基准。如果在同一地区存在多种基准的已知高程点,由此将存在地面点高程参数换算问题,这些换算问题主要是:1985国家高程基准与1956黄海高程基准的换算;国家高程基准与地方高程基准的换算;各个地方高程基准之间的换算。

由式(5-13)可见,设 A 点按1985国家高程基准的绝对高程为 $H_A(1985)$,按1956黄海高程基准的相对高程为 $H'_A(1956)$,按地方高程基准的相对高程为 $H'_A(\text{地方})$,$H_A(1985)$ 与 $H'_A(1956)$、$H'_A(\text{地方})$ 的关系分别是

$$H_A(1985) = H'_A(1956) - \Delta h_0$$
$$H_A(1985) = H'_A(\text{地方}) - \Delta h_0 \tag{5-14}$$

式中,Δh_0 是1985国家高程起算基准面与其他基准面的零点差②。

3. 算例

① 按1956黄海高程基准某地面点 A 建立的高程 $H'_A(1956) = 45.021(\text{m})$,按1985国

---

① 1985国家高程基准面:我国现阶段的法定高程基准面。表5-1的其他基准是假定的高程基准面。

② 零点差的正负:表5-1的零点差的有正有负。正,表示假定高程基准面低于1985国家高程基准面;负,表示假定的高程基准面高于1985国家高程基准面。在零点差数据的实际应用时,应以当时当地实际数据为准。

家高程基准 A 点的高程 $H_A(1985) = H'_A(1956) - \Delta h_0 = 45.021 - 0.029 = 44.992 (\text{m})$。

② 按 1956 黄海高程基准某地面点 A 建立的高程 $H'_A(1956) = 47.372(\text{m})$，换算成珠江高程基准的高程，方法如下：

a. 用式(5-14)换算成按 1985 国家高程基准的高程，即
$$H_A(1985) = H'_A(1956) - \Delta h_0 = 47.372 - 0.029 = 47.343(\text{m})$$

b. 用式(5-14)换算成按珠江高程基准的高程，即
$$H'_A(珠江) = H_A(1985) + \Delta h_0 = 47.343 - 0.557 = 46.786(\text{m})$$

5.2 方位角的确定

5.2.1 方位角及其类型

1. 方位角的概念

方位角是地面点定位的重要参数。方位角指的是两个地面点构成的直线段与指北方向线之间的夹角。通常，方位角是以指北方向线为基准方向线，并按顺时针旋转方向转至直线段所得的水平角。如图 5.7 所示，地面上 A、B 两点的直线段 AB，过 A 有一指北方向线 AN，则 AN 按顺时针旋转方向转至直线段 AB 的 $\angle NAB$ 表示为 AB 的方位角。$\angle NAB$ 也称为地面直线段 AB 的定向角，故又称方位角的确定为直线定向。

2. 三北方向线

北方向线有真北方向线、磁北方向线、轴北方向线，即所谓的三北方向线。

① 真北方向线：即真北子午线。地面上一点真子午线指向地球北极 N 的方向线，称为真北方向线，简称真北线。

② 磁北方向线：即磁北子午线。地面上一点磁针指向地球磁场北极 N' 的方向线，称为磁北方向线，简称磁北线。由于地球南北极与地球磁场南北极不一致，地面点真北线与磁北线不重合，两线夹角 δ 称为磁偏角，如图 5.8 所示。若磁北线在真北线以东，δ 为正；若磁北线在真北线以西，则 δ 为负。

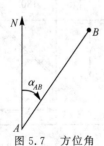

图 5.7　方位角

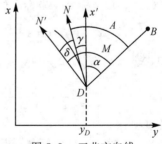

图 5.8　三北方向线

③ 轴北方向线：即平面直角坐标系的 X 轴方向线，简称轴北线。过坐标系中地面点作平行于 X 轴的方向线(x')，该方向线和 X 轴方向线一样都是该地面点的轴北方向线。

3. 子午线收敛角

根据高斯投影几何意义，投影带中央子午线投影是高斯坐标系的 X 轴，离开中央子午线的真子午线是以南北极为终点的弧线，弧线上的地面点的轴北方向线与经过该点的真北

子午线不一致,两者存在一个夹角,称为子午线收敛角,用 γ 表示,如图 5.8 所示。

图 5.8 中,地面点 D 的轴北方向线 Dx',在 D 点存在一条真北子午线,过 D 点作该子午线的切线 DN,则 DN 与 Dx' 的夹角就是地面点 D 的子午线收敛角 γ。根据高斯投影理论,γ 与地面点 y 坐标实际值同符号,大小与 y 坐标实际值成正比,可以利用地面点近似坐标 (x,y) 求得。用计算机法求取 γ 比较方便,具体方法在后续课程说明。

把真北、磁北、轴北三方向综合在一起,便构成三北方向图,如图 5.9 所示。

4. 方位角的类型

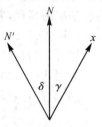

图 5.9 三北方向图

基准方向线不同,方位角的类型也不同。

真方位角:以真北方向线为基准方向线的方位角,称为真方位角,用 A 表示。

磁方位角:以磁北方向线为基准方向线的方位角,称为磁方位角,用 M 表示。

坐标方位角:以轴北方向线为基准方向线的方位角,称为坐标方位角,用 α 表示。

由于磁偏角 δ 和子午线收敛角 γ 的存在,真方位角 A 与磁方位角 M,真方位角 A 与坐标方位角 α 有一定的关系,即

$$A = M \pm \delta \tag{5-15}$$

$$A = \alpha + \gamma \tag{5-16}$$

$$\alpha = A - \gamma = M \pm \delta - \gamma \tag{5-17}$$

例 5-1 真方位角 $A = 46°$,子午线收敛角 $\gamma = 2'34''$,磁偏角 $\delta = -1'23''$。试计算磁方位角 M、坐标方位角 α。

分析:根据关系式(5-15)、式(5-16)、式(5-17),磁方位角 $M = A - \delta = 46° - 1'23'' = 45°58'37''$。坐标方位角 $\alpha = A - \gamma = 46° - 2'34'' = 45°57'26''$。

5.2.2 坐标方位角的确定

① 已知点之间的坐标方位角的计算,即利用已知点的坐标反算 A 至 B 的坐标方位角 α_{AB}。

计算公式:如图 5.10 所示,A、B 两点的坐标是 (x_1, y_1)、(x_2, y_2),坐标反算坐标方位角是

$$\alpha_{AB} = \arccos \frac{\Delta x}{s} \tag{5-18}$$

式中,$\Delta x = x_2 - x_1 (\Delta y = y_2 - y_1)$;$s$ 是 A、B 两点边长,即

$$s = \sqrt{\Delta x^2 + \Delta y^2} \tag{5-19}$$

注意事项:

当 $\Delta y < 0$ 时,α_{AB} 的实际值应是

$$\alpha_{AB} = 360° - \arccos \frac{\Delta x}{s} \tag{5-20}$$

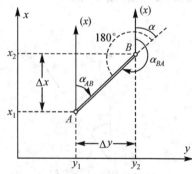

图 5.10 已知点之间坐标方位角

坐标方位角 α_{BA} 与 α_{AB} 的关系公式是

$$\alpha_{BA} = \alpha_{AB} \pm 180° \tag{5-21}$$

称式(5-21)中的 α_{BA} 是 α_{AB} 的反方位角。

② 利用已知方位角和水平角计算观测边的坐标方位角。

例 5-2 如图 5.11 所示，地面点有 A、B、1、2、3，已知坐标方位角 α_{AB}，测量的水平角是 β_1、β_2、β_3，待推算的 D_1、D_2、D_3 各边的坐标方位角是 α_{B1}、α_{12}、α_{23}。

设推算方向依次沿 B、1、2、3 的路线，水平角 β_1、β_3 在推算方向线的左侧，称为左角。水平角 β_2 在推算方向线的右侧，称为右角。

$$\alpha_{B1} = \alpha_{BA} + \beta_1 = \alpha_{AB} + 180° + \beta_1$$
$$\alpha_{12} = \alpha_{1B} - \beta_2 = \alpha_{B1} + 180° - \beta_2 = \alpha_{AB} + 2 \times 180° + \beta_1 - \beta_2$$
$$\alpha_{23} = \alpha_{AB} + 3 \times 180° + \beta_1 - \beta_2 + \beta_3$$

同理，推算方向线继续延长到第 n 点，则 $\alpha_{n-1,n}$ 为

$$\alpha_{n-1,n} = \alpha_{AB} + n180° + \sum\beta_{左} - \sum\beta_{右} \qquad (5\text{-}22)$$

式中，$\sum\beta_{左}$ 是左角值之和；$\sum\beta_{右}$ 是右角值之和。

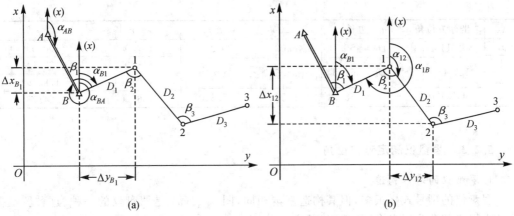

图 5.11 已知方位角和水平角计算坐标方位角

注意：

计算中应顾及正反方位角的关系。

每条边坐标方位角的计算依次进行，其结果应是少于 360° 的正数。

图 5.12 是按图 5.11 引入 β_1、β_2、β_3 实际数字计算的实例，读者可自行试算。

③ 坐标方位角是计算点位坐标的重要参数。

图 5.11 中，D_1、D_2、D_3 是 $B-1$、$1-2$、$2-3$ 的边长，α_{B_1}、α_{12}、α_{23} 是边 $B-1$、$1-2$、$2-3$ 的坐标方位。1 号点与 B 点的坐标增量 Δx_{B1}、Δy_{B1} 分别是

$$\Delta x_{B_1} = D_1 \times \cos\alpha_{B1}$$
$$\Delta y_{B_1} = D_1 \times \sin\alpha_{B1} \qquad (5\text{-}23)$$

1 号点的坐标为 x_1、y_1，即

$$x_1 = x_B + \Delta x_{B_1} = x_B + D_1\cos\alpha_{B_1}$$
$$y_1 = y_B + \Delta y_{B_1} = y_B + D_1\sin\alpha_{B_1} \qquad (5\text{-}24)$$

2 号点的坐标为 x_2、y_2，即

α_{AB}	157° 36′ 27.8″
	+ 180° 00′ 00.0″
α_{BA}	337° 36′ 27.8″
β_1	+ 104° 23′ 16.5″
	441° 59′ 44.3″
	− 360° 00′ 00.0″
α_{B1}	81° 59′ 44.3″
	+ 180° 00′ 00.0″
α_{1B}	261° 59′ 44.3″
β_2	− 112° 25′ 47.8″
α_{12}	149° 33′ 56.5″
	+ 180° 00′ 00.0″
α_{21}	329° 33′ 56.5″
β_3	+ 118° 45′ 37.4″
	448° 29′ 33.9″
	− 360° 00′ 00.0″
α_{23}	88° 29′ 33.9″

图 5.12 坐标方位角计算实例

$$x_2 = x_1 + D_2\cos\alpha_{12} = x_B + D_1\cos\alpha_{B_1} + D_2\cos\alpha_{12} = x_B + \sum_1^2 D_i\cos\alpha_i$$

$$y_2 = y_1 + D_2\sin\alpha_{12} = y_B + D_1\sin\alpha_{B_1} + D_2\sin\alpha_{12} = y_B + \sum_1^2 D_i\cos\alpha_i$$

同理,第 i 点的坐标可表示为

$$x_i = x_B + \sum_1^i D_i\cos\alpha_i$$

$$y_i = y_B + \sum_1^i D_i\sin\alpha_i \tag{5-25}$$

例如,图 5.11 中 1、2、3 点位边长、方位角列在表 5-2,按式(5-23)、式(5-24)计算坐标增量,同时坐标列于表 5-2。

表 5-2

点	坐标方位角 α	边长	Δx	Δy	x	y
B	32°11′41.3″	$D_1 = 56.76$	48.033	30.242	100.000	100.000
1	127°45′56.3″	$D_2 = 61.54$	−37.689	48.649	148.033	130.242
2					110.344	178.891
3	44°33′10.3″	$D_3 = 65.34$	46.562	45.840	156.906	224.731

5.2.3 罗盘仪测定磁方位角

1. 罗盘仪的基本构造

罗盘仪的型号式样很多,但其构造基本相同,图 5.13(a)是罗盘仪的一种。这种罗盘仪的基本组成部分为罗盘盒、望远镜、基座。

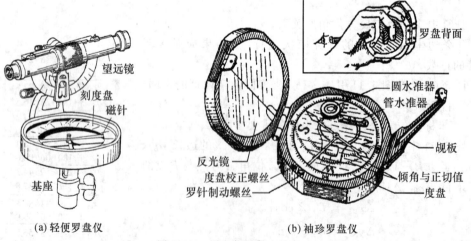

(a) 轻便罗盘仪　　　　　　　　(b) 袖珍罗盘仪

图 5.13　罗盘仪的基本构造

罗盘盒的主要构件是装在圆盒里的度盘、磁针。盒中还装有水准器、磁针固定钮。

度盘注有刻度随罗盘仪型式而不同。图 5.14 是按逆时针顺序排列的 0°～360°刻度。磁针就是通常的指南针,用于指示磁方位角。水准器可以表示度盘的水平情况。罗盘盒装有磁针固定钮,为了减少磁针的磨损,不用时,可用固定钮把磁针固定起来。

罗盘仪望远镜样式小,构造与经纬仪望远镜基本相同。罗盘仪望远镜通过支柱与罗盘盒连接,视准轴与度盘 0°～180° 的连线平行,并且该连线跟随望远镜转动。

基座是一种球臼结构,可以装在小三脚架上。利用球臼结构中的接头螺旋可以摆动罗盘盒,使水准器气泡居中,整平罗盘仪。

罗盘仪的磁针指向磁北,提供磁北方向线。由于望远镜视准轴与度盘 0°～180° 的连线平行,且在水平转动时带动度盘一起转动,故当磁针指在度盘 0° 时,望远镜视准轴与磁针同指磁北。在测定磁方位角时,磁针的磁北指向是磁方位角的指标线。

2. 罗盘仪测定磁方位角的方法

(1) 安置罗盘仪和目标

图 5.14 所示的罗盘仪在一地面点 A 对中整平,目标立在另一地面点 B 上。

(2) 瞄准目标

利用罗盘盒下方的制动微动机构,转罗盘仪的望远镜瞄准目标。

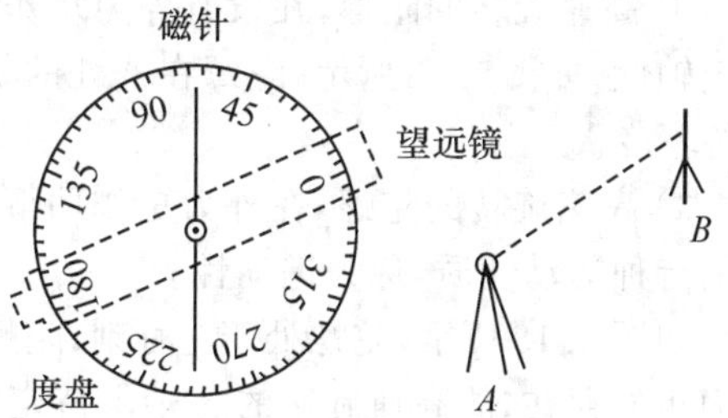

(3) 读数

打开磁针固定钮,磁针自由摆动正常,读取磁针静止所指的度数,用 M 表示。

(4) 返测磁方位角

按上述(1)、(2)、(3) 步骤在另一地面点返测磁方位角 M',用以检核磁方位角测量准确性(M 与 M' 相差 180°)。

罗盘仪结构简单、应用方便,但在磁方位角测量时,应避开铁质物和高压电场的影响,用完罗盘仪后应锁定磁针固定钮。

图 5.14 测量磁方位角

5.2.4 陀螺经纬仪测定真方位角

1. 陀螺经纬仪测定真方位角的基本思想

陀螺经纬仪是一种将陀螺仪与经纬仪(全站仪)结合成一体的用于测定真方位角的测量仪器。图 5.15 所示是一台 DJ6-T60 陀螺经纬仪的外貌,上半部是陀螺仪,下半部是光学经纬仪。图 5.16 所示是一台索佳陀螺全站仪,上半部是陀螺仪,下半部是索佳全站仪。

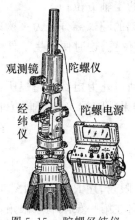

图 5.15 陀螺经纬仪

图 5.16 陀螺全站仪

陀螺仪是测定真方位角的核心设备,基本任务是按自身的指北原理为真方位角提供真北方向。陀螺仪的观测镜筒能提供真北 N 的方向;可以设想,若经纬仪望远镜的视准轴处在真北 N 方向的竖直面内,并且水平度盘读数为的 0°,那么当经纬仪瞄准其他目标方向时,得到的水平方向值便是仪器所在地面点至目标的真方位角。

2. 陀螺仪的指北原理

图 5.17 是陀螺仪灵敏部的原理结构图。图中表明灵敏部处于未锁定的悬挂状态,此时陀螺房中的陀螺沿 x 轴高速旋转,陀螺房可沿悬挂带转动和自由摆动。

陀螺仪自动指向真北的功能在于陀螺仪具有定轴性和进动性:

① 高速旋转的陀螺,在没有外力矩作用时,陀螺转轴(x 轴)的空间方位保持不变,这就是定轴性。如图 5.18 所示,陀螺在 A 处的状态中高速旋转,没有外力矩作用,x 轴的空间方位始终不变。

② 高速旋转的陀螺,在外力矩作用下,x 轴的空间方位将发生变动,这种方位变动是陀螺的特种运动性质,称为进动性。

如图 5.18 所示,陀螺处于 1 时刻,陀螺仪处于重力平衡的情形,x 轴处于水平状态,没有外力矩的存在,故高速旋转的 x 轴保持定轴性,并与垂线互相垂直。

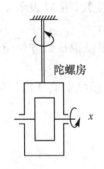

图 5.17 陀螺仪原理结构图

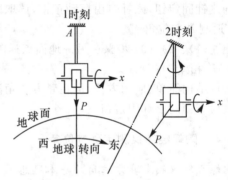

图 5.18 不同时刻的陀螺仪状态

因为地球自西向东自转,地面点上摆设的悬挂状态中的陀螺所处的情况就随着时刻的变化而发生变化。如图 5.18 中 1 时刻到 2 时刻的情形如下:

其一,由于定轴性的原因,陀螺的 x 轴企图保持原有的定轴方位;

其二,定轴性的延续引起 x 轴与垂线不垂直,即 2 时刻的陀螺离开重力平衡的位置;

其三,地球引力的作用力图把陀螺拉回到重力平衡的位置,这时便产生了外力矩对陀螺的作用;

其四,外力矩的作用引起 x 轴发生向北偏转,直至 x 轴与外力矩都在陀螺所在地点的子午平面内。陀螺 x 轴的这种运动形式,就是进动,进动的结果使陀螺 x 轴指向真北方向。

5.2.5 象限角

1. 象限角的概念

北方向线与地面点之间的直线所构成的锐角,称为象限角,用 R 表示。如图 5.19 平面直角坐标系中指北方向线是轴北方向线,锐角 R_{01} 是 01 方向在第一象限的象限角。

2. 象限角与坐标方位角的关系

$$R_{01} = \alpha_{01} \qquad 称北东 R_{01}$$
$$R_{02} = 180° - \alpha_{02} \qquad 称南东 R_{02}$$
$$R_{03} = \alpha_{03} - 180° \qquad 称南西 R_{03} \qquad (5\text{-}26)$$
$$R_{04} = 360° - \alpha_{04} \qquad 称北西 R_{04}$$

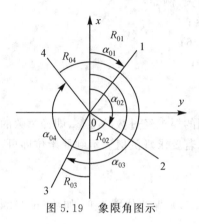

图 5.19　象限角图示

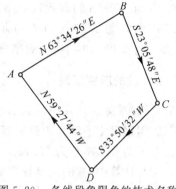

图 5.20　各线段象限角的技术名称

R_{01}、R_{02}、R_{03}、R_{04} 作为各线段象限角的角值运算，在应用上冠以相应的技术名称，如图 5.20 和表 5-3 所示。

表 5-3　　　　　　　　　　　　　　象限角计算

线段名称	坐标方位角 α	象限角 R	技术名称 1	技术名称 2	象限
AB	63°34′26″	63°34′26″	北东 63°34′26″	N 63°34′26″E	1
BC	156°54′12″	23°05′48″	南东 23°05′48″	S 23°05′48″E	2
CD	213°50′32″	33°50′32″	南西 33°50′32″	S 33°50′32″W	3
DA	300°32′16″	59°27′44″	北西 59°27′44″	N 59°27′44″W	4

5.3　数据的凑整、留位、检查

5.3.1　有效数字

1. 概念

有效数字是描述一个十进制数有现实意义的数字，亦即仿该十进制数用首位不为零的有限个自然数字构成的正整数数字。例如：

180.05 的有效数字是 18005；

6.0356 的有效数字是 60356；

0.03040 的有效数字是 3040；

12.56×10^6 的有效数字是 1256；

9.647×10^{-6} 的有效数字是 9647。

2. 有效数字的有效数位

有效数字确定的数字位数称为有效数位。如 180.05 的有效数字 18005 的有效数位为 5，故称 180.05 的有效数字 18005 是五位有效数字。

一个十进制数的有效数位与该数的小数点无关，与该数所表示的 10 的乘方数无关，与该数首部零的个数无关，但是与该数尾部零的个数有关。例如：

180.05 与 6.0356 的有效数字都是五位有效数字；

12.56×10^6 与 1.256×10^8 的有效数字都是 1256；

0.0304 与 0.03040 的有效数字分别是 304、3040。

5.3.2 数的凑整规则

一般地，在观测及计算中得到的数都要根据不同的要求经过数的凑整，即经过数的四舍五入。例如，用钢尺丈量距离得到的观测值 25.746m，若要求观测值表示到厘米位即可，则按一般四舍五入的要求凑整为 25.75m。

在观测与计算中，数的凑整规则如下：

① 数值被舍去部分，小于保留末位数为 1 时的 0.5，则保留位数不变。如数 56.15346，保留两位小数，取 56.15。这个规则简称为"四舍"规则。

② 数值被舍去部分，大于保留末位数为 1 时的 0.5，则保留位数加 1。如 π = 3.141592653，保留四位小数取 3.1416。这个规则简称为"五入"规则。

③ 数值被舍去部分等于保留末位数为 1 时的 0.5，若末位数为奇数时加 1；若末位数为偶数时则不变。如数 56.765，保留两位小数，凑整为 56.76；又如数 56.735，保留两位小数，凑整为 56.74。这个规则简称为"奇进偶不进"规则。

5.3.3 近似数在四则运算中的凑整

根据凑整后的结果可见，一个数的末位后仍存在不准确的数字。例如，56.735 凑整为 56.74，"4"的后面存在 -0.5 差值，用"?"表示不准确的数位，则 56.74 可表示为 56.74?。由此可见，经过凑整的数字又称为近似数。严格地，现实观测得到的数字（不包括常数）属于凑整后的近似数。可以想象，由于近似数不准确数位的存在，近似数在四则运算中得到的结果必定受到制约，研究这种制约关系就是四则运算的凑整规则。这种规则简称为"多保留一位"规则，其运算过程称为"多保留一位运算"。

1. 加、减运算结果的凑整规则

一组数相加、相减，以小数位最少的数为标准，其余各数及其运算结果均比该数多保留一位小数位。例如：

```
      一般运算                    多保留一位运算

      +184.32?                   +184.32?
      +358.4?                    +358.4?
      + 12.358?                  + 12.36?
      -114.74?                   -114.74?
      ─────────                  ─────────
      +467.338?                  +467.34?
          ???                        ??
   结果： 467.338              结果： 467.34
```

上例中,358.4 的小数位是一位,12.358 的小数位是三位,比 358.4 多保留一位即凑整为 12.36,其余的数的小数位均保持原来比 385.4 多一位的状态,运算结果 467.34 也比 358.4 多保留一位。对"一般运算"结果按"多保留一位"的规则得到的结果与"多保留一位运算"的结果相同。根据"多保留一位"的规则可见,加、减运算中数的最少小数位一经确定,其他数的小数位可以多保留一位,多余的小数位在运算中是没有意义的。

2. 乘、除运算结果的凑整规则

两个数的相乘(或相除),以最少有效数位的有效数字为标准,另一数及其运算结果的有效数位(从首位数起)均比该数的有效数位多保留一位。例如:

一般运算　　　　　　　　　　　　　　多保留一位运算

```
        232.12?                              232?
    ×     0.34?                          ×    34?
        ??????                               ????
        92848?                               928?
        69636?                               696?
        789208??                             7888??
          ????                                 ??
   结果: 78.9208                        结果: 78.88 凑整为 78.9
```

上例中,0.34 的有效数位是两位,232.12 的有效数位是五位,按"多保留一位"的规则凑整为 232,运算结果是 78.9,有效数位均是三位。对"一般运算"结果按"多保留一位"的规则得到的结果与"多保留一位运算"的结果相同。

根据"多保留一位"的规则可见,乘、除运算中数的最少有效数位一经确定,其他数的有效数位可以多保留一位,尾部多余有效数位在运算中是没有意义的。

5.3.4　测量数字结果的取值要求

测量数字结果的取值要求见表 5-4。

表 5-4　　　　　　　　　　　　测量数字结果的取值

等　级	观测方向值及各项修正数（″）	边长观测值及各项修正数（m）	边长与坐标（m）	方位角（″）
二等	0.01	0.0001	0.001	0.01
三、四等	0.1	0.001	0.001	0.1
一级及以下	1	0.001	0.001	1

5.3.5　测量数据质量的一般检核判别

测量数据质量如何,必须经过检验。如在水平角测量中必须检核 $\Delta\alpha$,在水准测量中必须检核高差互差 δ。这种检核一般在两个测量数据的比较中完成。在比较精密的测量时,测量数据不止两个,而是多个,表 5-5 列出了 6 测回的角度观测值。

一般检核判别的方法以规定的容许误差为标准,求取数据互差,将数据互差与容许误差比较，以数据互差的多数小于容许误差者为合格，由此判别测量数据质量，对超限可能性大的数据采取摒弃的措施。

表 5-5 中，取 $\Delta\alpha_{容} = \pm 30''$，表中依次列出各测回角度观测值互差（称测回差）$\Delta$，其中 A 列是第 1 测回角度观测值与后续测回角度观测值的测回差 Δ，B 列是第 2 测回角度观测值与后续测回角度观测值的测回差 Δ，C、D、E 各列的测回差 Δ 按 A、B 列同法计算。各测回角度观测值测回差比较可知，大部分测回比较的测回差 Δ 小于 $30''$，而第 2 测回与第 3、第 5 测回比较的测回差 Δ 均超过 $30''$，可判断第 2 测回角度观测值（带方框）有误，摒弃不用，或重测。

表 5-5 6 测回观测角度

测回 n	角度观测值 ° ′ ″	测回差 Δ 比较				
		A	B	C	D	E
1	75 32 23					
2	75 32 48	−25				
3	75 32 15	8	33			
4	75 32 37	−14	11	−22		
5	75 32 16	7	32	−1	21	
6	75 32 34	−11	14	3	3	−18

习 题

1. 如图 5.1 所示，光电边平距 $D_{AB} = 561.334\mathrm{m}$，所处高程 $H_m = 1541.30\mathrm{m}$。设高程基准面的地球曲率半径 $R = 6371\mathrm{km}$，求光电边投影到高程基准面的改正。若投影到假定的高程基准面的相对高程是 $H'_m = 41.30\mathrm{m}$，求此时的投影改正。

2. 接上题。设 $S = 561.334\mathrm{m}$，$y_m = 15451.56\mathrm{m}$，$R = 6371\mathrm{km}$。计算高斯平面距离改化 Δs。

3. 试述地球面上边长和角度不进行高斯改化的条件。

4. 按 1956 黄海高程基准的某地面点 A 的高程 $H'_A(1956) = 54.021\mathrm{m}$，将其换算为 1985 国家高程基准面绝对高程。

5. 按 1956 黄海高程基准某地面点 A 的相对高程 $H'_A(1956) = 74.372\mathrm{m}$，将其换算成珠江高程基准的相对高程。

6. 已知珠江高程系统、广州高程系统的高程零点差分别 $-0.557\mathrm{m}$，$4.443\mathrm{m}$，P 点的珠江高程系统相对高程 $H'_{珠江} = 56.368\mathrm{m}$，求 P 点的广州高程系统相对高程 $H'_{广州}$。

7. 直线段的方位角是_____。

   A. 两个地面点构成的直线段与方向线之间的夹角
   B. 指北方向线按顺时针方向旋转至线段所得的水平角
   C. 指北方向线按顺时针方向旋转至直线段所得的水平角

8. 某直线段的磁方位角 $M = 30°30'$，磁偏角 $\delta = 0°25'$，求真方位角 A。若子午线收敛角 $\gamma = 2'25''$，求该直线段的坐方位角 α。

9. 式(5-15)的 δ 本身符号有正负,说明 $A = M + \delta$ 的大小意义。

10. 如图 5.8 所示,设 D 点的子午线收敛角 $\gamma = 11'42''$,过 D 点的 DB 边的真方位角 $A_{DB} = 91°55'45''$,试计算 DB 的坐标方位角 α_{DB}。

11. 某线段磁方位角 $M = 30°30'$,磁偏角 $\delta = 0°25'$,求真方位角 A。若子午线收敛角 $\gamma = 0°02'25''$,求该直线段的坐标方位角 α。

12. 如图 5.21 所示,A 点坐标 $x_A = 1345.623\text{m}, y_A = 569.247\text{m}$;$B$ 点坐标 $x_B = 857.322\text{m}, y_B = 423.796\text{m}$。水平角 $\beta_1 = 15°36'27'', \beta_2 = 84°25'45'', \beta_3 = 96°47'14''$。求方位角 $\alpha_{AB}, \alpha_{B1}, \alpha_{12}, \alpha_{23}$。

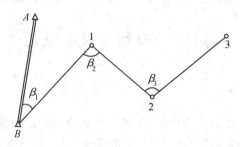

图 5.21

13. 罗盘仪是一种_____。

    A. 用于测定直线段磁方位角的仪器

    B. 测量真方位角的测量仪器

    C. 可计算坐标方位角的计算工具

14. 试述磁方位角的测量方法。

15. 在罗盘仪测定磁方位角时,磁针指示的度盘角度值是_____。

    A. 磁北方向值

    B. 磁偏角 δ

    C. 望远镜瞄准目标的直线段磁方位角

16. 一测回角度测量,得上半测回 $A_{左} = 63°34'43''$,下半测回 $A_{右} = 63°34'48''$。求一测回角度测量结果,结果取值到秒。

17. 水准测量改变仪器法高差测量得一测站 $h_1 = 0.564\text{m}, h_2 = 0.569\text{m}$。求该测站测量结果,结果取值到毫米。

18. $s = 234.764\text{m}$,坐标方位角 $\alpha = 63°34'43''$,求 $\Delta x, \Delta y$。结果取值到毫米。

19. 试述陀螺经纬仪的指北特点和原理。

20. 说明近似数的凑整原则,说明测量计算"多保留一位运算"的原理。

第6章 全站测量

☞ **学习目标**：明确全站测量技术的技术原理与方法；明确全站仪的基本结构、功能和现代全站测量技术的作用和意义；掌握几种全站仪基本应用和地面点定位的速测技术手段。

6.1 全站测量技术原理

6.1.1 全站测量概念

测量人员在测站上对地面点的坐标、高程等参数进行同时测定的方法，称为全站测量。测量人员在测站上快速测定地面点的坐标、高程等参数的技术，称为全站测量技术。

全站测量技术有光学速测法、半站光电速测法和全站光电速测法三种类型。

6.1.2 光学速测法

光学速测法是利用光学经纬仪及视距法原理迅速测定地面点位置的方法。光学速测法技术过程是：

① 在地面点 A 安置经纬仪，量经纬仪高 i，瞄准起始方向 B（或称后视点），水平度盘置零。同时，在 P 点立标尺，如图 6.1(a) 所示。

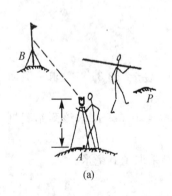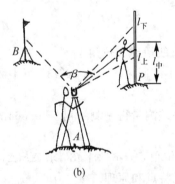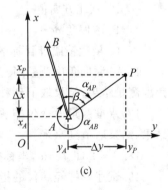

图 6.1 光学速测法测定地面点

② 经纬仪以盘左状态转照准部瞄准待测点 P 标尺（或称前视点），如图 6.1(b) 所示。测量水平角 $\beta(\angle BAP)$，计算 AP 方位角 α_{AP}，即

$$\alpha_{AP} = \alpha_{AB} + \beta \tag{6-1}$$

式中，α_{AB} 是已知方位角。

③ 经纬仪按视距法测量标尺视距差 l。l 满足式(3-53)，即

$$l = N - M \tag{6-2}$$

或

$$l = l_\text{下} - l_\text{上} \tag{6-3}$$

④ 在 A 点经纬仪测量竖直角 α_A，或测量得竖直度盘读数 L_A。按式(2-20)，有

$$\alpha_A = 90 - L_A \tag{6-4}$$

⑤ 按原理式(3-65)、式(3-69)、式(3-70)测量 A 点至 P 点的平距 D_{AP}，可表示为

$$D_{AP} = 100\, l \tag{6-5}$$

$$D_{AP} = 100\, l \cos^2\alpha_A \tag{6-6}$$

$$D_{AP} = 100\, l \sin^2 L_A \tag{6-7}$$

⑥ 仿式(5-25)，以 α_{AP}、D_{AP} 及 A 点坐标求 P 点坐标，如图 6.1(c) 所示，即

$$x_P = x_A + \Delta x_{AP} = x_A + D_{AP}\cos\alpha_{AP} \tag{6-8}$$

$$y_P = y_A + \Delta y_{AP} = y_A + D_{AP}\sin\alpha_{AP} \tag{6-9}$$

式中，x_A、y_A 是 A 点的坐标。

⑦ 经纬仪测量 $l_\text{中}$，按视距法原理式(4-43)，利用 A 点高程及其他测量参数计算 P 点高程，即

$$H_P = H_A + 50(l_\text{下} - l_\text{上})\sin(2L_A) + i - l_\text{中} \tag{6-10}$$

以经纬仪及视距法原理可同时获得地面点坐标、高程，在这里，经纬仪就是一台速测仪，故光学速测法又称经纬仪速测法。

如果用的是光电经纬仪，$l_\text{下}$、$l_\text{上}$ 按视距法测得，水平角 β、竖直角 α_A 由光电经纬仪快速测得，光电经纬仪速测法也可有效获得地面点坐标、高程。

6.1.3 半站光电速测法

半站光电速测法是利用光学经纬仪器及光电测距仪器迅速测定地面点位置的方法。光电测距仪与光学经纬仪组合为半站型仪器(见图 6.2)便可实现半站光电速测法。该法的水平角、竖直角测量仍是用光学经纬仪，测距光电化是该法的特点。

① 在 A 点安置光学经纬仪和光电测距仪，量经纬仪高 i，瞄准起始方向 B，水平度盘置零，如图 6.3 所示。

② 在 P 点安置反射器，量反射器高 l_P，如图 6.3 所示。

③ 按光学速测法测量水平角 $\beta(\angle BAP)$，计算 AP 方位角 α_{AP}，即

$$\alpha_{AP} = \alpha_{AB} + \beta \tag{6-11}$$

④ 经纬仪测量 P 点反射器竖直角 α_A，或测量得竖直度盘读数 L_A。按式(2-16)，得

$$\alpha_A = 90 - L_A \tag{6-12}$$

⑤ 光电测距仪测量获得 AP 的平距 D_{AP}。平距 D_{AP} 的获得有成果处理的内容，其中：

a. 加常数改正和气象改正

图 6.2　半站型仪器

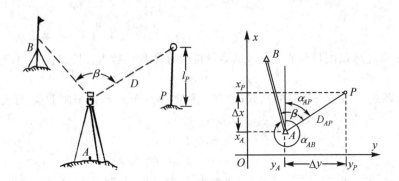

图 6.3　半站光电速测法测定地面点

$$D = D' + k + \Delta D_{tp} \tag{6-13}$$

式中，D' 为光电测距长度；k 为加常数改正；ΔD_{tp} 为气象改正，可根据测距仪功能自动进行改正。

b. 平距化算。根据式(3-29)平距化算为

$$D_{AP} = D \times \cos(\alpha_A + 14.1''D_{km}) \tag{6-14}$$

c. 必要的测量成果初处理，平距 D_{AP} 应得到球面投影改化和平面距离改化。

⑥ 以 α_{AP}、D_{AP} 及 A 点坐标求 P 点坐标。根据式(5-24)，P 点坐标为

$$x_P = x_A + \Delta x_{AP} = x_A + D_{AP}\cos\alpha_{AP} \tag{6-15}$$

$$y_P = y_A + \Delta y_{AP} = y_A + D_{AP}\sin\alpha_{AP} \tag{6-16}$$

⑦ 利用 A 点高程及其他测量参数计算 P 点高程。根据式(4-29)，P 点高程为

$$H_P = H_A + h_{AP} = H_A + D\sin(\alpha_A + 14.1''D_{km}) + i - l_P \tag{6-17}$$

半站光电速测法改变了光学速测法测距短、精度低的缺点，可用计算器快速计算地面点的平面坐标和高程。

6.1.4　全站光电速测法

全站光电速测法是利用光电经纬仪(或称电子经纬仪)及光电测距仪迅速测定地面点位置的方法。所谓全站仪，就是光电经纬仪及光电测距仪组合而成(见图 6.4)，或者由光电经纬仪及光电测距仪集成而一的全站测量仪器(见图 6.5)。以全站仪的全站光电速测法获得地面点坐标和高程的基本原理及模式与半站光电速测法相同，但却有半站光电速测法无法比拟的如下特点：

(1) 测量光电化

以光电度盘和高速度光电角度数据处理系统为武装的光电经纬仪，摆脱了传统角度测量的弊病，实现了测角光电化，使地面测量工作与方法为之一新。全站仪瞄准目标(反射器)以后启动测量，测角、测距、数据记录与处理几乎同步自动进行，并根据需要快速给出地面点的位置参数，这就是现代全站测量。

(2) 备有数据群的存储设备

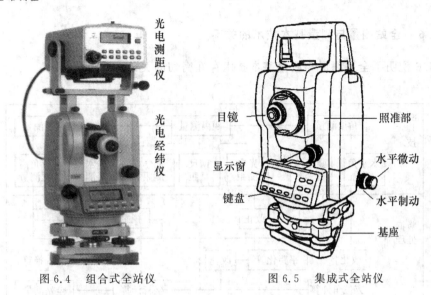

图 6.4 组合式全站仪　　　　图 6.5 集成式全站仪

存储设备的形式与容量大小因机而异。早期全站仪多半有外设存储设备,近期全站仪的存储设备大多随机内设。存储设备的数据群存取方便,为全站测量快速数据记录和测绘工作的全面自动化提供了有效的条件。有的全站仪器内装小型计算机,全站仪正在向智能化、网络化发展。

6.1.5 光学速测法与半站、全站光电速测法的基本公式比较

光学速测法与半站、全站光电速测法的基本公式比较见表 6-1。

表 6-1

项　目	光学速测法	半站、全站光电速测法
水平角	β	β
方位角 α_{AP}	$\alpha_{AP} = \alpha_{AB} + \beta$	$\alpha_{AP} = \alpha_{AB} + \beta$
竖盘读数 L_A	竖直角 $\alpha_A = 90 - L_A$	竖直角 $\alpha_A = 90 - L_A$
距离测量	视距测量 $l_下$、$l_上$,视距差 $l = l_下 - l_上$	光电测距 D'
成果处理与改化	$D_{AP} = 100\, l$ $D_{AP} = 100\, l\cos^2\alpha_A$ $D_{AP} = 100\, l\sin^2 L_A$	$D = D' + \Delta D_k$(加常数) $+ \Delta D_{tp}$(气象改正) $D_{AP} = D\cos(\alpha_A + 14.1''D_{km})$(平距化算) $\Delta D = -D_{AP}(H_m - H)/(R + H_m)$ $s = D_{AP} + \Delta D$(投影改化) $\Delta s = s \times y_m^2/(2R^2)$ $l_s = s + \Delta s$(距离改化)
坐标计算	$x_P = x_A + \Delta x_{AP} = x_A + D_{AP}\cos\alpha_{AP}$ $y_P = y_A + \Delta y_{AP} = y_A + D_{AP}\sin\alpha_{AP}$	$x_P = x_A + \Delta x_{AP} = x_A + D_{AP}\cos\alpha_{AP}$ $y_P = y_A + \Delta y_{AP} = y_A + D_{AP}\sin\alpha_{AP}$ (如果有投影改化、高斯平面改化,此处 D_{AP} 是改化后距离平面长度 l_s)
高程计算	$H_P = H_A + 50l\sin(2L_A) + i - l_中$	$H_P = H_A + D\sin(\alpha_A + 14.1''D_{km}) + i_A - l_P$

6.1.6 全站测量与测量基本技术的关系

图 6.6 说明了全站测量与测量基本技术存在密切的关系。

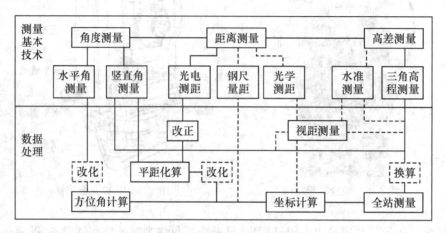

图 6.6 全站测量与测量基本技术

① 角度测量是全站测量的第一基本技术。

首先，水平角测量是方位角计算基本参数，竖直角测量是后续测量基本技术重要预备参数。其次，全站测量定位技术设施是以角度测量仪器基本结构的发展。再次，角度测量技术是掌握应用全站测量定位技术的基础。

② 全站测量是以角度测量和距离测量为基本测量的光电测量技术。

在全站测量中，光电测距和光电测角是现代测量重要的基本技术。光电测距是全站测量实现坐标测量、三角高程测量精密化、自动化、高速度的关键测量技术。在工程应用上，距离测量的钢尺量距、光学测距仍有实际的应用需要。

角度测量是以瞄准目标由仪器提供角度信息的测量技术，光电距离测量是目标和测量仪器交换距离信息的测量技术。

③ 全站测量定位技术的基本目标是获取点位坐标和高程，实现定位技术基本目标的各项测量基本技术承前启后、互相联系。

如竖直角测量是光电测距平距化算的重要数据准备，是光学视距测量重要步骤，是三角高程测量的重要工作。水准测量虽然是目标（标尺）提供信息的测量技术，测量时，需要测量距离（光学视距，水准路线长度）参数。水准测量是建立全站测量精密高程基准的重要技术之一。应当看到，水准测量在全站测量中的地位不明显。实践证明，光电测距和光电测角的高精度和自动化，有效地提高了三角高程测量的精密性和工程应用的实用性。

明确测量基本技术之间的密切联系，是掌握全站测量技术基本原理的重要一环。

④ 全站测量是测量基本技术的全面发展。

测量的基本技术包括测量过程的数据处理、最终获取点位坐标和高程。其中，有方位角计算、距离测量的参数修正，根据实际需要所必需的有关距离改化、角度改化、高程换算等。数据处理中的仪器高测量、目标高（反射器高）测量是全站测量不可缺少的测量工作。

测量过程的数据处理的自动化反映了测量基本技术工作的现代化。由此可见，全站测量是测量基本技术完整的现代全面发展。

6.2 全站仪及其基本应用

6.2.1 南方 NTS-660 全站仪

1.概述

20世纪90年代末，我国研制生产全站仪的有北京测绘仪器厂、苏州一光仪器公司、广州南方测绘仪器公司、北京博飞仪器公司、常州大地仪器厂等。南方测绘仪器公司 NTS 系列全站仪型号有多种，图 6.7 是新近的 NTS-660 全站仪的外貌。

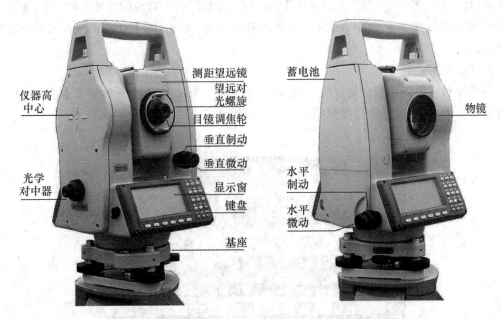

图 6.7 NTS-660 全站仪

NTS-660 全站仪有 NTS-662、NTS-663、NTS-665 三种型号，其中，NTS-662 的技术指标如下：

角度测量：最小显示 $1''$，精度 $\pm 2''$。

距离测量：精度，$\pm(2mm+2ppm \cdot D_{km})$；测程，$1.8\sim2.6km$；测距时间，标准正常测距 3s、跟踪测距 1s。

NTS-660 全站仪的水平和垂直的制动、微动旋钮采用同轴机构，运用比较方便。

NTS-660 全站仪的内置测量计算机采用流行的 MS-DOS 操作系统，全站测量功能设计置菜单化、智能化，有利于用户自主开发，功能多。键盘操作应用设计"硬键"、"软键"的配置方式，应用方便。数据存储空间 14MB，相当标准测量数据 40000 个，便于编辑、传输。NTS-660 全站仪采用双轴补偿系统，设有电子水准气泡图像，便于精确整平。

2. 键盘

键盘如图6.8所示。键盘右侧的"硬键"有15个。硬键,即按键的功能固定,设定后不改变。其中的数字键、字母键均依显示窗提示时应用,"★"键用于常用功能操作,ENT为确认键,ESC为退出键。

显示窗下方"软键"设有6个,即F1、F2、F3、F4、F5、F6六个"F"(Float)软键,按键的功能可变,即按键的功能可根据设计随显示窗提示改变。每个按键的功能由显示窗最低一行注记说明。如图6.9所示,全站仪开机后(按硬键POWER)显示窗最低一行注记"程序、测量、管理、通信、校正、设置"分别说明F1、F2、F3、F4、F5、F6软键的功能方向。图6.9下半部列出NTS-662型全站仪的30余种测量基本功能方向,可用于多种工程测量以及相应的数据处理。

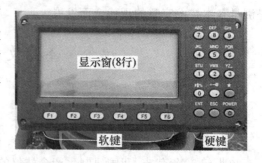

图6.8　NTS-660全站仪键盘

3. 键盘应用

熟悉键盘应用是掌握全站仪的关键。图6.9中的6个软键30余种测量基本功能方向可通过仪器说明书了解,这里简要说明图6.9中的软键F1、F2的功能方向。

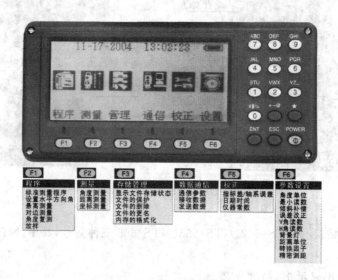

图6.9　软键基本测量功能方向

(1) 软键F1的功能方向

根据图6.9,按F1键,显示窗以两页提示软键F1、F2、F3、F4、F5、F6的新功能,其中,F1的新功能是"标准测量"。按F1键"标准测量"的程序设置如图6.10所示。其中,显示窗的顶行"设置、记录、编辑、传输、程序"分别有各种程序项目,可依软键F1、F2、F3、F4、F5、F6进行选择和设计。

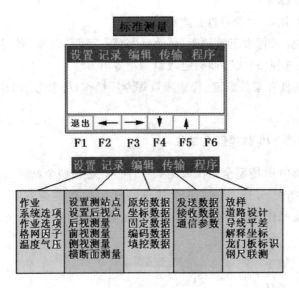

图 6.10

(2)软键 F2 的测量功能方向

根据图 6.9,按 F2 键,显示窗以"角度测量"提示软键 F1、F2、F3、F4、F5、F6 的新功能,如图 6.11(a)所示。其余的"斜距测量"、"平距测量"、"坐标测量"均可按图 6.11(a)中"P1"页列出的各软键功能确定。

4.标准测量的基本应用操作

(1)仪器安置

注意检查蓄电池的充电状态,保证测量用电。应用光学经纬仪安置方法对中整平,必要时调用电子水准气泡图像最后精确整平。仪器应用中未关机,不得卸下蓄电池,以免损坏仪器。

(2)测量准备

① 角度测量准备:图 6.11(a)中"P1"页的软键 F4:置零,为起始方向角度设零。"P2"页的软键 F3:左/右,设置水平度盘的顺序。

② 距离测量、坐标测量准备:图 6.11(b)、(c)、(d)的测量,应设定反射器常数、气象改正。坐标测量应有原始数据的准备。

按本测站测量需要进行测量准备,无关的原有测量准备参数必须清除。

(3)角度测量

NTS-660 全站仪启动后就进行角度测量,瞄准目标后,可从显示窗获得目标的方向值,按图 6.11(a)"P2"页软键 F1 键记录方向值。

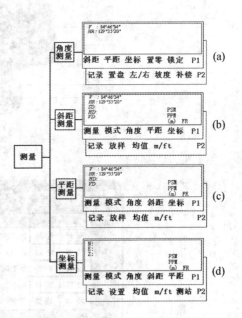

图 6.11 NTS-660 标准测量程序

(4)距离测量、坐标测量

两者的测量过程相同,后者再进行坐标计算。

① 按 F1 键一次完成标准正常测距,可改动"斜距、平距、坐标"的显示方式。

② 按 F2 键一次选择"模式",即确定跟踪测量等方式。

NTS-660 全站仪具有参数设定、程式测量等专项操作,可参考 NTS-660 全站仪说明书,这里不再说明。

6.2.2 南方 NTS-340 触摸型全站仪

南方测绘 NTS-340 触摸型全站仪如图 6.12 所示。触摸型全站仪键盘不设软键,硬键仍以软键型按键设计,如图 6.13 所示,26 个按键是硬键列在键盘右侧。触摸型全站仪在图 6.13 显示窗显示提示操作内容,用电子笔或手指触动提示内容,实现全站仪的功能确定。

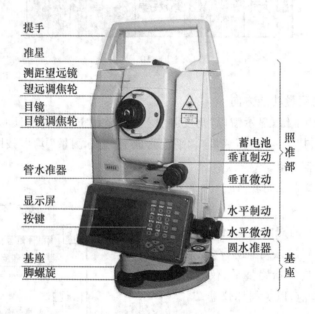

图 6.12 南方 NTS-340 全站仪

图 6.13 南方 NTS-340 键盘

显示窗左侧提示了"项目"、"数据"、"计算"、"设置"、"校准"、"常规"、"建站"、"采集"、"放样"、"道路"10个子系统,部分功能方向表见表6-2,第二行是10个子系统具体项目名称,表中列出NTS-340型全站仪10个子系统的60种功能方向,各功能方向都有具体的工作内容提示,按提示一步步用电子笔或手指触摸内容提示完成全站仪测量的具体工作。

表 6-2　　　　　　　　　　　NTS-340 型全站仪部分功能方向

1项目	2数据	3计算	4设置		5校准	6常规	7建站	8采集	9放样	10道路
项目管理	数据管理	计算程序	参数设置		仪器校准	常规测量	测站建站	数据采集	工程放样	道路定位
新建项目	原始数据	计算器	单位设置	电源管理	补偿器校准	角度测量	已知点建站	点测量	点放样	道路选择
打开项目	坐标数据	坐标正算	角度相关设置	其他设置	垂直角校正	距离测量	测站高程	距离偏差	角度距离放样	编辑水平定线
删除项目	编码数据	坐标反算	距离相关设置	固件设置	加常数校正	坐标测量	后视检查	平面角点	方向线放样	编辑垂直定线
另存项目	数据图形	面积周长	坐标相关设置	格式化存储器	触摸屏校正		后方交会测量	圆柱中心点	直线参考线放样	道路放样

功能方向的显示。如用电子笔或手指触摸"项目",显示 项目 ,即开启项目管理A内容"新建项目"、"打开项目"、"删除项目"、"另存项目"、"回收站"5个功能方向。触摸右侧边B,开启项目管理B内容其他功能方向。

功能方向的选择。如图6.13中显示窗右侧提示"项目"的"1新建项目"、"2打开项目"、"3删除项目"、"4另存项目"、"5回收站"5个功能方向。用电子笔或手指触摸显示窗右侧任一功能方向,具体的工作内容就马上提示在显示窗。如点触"1新建项目",显示窗显示"新建项目"界面,如图6.14所示。

图 6.14　文件准备界面

"项目管理"子系统用于文件准备和保留测量成果。一般应用全站仪先建立项目文件准备,然后才实施测量等操作。图6.14中"新建项目"是测量前的文件准备界面。其中,以测量时间表示的文件名称,作者是测量人员,注释是文件说明。"新建项目"属于全站仪的程序化准备。表6-2中所列的"1项目、2数据、3计算、4设置、5校准、7建站"属于全站仪的程序化准备的工作内容。

表6-2列出全站测量"6常规、8采集、9放样、10道路"内容。如触摸图6.13中显示窗 常规 ,则显示 角度 、 距离 、 坐标 的常规测量界面。分别触摸 角度 、 距离 、 坐标 则分别显

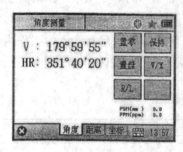 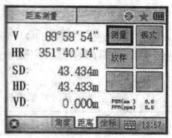 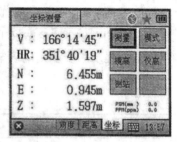

（a）角度测量　　　　　　　（b）距离测量　　　　　　　（c）坐标测量

图 6.15　南方 NTS-340 全站仪显示窗测量界面

示各自的测量界面,如图 6.15 所示。

图 6.15(b)、(c) 右侧 测量 是距离测量、坐标测量触摸点, 模式 是距离测量、坐标测量并结合"4 设置"的临时准备操作, 放样 是工程测设功能。

根据图 6.3 和表 6-1 全站测量原理公式,全站仪数据准备是全站测量前重要工作,主要是测站坐标(x、y)、高程(H)的输入,仪器高(i)、反射器高(l)的输入,起始方向已知方位角(α_{AB})的输入。

图 6.15(a) 中右侧 置盘 是已知方位角的输入。

图 6.15(c) 中右侧 测站、仪高、镜高 是全站仪坐标测量之前的数据准备,其中 测站 是测站坐标、高程的输入, 仪高 是测站仪器高的输入, 镜高 是反射器高的输入。

下面以已知方位角输入为例,说明全站仪数据准备方法。数据准备前选择显示窗测量显示方式,方位角输入应选择显示窗的角度测量显示方式,如图 6.15(a) 所示。接着点触 置盘 ,便有显示窗如图 6.16 所示,然后在"HR"右侧框内输入 22.2255(即方位角 22°22′55″)。最后确认无误点触左下角的"√"。

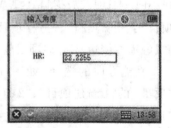

图 6.16　已知方位角的输入

触摸型按键设计,具有屏幕数字图文并茂、操作快捷易于掌握的优点。全站仪子系统、功能方向和相应全站测量工作程序应用,在电子笔或手指触动过程中练习可快捷掌握,这里不一一说明。

6.2.3　Topcon 全站仪

1. 概述

自光电测距技术问世,就开始了光电测量技术以全站仪风行土木工程领域的时代,相继出现全站仪研制、生产热潮,厂家、公司除瑞士 Leica 公司、德国蔡氏、瑞典捷创力以外,还有日本的托普康(Topcon)、宾得(PENTAX)、索佳、尼康等。TopconGTS-220 型全站仪如图 6.17 所示。

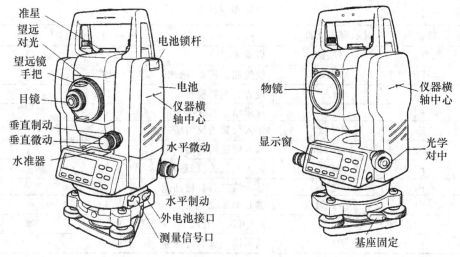

图 6.17　GTS-220 型全站仪

GTS-220 型全站仪的技术指标为：角度测量：显示 5″～10″，精度±2″～±9″；距离测量：精度，±(2mm＋2ppm·D)；测程，一般为 1.5～3.5km；测量时间，正常测距 3s。

TopconGTS-220 型全站仪是普通型全站仪，仪器的安置没有特别之处，但显示窗与键盘具有应用方便的特点：

(1) 键盘硬键控制功能状态

GTS-220 全站仪的键盘设有硬键和软键，其中，显示窗右侧 6 个按键有固定的功能，称为硬键，如图 6.18 所示。图中有三个测量键：坐标测量键、距离测量键、角度测量键。坐标测量键控制全站仪处于 x、y、H（坐标、高程）三维坐标测量功能状态；距离测量键控制全站仪处于 H、D、h（高程、距离、高差）距离测量功能状态；角度测量键控制全站仪处于 V、H（天顶距、水平角）角度测量功能状态。

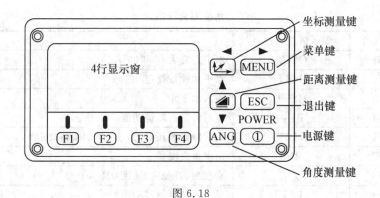

图 6.18

(2) 键盘软键执行确定功能

图 6.18 中的 F1、F2、F3、F4 四键称为软键。F1、F2、F3、F4 四键功能由硬键状态和相应的页码决定。F1、F2、F3、F4 四键功能列于表 6-3、表 6-4、表 6-5 中。其中，F4 是页码键。在 GTS-220 全站仪处于测量状态下，F1、F2、F3、F4 四键功能均由显示窗第 4 行指定。

表 6-3　　坐标测量状态

页码	软键名	显示窗英文符号	功能
1	F1	MEAS	启动测量
1	F2	MODE	设置测量模式:精测/粗测/跟踪
1	F3	S/A	设置音响等模式
1	F4	P1↓	显示第二页软键功能
2	F1	R.HT	输入设置的反射镜高度
2	F2	INS.HT	输入设置的仪器高度
2	F3	OCC	输入设置的仪器站坐标
2	F4	P2↓	显示第三页软键功能
3	F1	OFSET	偏心测量模式
3	F2	m/f/I	米、英尺或英尺、英寸单位变换
3	F4	P3↓	显示第一页软键功能

表 6-4　　距离测量状态

页码	软键名	显示窗英文符号	功能
1	F1	MEAS	启动测量
1	F2	MODE	设置测量模式:精测/粗测/跟踪
1	F3	S/A	设置音响等模式
1	F4	P1↓	显示第二页软键功能
2	F1	OFSET	偏心测量模式
2	F2	S.O	放样测量模式
2	F3	m/f/I	米、英尺或英尺、英寸单位变换
2	F4	P2↓	显示第一页软键功能

表 6-5　　角度测量状态

页码	软键名	显示窗英文符号	功能
1	F1	OSET	水平角置为 0°00′00″
1	F2	HOLD	水平角读数锁定
1	F3	HSET	输入水平角
1	F4	P1↓	显示第二页软键功能
2	F1	TILT	设置倾斜改正开关,ON 显示倾斜改正
2	F2	REP	角度重复测量
2	F3	V%	垂直角、百分度(坡度)显示
2	F4	P2↓	显示第三页软键功能
3	F1	H-BZ	仪器每转动水平角 90° 蜂鸣声设置
3	F2	R/L	水平角右/左计数方向设置
3	F3	CMPS	竖直角显示格式(高度角/天顶距)的切换
3	F4	P3↓	显示第一页软键功能

习 题

1. 全站测量是对地面点_____的同时测量。
   A. 地形、地貌　　　　　　B. 坐标、高程　　　　　　C. 距离、角度
2. 全站测量的地面点至测站点的方位角按图 6.1(c) 中的_____计算。
   A. β　　　　　　　　B. $\alpha_{AB}+\beta$　　　　　　C. $\alpha_{AB}+\beta+180$
3. 用光电经纬仪以光学速测法全站测量，其中_____。
   A. 水平角、竖直角、距离由光电经纬仪自动测量
   B. 水平角、竖直角由光电经纬仪自动测量
   C. 距离由光电经纬仪自动测量
4. 光学经纬仪以光学速测法全站测量的直接测量参数是_____。
   A. 水平角 β，标尺读数 $l_上$、$l_下$、$l_中$，竖盘读数 L_A
   B. 距离 D，水平角 β，竖直角 α
   C. 平距 $\bar{D}$，方位角 α_{AP}，高差 h
5. 半站速测法与全站速测法在数据处理中的不同之处是什么？
6. 与光学经纬仪相比，全站仪中有哪些光学经纬仪的特点？
7. 基本型全站仪的主要技术装备包括_____。
   A. 照准部、基座
   B. 光电测量系统、光电液体补偿技术、测量计算机系统
   C. 望远镜、水准器、基本轴系
8. NTS-340 是_____全站仪。
   A. 日本索佳生产的　　　　　B. Leica 公司生产的
   C. 中国生产的
9. NTS-340 全站仪角度测量显示方式的内容是_____。
   A. 水平角、竖直角、平距、高差　　　B. 点号、y 坐标、x 坐标、高差
   C. 天顶距、水平角
10. 南方 NTS 型全站仪的 HR、HL 的意义是什么？在测距方式，如何选取斜距显示？
11. Topcon 全站仪键盘应用有哪些特点？
12. NTS-340 全站仪坐标测量方式准备就绪，点触 测量 ，可以_____。
    A. 完成被测点一次水平角、竖直角测量
    B. 完成被测点角度、距离测量
    C. 获取被测点一次坐标测量全部结果

第7章 全球定位技术原理

☞ **学习目标**：明确全球定位技术的意义与优点，理解全球定位系统构成、坐标系统、基本原理，掌握绝对定位、相对定位、RTK 的原理要点。

7.1 概 述

GPS 是英文缩写词 NAVSTAR/GPS 的简称，全名为 Navigation System Timing and Ranging /Global Positioning System(或 Global Navigation Satellite System-GNSS)，中文全称是"授时与测距导航系统"或"全球定位系统"。

全球定位系统(GPS) 开始于 20 世纪 70 年代初，由美国国防部组织研制，历时 20 年，耗费巨资，于 1993 年全面建成(其间俄罗斯、欧盟也开始建立相类似的系统，如俄罗斯称为 GLONASS 全球导航卫星系统)。近些年来，我国的全球定位系统"北斗"发展也毫不逊色。美国全球定位系统新一代的精密卫星导航和定位系统具有全球性、全天候、高精度、连续的三维测速、导航、定位与授时能力，同时具有良好的保密性和抗干扰性，主要用于军事。

GPS 定位技术的高度自动化及其所达到的高精度，也引起了广大民用部门尤其是测量工作者的普遍关注和极大兴趣。近十多年来，GPS 定位技术在应用基础的研究、新应用领域的开拓及软硬件的开发等方面发展迅速，使得该技术已经广泛地渗透到经济建设和科学技术的许多领域。GPS 技术极大地推动大地测量、工程测量、地籍测量、航空摄影测量、变形监测、资源勘察和地球动力学等多种学科的技术创新。

与常规的测量技术相比较，GPS 技术具有以下优点：

① 测站间无需通视。这样可节省大量的造标费用，并可根据需要选择点位，选点工作灵活。

② 定位精度高。目前单频接收机的相对定位精度可达到 5mm+1ppm，双频接收机甚至可优于 5mm+1ppm。

③ 观测时间短，人力消耗少。用 GPS 进行静态相对定位，在 20km 以内仅需 15～20min；进行快速静态相对定位测量时，流动站观测时间只需 1～2min；进行动态相对定位测量时，在初始化工作完成后，流动站可随时定位，每站观测仅需几秒钟。

④ 可提供三维坐标。即在精确测定观测站平面位置的同时，还可以精确测定观测站的大地高程。

⑤ 操作简便，自动化程度高。

⑥ 全天候作业。可在任何时间、任何地点连续观测，一般不受天气状况的影响。

应用 GPS 测量，要求保持观测站的上空开阔，以便于接收卫星信号。但 GPS 技术在某些环境下并不适用，如地下工程测量、紧靠建筑物的某些测量工作及在两旁有高大楼房的街道或巷内的测量等。

7.2 GPS系统的组成

美国GPS系统由空间星座部分、地面监控部分和用户设备部分组成,如图7.1所示。

7.2.1 空间星座部分

1. GPS卫星星座

GPS卫星星座由21颗工作卫星和3颗在轨备用卫星组成,记作(21+3)GPS星座。如图7.2所示,24颗卫星均匀分布在6个近圆形的轨道面内,每个轨道面上有4颗卫星。卫星轨道面相对地球赤道面的倾角为55°,各轨道平面升交点的赤经相差60°。轨道平均高度20200km,卫星运行周期为11h58min。位于地平线以上的卫星数目随着时间和地点的不同而不同,最少可见到4颗,最多可见到11颗。24颗卫星在空间上如此分布,可以保证在地球上任何地点、任何时刻至少可观测到4颗卫星。

2. GPS卫星及作用

GPS卫星的主体呈圆柱形,直径约1.5m,重约774kg,设计寿命7.5年。卫星两侧设有两块双叶太阳能板,能自动对日定向,以保证卫星正常的工作用电。每颗卫星装有4台高精度原子钟(2台铷钟,2台铯钟),它将发射标准频率信号,为GPS定位提供高精度的时间标准。

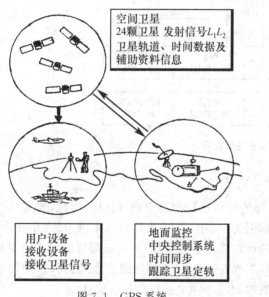

图 7.1 GPS 系统

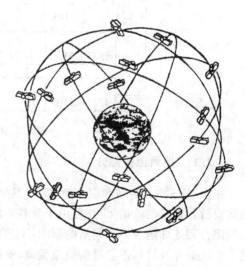

图 7.2 卫星星座

GPS卫星的主要作用是:接收、储存和处理地面监控系统发射来的导航电文和其他有关信息;向用户连续不断地发送导航与定位信息,并提供精密的时间标准(稳定度10^{-12}~10^{-14}s),根据导航电文可知卫星当前的位置和工作情况;接收地面监控系统发送的控制指令,适时地改正卫星运行偏差或启用备用时钟等。

3. GPS卫星信号

GPS卫星所发播的信号包含载波、测距码（P码、C/A码）和数据码（D码）三种信号分量，这些信号分量都是在同一个基本频率 $f_0 = 10.23 \text{MHz}$ 的控制下产生的，如图7.3所示。

GPS卫星取 L 波段的两种不同频率的电磁波为载波，其中：

L_1 载波，频率 $f_1 = 154 \times f_0 = 1575.42 \text{MHz}$，波长 $\lambda_1 = 19.03 \text{cm}$；

L_2 载波，频率 $f_2 = 120 \times f_0 = 1227.60 \text{MHz}$，波长 $\lambda_2 = 24.42 \text{cm}$。

在无线电通信技术中，为了有效地传播信息，将频率较低的信号加载在频率较高的载波上，此过程称为信号调制。然后载波携带着有用信号传送出去，到达用户接收机。

GPS卫星的测距码和数据码是采用调相技术调制到载波上的，在载波 L_1 上调制有C/A码、P码和数据码，而在载波 L_2 上只调制有P码和数据码。若以 $s_1(t)$ 和 $s_2(t)$ 分别表示载波 L_1 和 L_2 经测距码和数据码调制后的信号，则GPS卫星发射的信号可分别表示为

$$s_1^i(t) = A_p P_i(t) D_i(t) \cos(\omega_1 t + \varphi_1) + A_c C_i(t) D_i(t) \sin(\omega_1 t + \varphi_1) \tag{7-1}$$

$$s_1^i(t) = B_p P_i(t) D_i(t) \cos(\omega_2 t + \varphi_2) \tag{7-2}$$

在GPS卫星信号中，C/A码是用于粗测距和快速捕获卫星的码；P码的测距误差仅为C/A码的1/10，是卫星的精测码；D码是卫星导航电文，是用户定位和导航的数据基础，主要包括卫星星历、卫星工作状态、时钟改正、电离层时延改正以及由C/A码转换到捕获P码的信息。

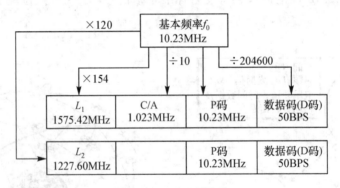

图7.3 GPS卫星信号

7.2.2 地面监控部分

在用GPS进行导航和定位时，GPS卫星作为位置已知的高空观测目标，为此，要求GPS卫星要沿着预定的轨道运行。但由于受到地球引力、太阳、月亮及其他星体引力、太阳光压、大气阻力和地球潮汐力等因素的影响，卫星的运行轨道会发生摄动，所以需要随时了解卫星的工作状态并及时纠正卫星的轨道偏离，这些工作是由地面监控系统完成的。同时，地面监控系统还需推算编制各卫星星历，提供精确的时间基准并更新卫星导航信息。

GPS地面监控系统包括1个主控站、3个注入站和5个监测站。

1. 主控站

主控站设在美国本土科罗拉多，其主要任务是根据所有地面监测站的观测资料推算各卫星星历、卫星钟差和大气层修正参数，并将这些数据编制成导航电文传送到注入站；纠正卫星的轨道偏离；必要时启用备用卫星，以取代失效的工作卫星。

主控站还负责协调和管理所有地面监测系统的工作。

2. 注入站

3个注入站分别设在大西洋的阿松森群岛、印度洋的迭哥伽西亚岛和太平洋的卡瓦加兰,其任务是通过一台直径为 3.6m 的天线,将主控站发来的导航电文注入给相应的卫星。每天注入 3 次,每次注入 14 天的星历。

3. 监测站

监测站共有 5 个。除了主控站和 3 个注入站具有监测站功能外,还在夏威夷设有 1 个监测站。监测站内设有双频 GPS 接收机、高精度原子钟、计算机各一台,以及若干台环境数据传感器。其主要任务是连续观测和接收所有 GPS 卫星的信号,并监测卫星的工作状况,将采集到的数据连同当地气象观测资料经初步处理后传送到主控站。

图 7.4 所示为地面监控系统的方框图,整个系统除主控站外,均由计算机自动控制,无需人工操作。各地面站间由现代化通信系统联系,实现了高度的自动化和标准化。

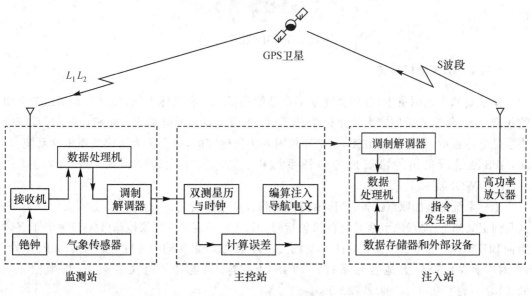

图 7.4 地面监控系统

7.2.3 用户设备部分

用户设备部分包括 GPS 接收机和数据处理软件等。GPS 接收机一般由主机、天线和电池三部分组成(见图 7.5),它是用户设备部分的核心,其主要功能是跟踪接收 GPS 卫星发射的信号,并进行变换、放大和处理,以便测量出 GPS 信号从卫星到接收机天线的传播时间;解译导航电文,实时地计算出测站的三维位置甚至三维速度和时间。

GPS 接收机类型很多,按用途来分,有导航型、测地型和授时型;按工作模式来分,有码相关型、平方型和混合型;按接收的卫星信号频率来分,有单频(L_1)和双频(L_1,L_2)接收机等。在精密定位测量工作中,一般是采用测地型双频接收机或单频接收机。

目前,各种类型的 GPS 接收机体积越来越小,重量越来越轻,便于野外观测。同时能接收 GPS 和 GLONASS 卫星信号的全球导航定位系统接收机也已经问世。

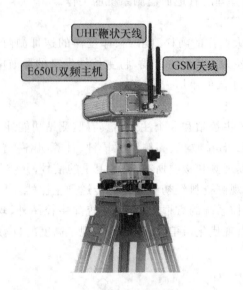

图 7.5 GPS 接收机

7.2.4 GPS 坐标系统

在常规的大地测量中,各国都建立了自己的测量基准和坐标系统,如第一章第二节介绍的我国 1980 年建立的国家大地坐标系。由于 GPS 是全球性的导航定位系统,其坐标系统也要求是全球性的,为了使用方便,它是通过国际协议确定的,通常称为协议地球坐标系统。目前,GPS 测量所采用的协议地球坐标系统称为 WGS-84 大地坐标系(World Geodetic System,WGS)。

坐标系统由坐标原点位置、坐标轴的指向和长度单位所定义。对于 WGS-84 大地坐标系,其几何定义如下:原点位于地球质心,Z 轴指向 BIH1984.0 定义的协议地球极(CTP)方向,X 轴指向 BIH1984.0 的零子午面和 CTP 赤道的交点,Y 轴与 Z 轴、X 轴构成右手坐标系,如图 7.6 所示。对应于 WGS-84,大地坐标系有一 WGS-84 椭球,该椭球的有关参数为:长半轴 $a = 6378137\text{m}$;扁率 $f = 1/298.257223563$。

上述 CTP 是协议地球极(Conventional Terrest Pole)的简称。因为人们发现地球自转轴相对地球体的位置并不是固定的,地极点在地球表面上的位置会随时间而变化,这种现象简称极移。国际时间局(Bureau International de I'Heure,BIH)定期向用户公布地极瞬时坐标。WGS-84 大地坐标系就是以国际时间局 1984 年第一次公布的瞬时地极(BIH1984.0)作为基准而建立的。

用 GPS 定位其坐标属于 WGS-84 大地坐标系,而实用的测量成果往往属于某一国家坐标系或地方坐标系,为此,在应用中必须进行

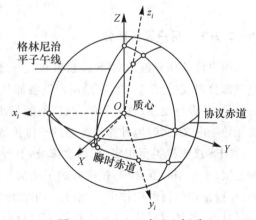

图 7.6 WGS-84 大地坐标系

坐标转换。而进行两个不同空间直角坐标系统之间的坐标转换,需要求出坐标系统之间的转换参数。转换参数一般是利用重合点的两套坐标值通过一定的数学模型进行计算的,具体转换方法请参阅有关书籍。购置 GPS 接收机时,厂商一般会同时提供有关的坐标转换软件。

7.3 GPS 卫星定位基本原理

按定位时 GPS 接收机所处的状态,GPS 卫星定位方法可分为静态定位和动态定位;而按定位的结果进行分类,GPS 卫星定位方法又可分为绝对定位和相对定位。

静态定位是指在定位过程中,GPS 接收机的位置是固定的,处于静止状态;而动态定位时,GPS 接收机则处于运动状态。

绝对定位是指在 WGS-84 坐标系中,确定观测站相对地球质心绝对位置的方法,此时,只需一台 GPS 接收机即可定位;相对定位是指在 WGS-84 坐标系中,确定观测站与某一地面参考点之间的相对位置或确定两观测站之间相对位置的方法,进行相对定位时,需要两台或两台以上 GPS 接收机同时进行定位。

实际定位时,各种定位方法可有不同的组合,如静态绝对定位、静态相对定位、动态绝对定位和动态相对定位等。

7.3.1 绝对定位

绝对定位又称为单点定位,其定位的基本原理是以 GPS 卫星和用户接收机之间的距离观测量为基础,并根据已知的卫星瞬时坐标,来确定用户接收机所处的测站点的位置。

如图 7.7 所示,设在时刻 t_i 测站点 P 至 3 颗 GPS 卫星 S_1、S_2、S_3 的距离为 D_1、D_2、D_3,而该时刻 3 颗 GPS 卫星的瞬时三维坐标为 $(X_j, Y_j, Z_j)(j = 1, 2, 3)$,测站点 P 的三维坐标为 (X, Y, Z),则有以下关系:

$$\begin{aligned} D_1 &= \sqrt{(x_1-x)^2 + (y_1-y)^2 + (z_1-z)^2} \\ D_2 &= \sqrt{(x_2-x)^2 + (y_2-y)^2 + (z_2-z)^2} \\ D_3 &= \sqrt{(x_3-x)^2 + (y_3-y)^2 + (z_3-z)^2} \end{aligned} \quad (7\text{-}3)$$

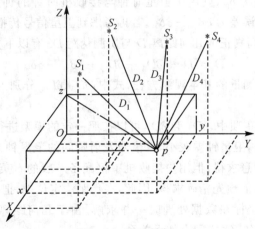

图 7.7 绝对定位

卫星的瞬时三维坐标(X_j, Y_j, Z_j)可根据接收到的卫星导航电文求得,因此,若测定了距离D_1、D_2、D_3,在式(7-3)中仅有测站点P的三维坐标(X,Y,Z)为未知量,联立求解方程组(7-3)即可求得测站点坐标(X,Y,Z)。由此可知,GPS卫星绝对定位的实质是空间距离交会法,从理论上说,如果GPS接收机同时对3颗卫星进行距离测量(实际定位至少需4颗卫星,具体见后面说明),即可确定接收机所在位置的三维坐标。

绝对定位的优点是定位时只需要一台GPS接收机,而且观测速度快,数据处理较为简单。其缺点是精度较低,目前仅能达到米级的定位精度。

7.3.2 伪距测量

由绝对定位原理可知,进行GPS定位的关键是要测定出用户接收机至GPS卫星的距离。在GPS卫星所发射的信号中,测距码信号可用于测距。设测距码信号从卫星发射到达接收机所经历的时间为τ,则该时间乘以电磁波在真空中的速度c,即为卫星至接收机的距离D,即

$$D = c \times \tau \tag{7-4}$$

此种情况下距离测量的特点是单程测距,它不同于光电测距仪中的双程测距,这就要求卫星时钟与接收机时钟要严格同步,但实际上,卫星时钟与接收机时钟难以严格同步,存在一个不同步误差。此外,测距码在大气中的传播还受到大气电离层折射及大气对流层的影响,产生延迟误差。因此,实际所求得的距离值并非真正的站星几何距离,习惯上将其称为伪距,用D'表示。通过测伪距来定点位的方法称为伪距法定位。

为测定测距码信号由GPS卫星转播至接收机所经历的时间τ,接收机在自己的时钟控制下会产生一组结构与卫星测距码完全相同的测距码,称为复制码,并通过时延器使其延迟时间τ'。将所接收到的卫星测距码与接收机内产生的复制码送入相关器进行相关处理,若自相关系数$R(\tau') \neq 1$,则继续调整延迟时间τ',直至自相关系数$R(\tau') = 1$为止。此时,复制码与所接收到的卫星测距码完全对齐,所延迟的时间τ'即为GPS卫星信号从卫星传播到接收机所用的时间。

由于卫星时钟与接收机时钟相对于GPS标准时均存在有误差,设卫星时钟的钟差为δ_{st},接收机时钟的钟差为δ_{pt},则由于卫星时钟与接收机时钟的钟差所引起的测时误差为$\delta_{pt} - \delta_{st}$,所引起的测距误差为$c\delta_{pt} - c\delta_{st}$。若再考虑到卫星信号传播经大气电离层和大气对流层的延迟,则站星之间真正的几何距离D与所测伪距D'有以下关系:

$$D = D' + \delta D_1 + \delta D_2 + c\delta_{pt} - c\delta_{st} \tag{7-5}$$

式(7-5)即为伪距测量的基本观测方程,式中,δD_1、δD_2分别为电离层和对流层的延迟改正项。

在式(7-5)的各改正项中,δD_1和δD_2可以按照一定的模型进行计算修正。而GPS卫星上配有高精度的原子钟,卫星钟差较小,且信号发射瞬间的卫星钟差改正数δ_{st}可由导航电文中给出的有关时间信息求得。但用户接收机中仅配备一般的石英钟,在接收信号的瞬间,接收机的钟差改正数不能预先精确求得。因此,在伪距法定位中,把接收机钟差改正数δ_{pt}也当做未知数,与测站点坐标在数据处理时一并求解。由于几何距离D与卫星坐标(X_j, Y_j, Z_j)和接收机坐标(X,Y,Z)之间有如下关系:

$$D = \sqrt{(X_j - X)^2 + (Y_j - Y)^2 + (Z_j - Z)^2} \tag{7-6}$$

将式(7-5)代入式(7-6)得

$$\sqrt{(X_j - X)^2 + (Y_j - Y)^2 + (Z_j - Z)^2} - c\delta_{\text{pt}} = D'_j + \delta D_{1j} + \delta D_{2j} - c\delta t_{\text{sj}} \qquad (7\text{-}7)$$

式中,j 为卫星数,$j = 1,2,\cdots$。可以看出,实际定位时,为确定四个未知数 X、Y、Z、δ_{pt},接收机必须同时至少测定 4 颗卫星的距离。

7.3.3 载波相位测量

利用测距码进行伪距测量是全球定位系统的基本测距方法。但由于测距码的码元长度(即波长)较大,C/A 码码长 293m,P 码码长 29.3m。一般,观测精度取测距码波长的百分之一,则伪距测量对 C/A 码而言量测精度为 3m 左右,对 P 码而言量测精度为 30cm,这样的测距精度对于一些高精度应用来讲还显得过低,无法满足需要。而在 GPS 卫星所发射的信号中,载波也可用于测距,由于载波的波长短,$\lambda_1 = 19\text{cm}$,$\lambda_2 = 24\text{cm}$,故载波相位测量精度可达 1～2mm,甚至更高。但由于载波信号是一种周期性的正弦信号,而相位测量又只能测定其不足一个周期的小数部分,因而存在着整周期数不确定性问题,使载波相位解算过程比较复杂。

载波相位测量是测定 GPS 载波信号在传播路程上的相位变化值,以确定信号传播的距离。由于在 GPS 信号中,已用相位调制的方法在载波上调制了测距码和导航电文,因此在载波相位测量之前,首先要进行解调,将调制在载波上的测距码和导航电文去掉,重新获取载波,这一工作称为重建载波。GPS 接收机将卫星重建载波与接收机内由振荡器产生的本振参考信号通过相位计比相,即可得到相位差。

如图 7.8 所示,设卫星在 t_0 时刻发射的载波信号相位为 $\varphi(S)$;此时若接收机产生一个频率和初相位与卫星载波信号完全一致的基准信号,在 t_0 时刻的相位为 $\varphi(R)$,则在 t_0 时刻

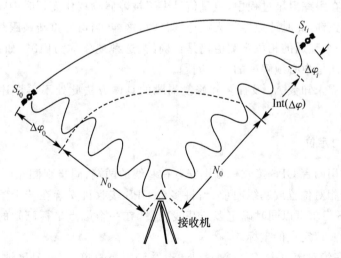

图 7.8　载波相位测量

接收机至卫星的距离为

$$D = \frac{\lambda(\varphi(R) - \varphi(S))}{2\pi} = \lambda \frac{N_0 + \Delta\varphi}{2\pi} \qquad (7\text{-}8)$$

式中，λ 为载波波长；N_0 为整周数；$\Delta\varphi$ 为不足一周的相位。

在载波相位测量中，接收机只能测定不足一周的相位 $\Delta\varphi$，而载波的整周数 N_0 无法测定，故 N_0 又称为整周模糊度。设接收机在 t_0 时刻锁定卫星后，对卫星进行连续的跟踪观测，此时利用接收机内含的整波计数器可记录从 t_0 到 t_i 时间内的整周数变化量 $\text{Int}(\varphi)$，期间只要卫星信号不失锁，则初始时刻整周模糊度 N_0 就为一常数，这样，在 t_i 时刻卫星到接收机的相位差可用如下方法得到：

设 $\varphi'(t_i) = \text{Int}(\varphi) + \Delta\varphi(t_i)$，则式(7-9)可写为

$$\varphi(t_i) = N_0 + \text{Int}(\varphi) + \Delta\varphi(t_i) \tag{7-9}$$

或

$$\varphi(t_i) = N_0 + \varphi'(t_i) \tag{7-10}$$

$$\varphi'(t_i) = \varphi(t_i) - N_0 \tag{7-11}$$

式中，$\varphi'(t_i)$ 是载波相位测量的实际观测量，其关系如图 7.8 所示。

与伪距测量相同，在考虑了卫星钟差改正、接收机钟差改正、电离层延迟改正和对流层折射改正后，可得到载波相位测量的观测方程为

$$\varphi'(t_i) = (D - \delta D_1 - \delta D_2)f/c - f\delta_{pt} + f\delta_{st} - N_0 \tag{7-12}$$

将式(7-12)两边同乘上载波波长 $\lambda = c/f$，并简单移项后，有

$$D = D' + \delta D_1 + \delta D_2 + c\delta_{pt} - c\delta_{st} + \lambda N_0 \tag{7-13}$$

比较式(7-13)与式(7-5)可以发现，在载波相位测量观测方程中，除增加了一项整周未知数 N_0 外，在形式上与伪距测量的观测方程完全相同。

整周未知数 N_0 的确定是载波相位测量中特有的问题。对于 GPS 载波频率而言，一个整周数的误差，将会引起 $19 \sim 24$ cm 的距离误差，因此，要利用载波相位观测量进行精密定位，如何准确地确定整周未知数是一个关键的问题。

如果接收机在跟踪卫星过程中，卫星信号由于被障碍物挡住而暂时中断，或由于受无线电信号干扰造成失锁，此时计数器将无法连续计数，这样，当信号重新被跟踪后，整周计数就不正确，但不足一个整周的相位观测值仍是正确的。这种现象称为周跳。如何探测和修复周跳也是载波相位测量中必须解决的一个问题。

关于确定整周未知数 N_0 及探测和修复周跳的具体方法此处不再详述，请参阅其他有关书籍。

7.3.4 相对定位

相对定位是用两台 GPS 接收机分别安置在基线的两端，同步观测相同的 GPS 卫星，以确定基线端点的相对位置或基线向量。当将多台 GPS 接收机安置在若干条基线的端点，通过同步观测 GPS 卫星可以同时确定多条基线向量。在一个端点坐标已知的情况下，可以用基线向量推求另一待定点的坐标。

前已说明，在绝对定位中，GPS 测量结果会受到卫星轨道误差、卫星钟差、接收机钟差、电离层延迟误差和对流层折射误差的影响，但这些误差对观测量的影响具有一定的相关性，因此，若利用这些观测量的不同线性组合（求差）进行相对定位，可有效地消除或减弱相关误差的影响，提高定位的精度。相对定位是目前 GPS 测量中精度最高的一种定位方法，它广泛用于高精度测量工作中。

在载波相位测量中,当前普遍采用的观测量线性组合方法有单差法、双差法和三差法三种。

1. 单差法

如图7.9所示,单差是指不同测站T_1、T_2同步观测相同卫星(如S^j)所得的观测量之差,即在两台接收机之间求一次差,它是观测量的最基本线性组合形式,其表达形式为

$$\Delta\varphi_{12}^j(t) = \varphi_2^j(t) - \varphi_1^j(t) \tag{7-14}$$

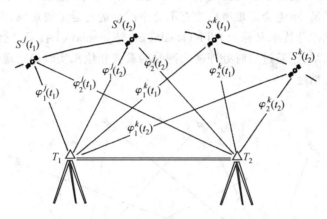

图7.9 相对定位

数据处理时,将单差$\Delta\varphi_{12}^j$当做虚拟观测值。由于两台接收机在同一时刻接收同一颗卫星的信号,故卫星钟差δ_{st}相同,所以单差法可消除卫星钟误差的影响。当T_1、T_2两测站距离较近时,两测站电离层和对流层延迟的相关性较强,在单差法中,这些误差的影响也得到显著的削弱。所以单差法可有效地提高相对定位的精度。

2. 双差法

双差就是在不同测站上同步观测一组卫星所得到的单差之差,即在接收机和卫星间求二次差。

图7.8中,设t_1时刻测站T_1和T_2两台接收机同时观测卫星S^j和S^k;对于卫星S^k同样可得形同式(7-14)的单差观测方程式,两式相减便得双差方程为

$$\Delta\varphi_{12}^{jk}(t) = \Delta\varphi_{12}^k(t) - \Delta\varphi_{12}^j(t) \tag{7-15}$$

双差$\Delta\varphi_{12}^{jk}(t)$仍可当做虚拟观测值。在单差模型中,仍包含有接收机时钟误差,求二次差后,接收机时钟误差的影响将可消除,这是双差模型的主要优点。同时经双差处理后,还可大大减小各种系统误差的影响。当前相位测量相对定位软件大多采用双差模型。

3. 三差法

三差是于不同历元(t_1和t_2)同步观测同一组卫星所得观测量的双差之差,即在接收机、卫星和历元间求三次差,其表达式为

$$\Delta\varphi_{12}^{jk}(t_1, t_2) = \Delta\varphi_{12}^{jk}(t_2) - \Delta\varphi_{12}^{jk}(t_1) \tag{7-16}$$

三差观测值消除了在前两种方法中仍存在的整周模糊度N_0,这是三差法的主要优点。但由于三差模型中将观测方程经过三次求差,这将使未知参数的数目减少,独立的观测方程的数目也将明显减少,这对未知数的解算将会产生不良的影响。由于这个原因,三差法的结

果仅用作前两种方法的近似值,在实际定位工作中,以采用双差法结果更为适宜。

7.3.5 载波相位实时差分技术

尽管目前测地型 GPS 接收机利用载波进行静态相对定位已可达到很高的精度,但为了可靠地求解出整周模糊度,在进行载波静态相对定位时,要求 GPS 接收机静止观测 1～2h 甚至更长的时间,同时,由于各台 GPS 接收机之间的观测数据无法实时传输,观测数据需事后才能进行处理,这样就无法实时提交成果,由此影响了它在某些方面的应用。而且由于无法实时评定成果质量,难免会出现事后检查不合格需要进行返工的现象。

载波相位实时差分技术又称为 RTK(Real Time Kinematic) 技术,它将 GPS 测量技术与数据传输技术相结合,通过实时处理两个测站的载波相位来实时确定观测点的三维坐标,并能达到厘米级的精度。

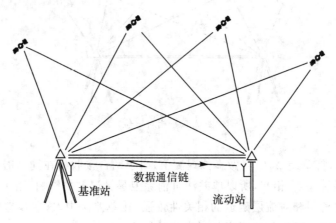

图 7.10 实时差分技术

载波相位实时差分定位系统由基准站、流动站和数据通信链(简称数据链)三部分组成(见图 7.10)。基准站精确坐标应已知,在基准站上安置一台 GPS 接收机,对所有可见的 GPS 卫星进行连续观测,并将采集到的载波相位通过无线电传输设备,实时发送给流动站。在流动站,GPS 接收机在接收 GPS 卫星信号的同时,通过无线电接收设备,接收基准站所传输来的观测数据,然后在流动站处将所观测的载波相位和由基准站所传输来的载波相位,组成相位差分观测值进行实时处理,即可确定流动站的三维坐标及其精度。

由于采用 RTK 技术可实现实时定位,且定位速度快(观测时基准站处的 GPS 接收机静止不动,而流动站 GPS 接收机在某一起始点上静止观测数分钟,完成初始化工作后,即可依次到各个待定点处进行观测,每点的观测时间只需几个历元),并能达到厘米级的定位精度,因此它有着十分广阔的应用前景,如可用于快速建立高精度的工程控制网、海上精密定位、地籍测绘和地形测图等,甚至还可用于施工放样(如线路中线放样等)。

在 RTK 技术中,数据链的可靠性和抗干扰性是一个关键问题。为保证流动站能可靠地接收到基准站所传输来的观测数据,要求基准站要建立在测区内地势较高、视野开阔处,流动站距基准站的距离最远不超过 30km。

习 题

1. 在 GPS 卫星信号中,测距码是指_____。
   A. 载波和数据码　　　　　　　B. P 码和数据码
   C. P 码和 C/A 码　　　　　　　D. C/A 码和数据码
2. GPS 测量所采用的坐标系是_____。
   A. WGS-84 大地坐标系　　　　B. 1980 国家大地坐标系
   C. 高斯坐标系　　　　　　　　D. 独立坐标系
3. 实际采用 GPS 进行三维定位,至少需要同时接收_____颗卫星的信号。
   A. 2　　　　　　B. 3　　　　　　C. 4　　　　　　D. 5
4. 在载波相位测量相对定位中,当前普遍采用的观测量线性组合方法有_____。
   A. 单差法和三差法两种　　　　　B. 单差法、双差法和三差法三种
   C. 双差法、三差法和四差法三种　　D. 双差法和三差法两种
5. GPS 全球定位系统由哪几个部分组成?各部分的作用是什么?
6. 与常规测量相比较,GPS 测量有哪些优点?
7. 数据码(导航电文)包含哪些信息?
8. 绝对定位和相对定位有何区别?为什么相对定位的精度比绝对定位的精度高?
9. 什么是伪距?简述用伪距法绝对定位的原理。
10. 要将伪距 D' 转换为真正的几何距离 D,应考虑哪几项改正?
11. 什么是整周未知数 N_0?什么是周跳?
12. 载波相位实时差分(RTK)定位系统由哪几部分组成?

第8章 测量误差与平均值

☞ **学习目标**:明确测量误差与精度的概念,理解几种函数误差传播率及其应用,掌握测量平均值的方法。

8.1 测量误差与精度

8.1.1 测量误差的概念

1. 观测必有误差

在实验观测现象中可以证明,观测必有误差:

(1) 对某个观测量(即对可实施观测且具有一定实际量值的观测对象)进行多次观测,各次观测值(从观测对象得到的测量参数)之间存在差异。

(2) 观测值与某种理论值(观测量的实际量值,或称已知真值、可知真值)不相符。

理论与实践证明,观测误差不可避免。

2. 误差来源

仪器、操作和外界环境是引起误差的主要来源,这是在角度测量等基本知识中得到的基本结论。

3. 观测条件

仪器、操作和外界环境是误差三来源。误差三来源客观存在,决定着观测结果质量的优劣,故把误差三来源称为观测条件。例如,仪器性能优良、工作人员操作熟练责任心强、外界环境稳定,这是较好的观测条件;仪器性能不好、工作人员操作生疏、外界环境不稳定,这是较差的观测条件。

4. 观测条件与误差

观测条件与观测误差的关系密切。一般地,观测条件好,则观测误差小;反之则观测误差大。可以认为,企图在观测中获得误差比较小的观测值,必须有比较好的观测条件。

8.1.2 误差的类型

1. 系统误差

在相同观测条件下进行多次观测,其结果的误差在大小和符号方面表现为常数或者表现为某种函数关系,这种误差就称为系统误差。例如,用一把长度一定的钢尺丈量某段已知边长,丈量值与已知长度的差值 Δl 是常数;同时也发现差值与钢尺膨胀系数 α 构成一定函数关系 $\alpha(t-t_0)l_i$,这是系统误差的表现。

系统误差实际数值的符号有正有负,一旦确定便不会改变,具有单向性;或者符合某种函数关系,具有同一性。误差的单向性和同一性使系统误差具有累积的后果。因此,系统误差的存在影响观测成果的准确度,使观测值与真值存在偏差。

防止系统误差影响的方法有:首先严格检验仪器工具,查明系统误差的情况,选用合格的仪器工具;其次,根据检验得到的系统误差大小和函数关系,在观测值中进行改正,消除系统误差的影响;再次,在观测中采取正确措施,削弱或抵偿系统误差影响,如应用正确观测方法、采用可行的预防措施等。

2.偶然误差

在相同观测条件下进行多次观测,出现的误差在大小、符号方面没有任何规律性。但是,在误差量大的误差群中,则可以发现误差群具有一定的统计规律性,这种误差就是偶然误差。

3.粗差

超出正常观测条件所出现的且数值超出某种规定范围的误差,称为粗差。如观测中出现错误、过失或超限的数值,不称为误差,习惯上称为粗差。

8.1.3 偶然误差的特性

1.表达式

$$\Delta = l - X \tag{8-1}$$

式中,X 是某一观测量的真值;l 是对某一观测量进行观测所得到的观测值。Δ 是排除了系统误差,又不存在错差的偶然误差,故把 Δ 称为真误差。

2.观测实例

在大地上设固定点,点与点之间构成了 358 个三角形,用精良的角度仪器测量全部三角形的内角和,即 $l_i = \alpha_i + \beta_i + \gamma_i$。仿式(8-1)得计算全部的内角和真误差 Δ_i,即

$$\Delta_i = (\alpha_i + \beta_i + \gamma_i) - 180° \tag{8-2}$$

式中,$180°$ 是三角形内角和理论真值;$i = 1,2,\cdots,358$;α_i、β_i、γ_i 是第 i 个三角形三内角观测值。

根据式(8-2)计算 Δ_i 进行统计分析,并多以列表数据或直方图的形式统计分析,将计算结果列于表 8-1 中。表中误差 Δ 的区间是用于统计误差 Δ_i 的所在大小范围。如误差 Δ 的区间为 $0.0 - 0.2''$,说明在此范围内统计的正误差 Δ_i 有 46 个,负误差 Δ_i 有 45 个。其他的区间误差数统计,依此类推,并列于表中。

直方图是根据列表数据展示绘图的统计分析方法。如图 8.1 所示,横轴 Δ 表示误差区间和大小,纵轴 n 表示误差数量。如横轴 $0.0 \sim 0.2''$ 的 Δ 区间,以纵轴高度表示误差数 n,则 $n = 46$,绘一长方形(带斜线),便是误差数的直方图。其他区间误差数统计,依此类推,绘直方图,最后形成总图。

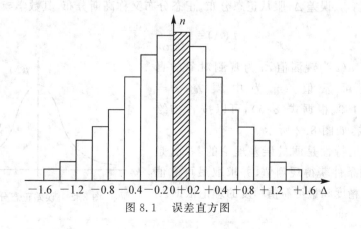

图 8.1 误差直方图

表 8-1　　　　　　　　　　　　　真误差 Δ 统计表

误差 Δ 的区间(″)	正误差数 n(个)	负误差数 n(个)	误差总数（个）	备 注
0.0～0.2	46	45	91	误差范围以秒为单位
0.2～0.4	40	41	81	
0.4～0.6	33	33	66	
0.6～0.8	23	21	44	
0.8～1.0	16	17	33	
1.0～1.2	13	13	26	
1.2～1.4	6	5	11	
1.4～1.6	4	2	6	
1.6 以上	0	0	0	
N	181	177	358	

3. 偶然误差的特性

表 8.1 和图 8.1 是以实践得到的统计,可见偶然误差特性有:

(1) 在一定条件下,误差不会超出一定的范围。这一特性称为误差的有界性。表中 Δ 大于 1.6″ 的误差不存在,说明在这种条件下误差以 1.6″ 为界。

(2) 在出现的误差群中,绝对值相同的正误差和负误差出现的机会相同。这一特性称为误差的对称性。从表 8.1 中可见,在一定的误差范围内,正误差和负误差出现的次数大致相等。图 8.1 直方图的总图也反映了以纵轴为中轴的对称的特性。

(3) 在出现的误差群中,绝对值小误差出现的机会比大误差出现的机会多。这一特性称为误差的趋向性。这种机会多寡的特性又如瞄准打靶一样,多数命中靶心,少数偏离靶心,故又称趋向性为聚中性。从表 8.1 中可见,小于 0.4″ 的误差出现的机会比较多,而大于 1.0″ 的误差出现的机会比较少。

(4) 当观测数量 n 趋近于无穷大时,整个误差群的误差和平均值为零,即

$$\lim_{n \to \infty} \frac{[\Delta]}{n} = 0 \tag{8-3}$$

式中,
$$[\Delta] = \Delta_1 + \Delta_2 + \cdots + \Delta_n \tag{8-4}$$

称为真误差的和。根据上述第(2)特性,表明式(8-3)的偶然误差 Δ 具有抵偿性。

(5) 观测值 l_i、误差 Δ_i 服从正态分布。正态分布又称高斯分布,其数学模式是

$$f(\Delta) = \frac{1}{\sqrt{2\pi}m} e^{-\frac{(l-a)^2}{2m^2}} \tag{8-5}$$

式中,$\Delta = l - a$(l 为观测值,a 为观测对象的真值,或称最可靠值);m 为中误差;$e = 2.718281828459$。根据式(8-5),可以按 Δ 描绘正态分布曲线,如图 8.2 所示。

偶然误差的特性是测量误差理论的基础,是以有效的观测条件获得观测值,并求取最可靠值和评定观测值精度和最可靠值精度的理论依据。

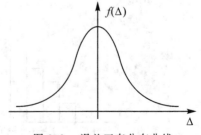

图 8.2　误差正态分布曲线

8.1.4 精度的概念

观测必有误差,故往往对某一观测量不能以一次观测值定论(特别是有一定要求的观测量)。例如,对一条边进行的一次丈量是边长丈量的必要观测,但一次观测正确与否难以断定,因此必须有多次观测,即在必要观测基础上的多余观测。由于对一个观测量的多次观测以及观测值的差异,便存在如何求观测量的最后结果及评价观测误差大小的问题。

评价观测误差大小,即所谓的评定精度问题。从统计学理论中可知,精度指的是一组观测值误差分布的密集或离散的程度。从表 8-1 中的统计可见,如果误差群中小误差占的比例较大,则反映误差分布比较密集,表明观测精度比较高;如果误差群中大误差占的比例较大,则反映误差分布比较离散,表明观测精度比较低。由此可见,精度是一组观测成果质量的标志。

前有述及,观测条件与观测误差有密切的关系。显然,一组观测值误差分布的疏密程度由观测条件所决定,或者说观测精度依赖于观测条件的好坏。大量的测量事实表明,观测条件好,则观测精度高;观测条件差,则观测精度低;观测条件相同,则观测精度相同;观测条件不同,则观测精度不同。由此定义:精度相同的观测称为等精度观测;精度不同的观测称为非等精度观测。

8.1.5 精度的指标

实际工作中,表示误差分布密集或离散的精度是以确定的数字指标衡量,主要指标有:

1. 中误差

设观测量真值为 X,对其进行 n 次观测得一组观测值 $l_1, l_2, \cdots, l_n$,按式(8-1),可得一组相应的真误差 $\Delta_1, \Delta_2, \cdots, \Delta_n$,定义观测值中误差平方为

$$m^2 = \lim_{n \to \infty} \frac{[\Delta \Delta]}{n} \tag{8-6}$$

或定义中误差为

$$m = \lim_{n \to \infty} \sqrt{\frac{[\Delta \Delta]}{n}} \tag{8-7}$$

式中,n 为无穷大;$[\Delta \Delta]$ 称为真误差平方和,即

$$[\Delta \Delta] = \Delta_1^2 + \Delta_2^2 + \cdots + \Delta_n^2 \tag{8-8}$$

统计学中用 σ^2 代表 m^2,称 σ、m 为中误差。在实际工作中,n 是有限的,故式(8-6)为

$$m = \pm \sqrt{\frac{[\Delta \Delta]}{n}} \tag{8-9}$$

2. 极限误差

根据偶然误差第一特性,观测误差超出一定的范围,说明观测结果不正常。如何判别不正常情况,一般采取极限误差的设定方法。观测过程中的误差最大限值称为极限误差。极限误差也称为容许误差,或称为允许误差,或称为最大误差,用 $m_容$ 表示。在我们所学过的内容中提到的 $\Delta h_容$、$\Delta \alpha_容$ 都是 $m_容$ 的表示形式。$m_容$ 的取值依据为二倍中误差或三倍中误差,即 $m_容 = 2m$ 或 $m_容 = 3m$。

大量统计证明,在 Δ 误差群中,超出 $2m$ 的 Δ 只占 5%;超出 $3m$ 的 Δ 仅只占 0.3%。大量

的真误差 Δ 在二倍(或三倍)中误差之内。事实说明,在一般情况下的有限次观测中,超出二倍中误差(或超出三倍中误差)的观测值的可能性很小,几乎可以说是不可能的。那么如果正常条件下有限次观测中有超出 $2m$ 的观测值,则可认为是含有粗差的不正常观测值。为了防止这种不正常观测值的影响,取 $m_{容} = 2m$(或 $m_{容} = 3m$)作为一种限值,对超出 $m_{容}$ 的观测值采取摒弃的措施,由此可见,$m_{容}$ 起到发现和限制错差,保证观测质量的作用。

3. 相对误差

相对误差用于表示线量(边长)的精度指标,用 k 表示。例如,丈量边 D,中误差 m_D,则

$$k = \frac{m_D}{D} \tag{8-10}$$

通常,k 必须化为以 1 为分子的相对量表示,则上式为

$$k = \frac{1}{\frac{D}{m_D}} = 1 : \frac{D}{m_D} \tag{8-11}$$

式(8-10)、式(8-11) 中的 k 称为相对中误差。根据上式,中误差相同,所测的距离不同,则相对中误差不同。例如,$m_1 = m_2 = 6\text{cm}, D_1 = 500\text{m}, D_2 = 100\text{m}$,则 $k_1 = 1 : 8300, k_2 = 1 : 1600$。

如果把 m_D 换为测量的较差 ΔD,则这时的 k 称为相对较差,故

$$k = \frac{\Delta D}{D} \tag{8-12}$$

即

$$k = \frac{1}{D/\Delta D} = 1 : \frac{D}{\Delta D} \tag{8-13}$$

式中,D 是测量边长的平均值。

8.2 误差传播律

8.2.1 概念

找出某种研究对象的观测误差与函数误差的关系式所确定的规律,称为该研究对象的误差传播律。图 8.3 所示的是边的测量问题,丈量 AB、BC 的长度各为 S_{AB}、S_{BC},丈量中误差分别为 m_{AB}、m_{BC}。习惯上表示为,$AB : S_{AB} \pm m_{AB}$;$BC : S_{BC} \pm m_{BC}$。已知

$$S_{AC} = S_{AB} + S_{BC} \tag{8-14}$$

问:AC 的中误差 m_{AC} 为多少?

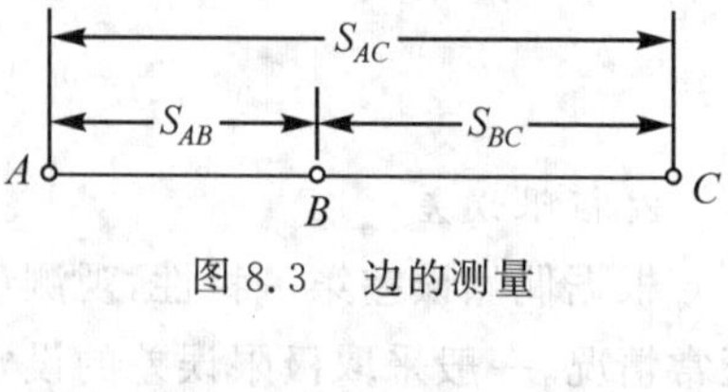

式(8-14)表明 AC 边的长度通过丈量 AB 边和 BC 边间接得到,S_{AC} 是 S_{AB}、S_{BC} 的函数。那么丈量误差 m_{AB}、m_{BC} 对函数的误差 m_{AC} 产生什么影响呢?要弄清这个问题,就必须研究 m_{AC} 与 m_{AB}、m_{BC} 的关系,找出丈量误差 m_{AB}、m_{BC} 与函数误差 m_{AC} 的关系式,这个关系式称为该研究对象的误差传播律。

图 8.3 边的测量

8.2.2 研究方法

研究对象不同,表示误差传播律的关系式不同,但是研究方法基本相同。

步骤一,列出函数与观测值的数学关系表达式,即

$$Z = f(x_1, x_2, \cdots, x_n) \tag{8-15}$$

式中,x_i 是观测值;Z 是 x_i 的函数。

步骤二,写出函数真误差与观测值真误差的关系式。

用全微分的形式展开函数式,即

$$dZ = \frac{\partial f}{\partial x_1} dx_1 + \frac{\partial f}{\partial x_2} dx_2 + \cdots + \frac{\partial f}{\partial x_n} dx_n \tag{8-16}$$

用真误差 Δx(有限量)代替式中的微分量 dx,即

$$\Delta Z = \frac{\partial f}{\partial x_1} \Delta x_1 + \frac{\partial f}{\partial x_2} \Delta x_2 + \cdots + \frac{\partial f}{\partial x_n} \Delta x_n \tag{8-17}$$

在测量实践上,真误差是微小量,故上述的代替关系符合数学上的严密性。

步骤三,用中误差表示的形式将上式转化为误差传播定律,即

$$m_z^2 = \left(\frac{\partial f}{\partial x_1}\right)^2 m_{x_1}^2 + \left(\frac{\partial f}{\partial x_2}\right)^2 m_{x_2}^2 + \cdots + \left(\frac{\partial f}{\partial x_n}\right)^2 m_{x_n}^2 \tag{8-18}$$

式(8-17)转化为式(8-18)的规则为:① 将式(8-17)右边的系数 $\frac{\partial f}{\partial x}$ 分别平方;② 式(8-17)的 Δ 按相应的中误差平方。

经上述三步骤得到的式(8-18)是观测值中误差影响函数中误差的误差传播律通式。

8.2.3 几种函数形式的误差传播律

1. 和差函数

函数表达式为

$$z = x \pm y \tag{8-19}$$

式中,"±"表示 x 与 y 的关系可能是"和"或者可能是"差"的关系。

根据研究误差传播律的方法得

$$m_z^2 = m_x^2 + m_y^2 \tag{8-20}$$

例 1 如图 8.3 所示,令 $z = S_{AC}, x = S_{AB}, y = S_{BC}$。依题目可知

$$z = x + y \tag{8-21}$$

根据研究误差传播律的方法,全微分得

$$dz = dx + dy$$

用真误差 Δ 代替式中的微分量得

$$\Delta z = \Delta x + \Delta y \tag{8-22}$$

下面证明和差函数误差传播律。根据 n 次观测得到真误差 Δ,按中误差的定义,式(8-22)右边对 n 项 Δz 取平方和,即

$$[\Delta z \Delta z] = [(\Delta x + \Delta y) \times (\Delta x + \Delta y)] \tag{8-23}$$

按二项式展开得

$$[\Delta z \Delta z] = [\Delta x \Delta x] + 2[\Delta x \Delta y] + [\Delta y \Delta y] \tag{8-24}$$

上式两边除以 n 得

$$\frac{[\Delta z \Delta z]}{n} = \frac{[\Delta x \Delta x]}{n} + \frac{2[\Delta x \Delta y]}{n} + \frac{[\Delta y \Delta y]}{n} \tag{8-25}$$

根据偶然误差第二特性，Δx、Δy 具有对称性，则互乘项 $\Delta x \Delta y$ 也具有对称性，故 $[\Delta x \Delta y]/n$ 符合偶然误差第四特性，即具有抵偿性，所以 $[\Delta x \Delta y]/n = 0$。那么式(8-25)为

$$\frac{[\Delta z \Delta z]}{n} = \frac{[\Delta x \Delta x]}{n} + \frac{[\Delta y \Delta y]}{n} \tag{8-26}$$

根据中误差定义，$m_z = [\Delta z \Delta z]/n$，$m_x = [\Delta x \Delta x]/n$，$m_y = [\Delta y \Delta y]/n$，则式(8-20)成立。证毕。

根据图 8.3，取 $m_x = m_{AB}$，$m_y = m_{BC}$，则 $m_{AC} = \pm\sqrt{m_{AB}^2 + m_{BC}^2}$。

若 $z = x - y$，根据上述的研究方法，仍是式(8-25)。因 $[\Delta x \Delta y]/n$ 符合偶然误差第四特性，即 $[\Delta x \Delta y]/n = 0$，所以按上式同样可推证得式(8-20)。

推论 1：如果 $m_x = m_y = m$，则式(8-20)为

$$m_Z = \pm\sqrt{2}m \tag{8-27}$$

2.倍乘函数

函数表达式为

$$z = kx \tag{8-28}$$

根据研究误差传播律的方法可得中误差的关系式

$$m_z^2 = k^2 m_x^2 \tag{8-29}$$

例 2　视距测量中熟悉的计算公式，即

$$S = 100 \times l \tag{8-30}$$

表明视距 S 是上下丝读数差 l 的函数，l 的中误差为 m_l，根据研究误差传播律的方法可得

$$m_s = 100 m_l \tag{8-31}$$

3.线性函数

函数表达式为

$$Z = k_1 x_1 + k_2 x_2 + \cdots + k_n x_n \tag{8-32}$$

根据研究误差传播律的方法可得中误差的关系式

$$m_z^2 = k_1^2 m_{x_1}^2 + k_2^2 m_{x_2}^2 + \cdots + k_n^2 m_{x_n}^2 \tag{8-33}$$

推论 2：如果 $m_{x_1} = m_{x_2} = \cdots = m_{x_n} = m$，$k_1 = k_2 = \cdots = k_n = 1$，则

$$m_Z = \pm\sqrt{n}m \tag{8-34}$$

4.非线性函数

这里用例子说明有关的误差传播律。

例 3　矩形面积 $S = a \times b$，设矩形长边：$a \pm m_a$；短边：$b \pm m_b$。求矩形面积 S 中误差 m_s。

根据研究误差传播律的方法：

① 对函数全微分，把非线性函数转化为线性函数的形式，即 $ds = b \times da + a \times db$；

② 用真误差代表微分量，即 $\Delta s = b \times \Delta a + a \times \Delta b$；

③ 中误差的表示式为

$$m_s^2 = b^2 \times m_a^2 + a^2 \times m_b^2$$

即边长误差对面积误差的传播律为

$$m_s = \pm\sqrt{b^2 m_a^2 + a^2 m_b^2} \tag{8-35}$$

例4 如图 8.4 所示，为了获得河岸的长度 s，在 $\triangle ABC$ 中测量 D，中误差 m_d，测量角 α、β，中误差 m_α、m_β。

根据图 8.4，按正弦定理，s 可为

$$s = D\frac{\sin\alpha}{\sin\beta} \tag{8-36}$$

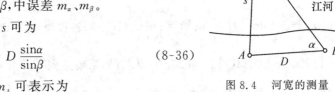

图 8.4 河宽的测量

按误差传播律，s 的误差 m_s 可表示为

$$m_s^2 = s^2\frac{m_d^2}{D^2} + s^2\cot^2\alpha\frac{m_\alpha^2}{\rho^2} + s^2\cot^2\beta\frac{m_\beta^2}{\rho^2} \tag{8-37}$$

8.2.4 误差传播律的应用意义

误差传播律的应用意义在于找出某种研究对象的观测误差与函数误差的误差传播律，为工程建设服务。上述若干例子都是工程上应用事例，其他情况也可以按相应的方法研究得到。

① 计算函数中误差，评定测量结果的精度，为工程建设提供测量成果质量水平的参数。

在上述例 4 中，如果为获得河岸的长度 s，在 $\triangle ABC$ 中测量 $D = 450\text{m}$，中误差 $m_d = \pm 15\text{mm}$，测量角 $\alpha = 55°$、$\beta = 40°$，中误差 $m_\alpha = \pm 5''$、$m_\beta = \pm 4''$。按式(8-37)可求得 m_s。其中，s 按式(8-36)求得，$s = 573.468\text{m}$。

m_s 按式(8-37)求得，$m_s = \pm 25.2\text{mm}$。$\dfrac{m_d}{D} = 1:30000$，$\dfrac{m_s}{s} = 1:26000$。说明 s 的精度较 D 的精度有所下降。

② 估计观测误差影响程度，为测量及工程设计提供误差预测参数，保证设计工作正确性。

例5 如图 8.5 所示，为了进行运动场内跑道（长 $s = 400\text{m}$）$ABCC'B'A'$ 定位，用钢尺（$l_0 = 30\text{m}$，测量中误差 m_l）测量，d、d' 约长 90m。问：内跑道内侧测量定位中误差 m_s 与钢尺测量中误差 m_l 的关系是什么？若 $m_l = \pm 10\text{mm}$，引起的 m_s 是否符合 $1:40000$ 的要求？

分析：

a. 内跑道内侧 $ABCC'B'A'$ 的长度 s 的计算公式为

$$s = 2\pi R + d + d' = \pi R_0 + \pi R_{0'} + l_1 + l_2 + l_3 + l'_1 + l'_2 + l'_3$$

测量上，以圆心多次按半径定圆弧位置，故设 $R_o = \dfrac{R_1 + R_2 + R_3}{3}$，$R_o' = \dfrac{R'_1 + R'_2 + R'_3}{3}$，$s$ 的计算公式为

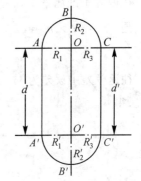

图 8.5 运动场内跑道

$$s = \pi\frac{R_1 + R_2 + R_3}{3} + \pi\frac{R'_1 + R'_2 + R'_3}{3} + l_1 + l_2 + l_3 + l'_1 + l'_2 + l'_3$$

b. 内跑道内侧测量定位中误差 m_s 与钢尺测量中误差 m_l 的关系：按误差传播率，可得 m_s 与半径误差 m_R 及钢尺测量中误差 m_l 的关系为

$$m_s^2 = \left(\frac{\pi}{3}\right)^2 6m_R^2 + 6m_l^2$$

分析表明，跑道内侧圆半径长度相当于一段钢尺长，可令 $m_R = m_l$，故上式经整理得

$$m_s = \pm 3.55 m_l \tag{8-38}$$

c. $m_l = \pm 10\text{mm}$ 对 m_s 的影响：根据式(8-38)，可得 $m_s = \pm 35.5\text{mm}$。此时，$\frac{m_s}{s} = \frac{35.5}{400000}$ $= 1:11200$。显然达不到 $1:40000$ 的要求。如果要达到 $\frac{m_s}{s} = 1:40000$ 的要求，则 $m_s = \frac{s}{40000}$ $= \pm 10.0\text{mm}$，此时按式(8-38)求得 $m_l = \pm 2.8\text{mm}$。由此可见，提高钢尺测量精度或采取更高精度的测量技术，才能实现运动场内跑道的可靠定位。

③ 结合极限误差的实际要求为有关测量限差提出理论根据。

例 6 四等水准测量往返测较差 $\Delta h_容 \leqslant \pm 20\sqrt{L}(\text{mm})$ 的来由，说明如下：

图 8.6 中一条水准路线 A 至 B 的观测高差 $\sum h$ 是

$$\sum h = h_1 + h_2 + \cdots + h_n \tag{8-39}$$

因各测站高差 $h_1, h_2, \cdots, h_n$ 是等精度观测，用 $m_站$ 表示各测站观测中误差，按式(8-34)得

$$m_{\sum h} = \pm \sqrt{n}\, m_站 \tag{8-40}$$

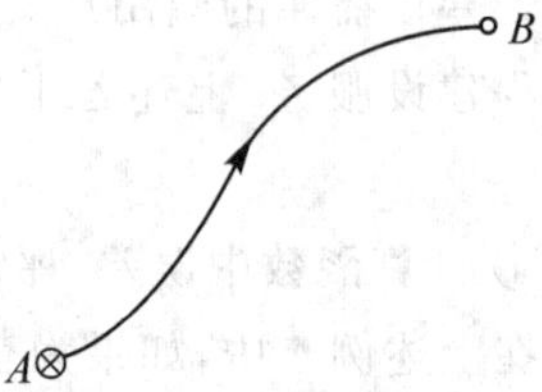

图 8.6 水准路线测量

式中，n 是测站数。设 $n = L/S$，L 是水准路线长，S 是一测站的长度。若 L、S 均以公里为单位，则 $n_0 = 1/S$ 是一公里的测站数，则一公里的观测高差中误差 $u_0 = \sqrt{n_0}\, m_站 = \sqrt{1/s}\, m_站$。显然，$L$ 公里的高差中误差为

$$m_{\sum h} = \pm \sqrt{\frac{L}{s}}\, m_站 = \pm \sqrt{\frac{1}{s}}\, m_站 \sqrt{L} = \pm u_0 \sqrt{L} \tag{8-41}$$

在四等水准测量中，u 是一公里往返测高差的中误差，并规定 $u = \pm 5\text{mm}$，则单程高差中误差是 $u_0 = \sqrt{2} \times u = \sqrt{2} \times 5(\text{mm})$，故上式为

$$m_{\sum h} = \pm u\sqrt{L} = \pm \sqrt{2} \times 5 \times \sqrt{L} \tag{8-42}$$

往返较差中误差为 $m_\Delta = \pm \sqrt{m_{\sum h_1}^2 + m_{\sum h_2}^2} = \pm \sqrt{2}\, m_{\sum h} = \pm 10\sqrt{L}$。所以，根据极限误差意义，得

$$\Delta h_容 = 2m_\Delta = \pm 20 \times \sqrt{L}(\text{mm}) \tag{8-43}$$

8.3 算术平均值

对某个观测量进行 n 次等精度观测，如何求该观测量最后结果及其精度？本节将讨论这个问题。

8.3.1 算术平均值的概念

对某个观测量进行 n 次等精度观测，其观测值之和的平均值，称为算术平均值，简称均

值。其中，这个量的真值为 X，观测值是 $l_1, l_2, \cdots, l_n$，算术平均值为

$$x = \frac{l_1 + l_2 + \cdots + l_n}{n} \tag{8-44}$$

即

$$x = \frac{[l]}{n} \tag{8-45}$$

算术平均值符合偶然误差特性，因为按式(8-1)，n 次等精度观测可得

$$[\Delta] = [l] - nX \tag{8-46}$$

式(8-46)两边除以 n，取极限，根据偶然误差第四特性，$\lim \frac{[\Delta]}{n} = 0$，则 $\lim \frac{[l]}{n} - X = 0$，故

$$X = \lim_{n \to \infty} \frac{[l]}{n} \tag{8-47}$$

由此可见，当观测数量 n 无限大时，算术平均值的极限是观测量的真值。但是，一般 n 有限，这时式(8-45)得到的是接近真值的算术平均值，称为最可靠值，或称为最或然值。

8.3.2 算术平均值的精度

1. 观测值中误差

在测量的实践中，真值往往无法知道，真误差 Δ 也无法得到，因此无法利用式(8-9)计算观测值中误差。这时，计算观测值中误差应按贝塞尔公式计算，即

$$m = \pm \sqrt{\frac{[vv]}{n-1}} \tag{8-48}$$

下面对式(8-48)做如下说明：

① v 称为最或然误差，或称为改正数，满足式

$$v_i = x - l_i \tag{8-49}$$

v 具有和为零的特性，即

$$[v] = 0 \tag{8-50}$$

因为按式(8-49)有

$$[v] = nx - [l] \tag{8-51}$$

把式(8-45)代入上式得式(8-50)的结果。式(8-50)可用于检验计算的正确与否，见表 8-3。

② $[vv]$ 称为最或然误差平方和，即

$$[vv] = v_1^2 + v_2^2 + \cdots + v_n^2$$

③ 贝塞尔公式的证明：已知

$$\Delta_i = l_i - X \tag{8-52}$$

由式(8-49)得

$$l_i = x - v_i \tag{8-53}$$

把式(8-53)代入式(8-52)得

$$\Delta_i = x - X - v_i \tag{8-54}$$

对式(8-54)的两边取平方和得

$$[\Delta\Delta] = n(x-X)^2 - 2[v](x-X) + [vv] \tag{8-55}$$

式(8-55)中$[v]=0$,故

$$[\Delta\Delta] = n(x-X)^2 + [vv] \tag{8-56}$$

这里先考虑$(x-X)$。从式(8-54)的两边取和得

$$[\Delta] = n(x-X) + [v] \tag{8-57}$$

因$[v]=0$,故上式

$$x - X = \frac{[\Delta]}{n} \tag{8-58}$$

对式(8-58)两边取平方,即

$$(x-X)^2 = \left(\frac{\Delta_1 + \Delta_2 + \cdots + \Delta_n}{n}\right)^2 = \frac{1}{n^2}(\Delta_1^2 + \Delta_2^2 + \cdots + \Delta_n^2) +$$

$$+ \frac{2}{n^2}\left\{\begin{array}{l}(\Delta_1\Delta_2 + \Delta_1\Delta_3 + \cdots + \Delta_1\Delta_n) + \\ + (\Delta_2\Delta_3 + \Delta_2\Delta_4 + \cdots + \Delta_1\Delta_n) + \\ + \cdots + \Delta_{n-1}\Delta_n\end{array}\right\} \tag{8-59}$$

上式大括号内互乘项$\Delta_i\Delta_j$与式(8-25)的$\Delta_x\Delta_y$同性质,故

$$(x-X)^2 = \frac{1}{n^2}(\Delta_1^2 + \Delta_2^2 + \cdots + \Delta_n^2) = \frac{[\Delta\Delta]}{n} \tag{8-60}$$

把式(8-60)代入式(8-56)得

$$[\Delta\Delta] = [vv] + \frac{[vv]}{n} \tag{8-61}$$

根据观测值中误差的定义,经整理,上式便为

$$m^2 = \frac{[vv]}{n-1} \tag{8-62}$$

即

$$m = \pm\sqrt{\frac{[vv]}{n-1}} \tag{8-63}$$

证毕。

2. 算术平均值中误差

算术平均值表达式(8-44)是线性函数,其中,$1/n$相当于常数k。设观测值l_i的中误差为m,则算术平均值中误差为

$$m_x^2 = \left(\frac{1}{n}\right)^2(m_1^2 + m_2^2 + \cdots + m_n^2)$$

$$= \left(\frac{1}{n}\right)^2(m^2 + m^2 + \cdots + m^2) = \frac{1}{n}m^2 \tag{8-64}$$

把式(8-48)代入式(8-64),则算术平均值中误差为

$$M_x = \pm\frac{m}{\sqrt{n}} = \pm\sqrt{\frac{[vv]}{n(n-1)}} \tag{8-65}$$

3. 算例

表8-2提供了6测回观测角度平均值计算实例,步骤为(1),(2),$\cdots$,(7)。

表 8-2　　　　　　　　　　6 测回观测角度平均值及精度评定

测回 n	角度观测值 ° ′ ″ (1)	$v=(X-l)$ ″ (3)	vv (4)	计算结果
1	75 32 13	2.5	6.25	(2) 算术平均值：
2	75 32 18	-2.5	6.25	$X=[l]/n=75°32'15.5''$
3	75 32 15	0.5	0.25	(5) 观测值中误差：
4	75 32 17	-1.5	2.25	$m=\pm 1.9''$
5	75 32 16	-0.5	0.25	(6) 算术平均值中误差：
6	75 32 14	1.5	2.25	$M_x=\pm 0.8''$
(2) $x=$ 75 32 15.5		$[v]=0$	$[vv]=17.5$	(7) 最后结果： $75°32'15.5''\pm 0.8''$

8.4 加权平均值

8.4.1 加权平均值原理

在实际测量工作中,常有非等精度观测成果,如表 8-3 中"(5)"栏,两组同一观测对象的非等精度观测成果为 L_1、L_2,因 $m_1 \neq m_2$,不能采用 $(L_1+L_2)/2$ 的方法求解,但可用下述二法求解：

1. 简单平均值的求法

$$X=\frac{\sum l' + \sum l''}{n_1+n_2}=\frac{l'_1+l'_2+l''_1+l''_2+l''_3}{5} \tag{8-66}$$

2. 加权平均值的求法

(1) 权的定义式

$$P_i=\frac{u^2}{m_i^2} \tag{8-67}$$

表 8-3　　　　　　　　　　精度不同的观测成果

组 (1)	观测数 (2)	观测值 (3)	观测中误差 (4)	观测成果 (5)	平均值中误差 (6)
1	$n_1=2$	l'_1、l'_2	m_0	$L_1=\frac{\sum l'}{n_1}=\frac{l'_1+l'_2}{2}$	$m_1^2=\frac{m_0^2}{n_1}=\frac{m_0^2}{2}$
2	$n_2=3$	l''_1、l''_2、l''_3	m_0	$L_2=\frac{\sum l''}{n_2}=\frac{l''_1+l''_2+l''_3}{3}$	$m_2^2=\frac{m_0^2}{n_2}=\frac{m_0^2}{3}$

根据表 8-3 中"(6)"栏 m_i 的计算式,则

$$P_i=\frac{u^2}{m_i^2}=\frac{u^2}{\left(\frac{1}{\sqrt{n_i}}m_0\right)^2}=n_i\frac{u^2}{m_0^2} \tag{8-68}$$

式中，P_i 是观测成果即新观测值 L_i 的权，u 是一个具有中误差性质的参数。

第一组观测值 L_1 的权是 P_1，将 n_1 代入式(8-68)，得 $P_1 = 2u^2/m_0^2$。同理，第二组观测值 L_2 的权 $P_2 = 3u^2/m_0^2$。

(2) 组成加权平均值求解公式

$$X = \frac{P_1 L_1 + P_2 L_2}{P_1 + P_2} \tag{8-69}$$

把表 8-3 中的 L_1、L_2 及 P_1、P_2 的表示式代入式(8-69)，可得与式(8-66)的相同结果。

(3) 加权平均值的原理通式

根据式(8-69)，设 n 个权为 P_i 的观测值 L_i，加权平均值的通式为

$$X = \frac{P_1 L_1 + P_2 L_2 + \cdots + P_n L_n}{P_1 + P_2 + \cdots + P_n} = \frac{[PL]}{[P]} \tag{8-70}$$

式中，

$$[PL] = P_1 L_1 + P_2 L_2 + \cdots + P_n L_n \tag{8-71}$$

$$[P] = P_1 + P_2 + \cdots + P_n \tag{8-72}$$

8.4.2 加权平均值中误差

式(8-70)可表示为

$$X = \frac{P_1}{[P]} L_1 + \frac{P_2}{[P]} L_2 + \cdots + \frac{P_n}{[P]} L_n \tag{8-73}$$

按线性函数误差传播律，得加权平均值中误差 M_X 的关系式为

$$M_X^2 = \left(\frac{P_1}{[P]}\right)^2 m_1^2 + \left(\frac{P_2}{[P]}\right)^2 m_2^2 + \cdots + \left(\frac{P_n}{[P]}\right)^2 m_n^2 \tag{8-74}$$

根据权的定义式(8-67)可知

$$m_i^2 = \frac{u^2}{P_i} \tag{8-75}$$

把式(8-75)代入式(8-74)，经整理得

$$M_x = \pm u \sqrt{\frac{1}{[P]}} \tag{8-76}$$

8.4.3 单位权中误差

1. 观测值权的相对关系

不论 u 取何值，观测值权之间的相对关系不变。根据权的定义式，u 一经确定，则 P_i 与 m_i^2 成反比，如表 8-4 中，m 小，精度高，则权 P 大，反映 $P_i L_i$ 的分量大；同时可见，如表 8-4 中 P_1、P_2 的相对关系 $P_1 : P_2 = 2 : 3$ 不变。

表 8-4　　　　　　　　观测值权的相对关系

观测值	中误差		权的相对确定值			m_i	精度	权 P_i	$P_i L_i$ 的分量
L_1	$m_1^2 = m_0^2/2$	P_1	1	2/3	2	大	低	小	小
L_2	$m_2^2 = m_0^2/3$	P_2	3/2	1	3	小	高	大	大
	u^2 的取值		m_1^2	m_2^2	m_0^2				

2. 单位权中误差

数值上等于 1 的权,称为单位权。相应于权为 1 的中误差称为单位权中误差。单位权中误差的获得:

① 可以根据选定的 m_i 确定。表 8-4 中,$u = m_1$,则 $P_1 = 1$,称 m_1 为单位权中误差;$u = m_2$,则 $P_2 = 1$,称 m_2 为单位权中误差。

② 可以根据需要虚拟。表 8-4 中,$u = m_0$,则 $P_1 = 2, P_2 = 3$,若 m_0 不存在,则没有具体的单位权和单位权观测值。

③ 根据真误差 Δ 或最或然误差 v 计算,其结果是 u,即单位权中误差。

真误差 Δ 计算单位权中误差 u:

设观测值 $L_1, L_2, \cdots, L_n$ 的权是 $P_1, P_2, \cdots, P_n$,真误差是 $\Delta_1, \Delta_2, \cdots, \Delta_n$。又设 $L_i' = \sqrt{p_i} L_i$ 为对 L_i 进行变换的观测值,根据误差传播律可知,相应的真误差为

$$\Delta_i' = \sqrt{P_i} \Delta_i \tag{8-77}$$

则中误差为

$$m_i'^2 = P_i m_i^2 \tag{8-78}$$

L_i' 的权为

$$P_i' = \frac{u^2}{m_i'^2} = \frac{u^2}{P_i m_i^2} = \frac{1}{P_i} \times \frac{u^2}{m_i^2} = \frac{1}{P_i} \times P_i = 1$$

故 L_i' 是一批权等于 1 的单位权观测值,是等精度观测值,Δ_i' 是单位权等于 1 的观测值真误差。因此,可以利用真误差计算中误差的定义式计算单位权中误差,即

$$u = \pm \sqrt{\frac{[\Delta' \Delta']}{n}} = \pm \sqrt{\frac{\Delta_1'^2 + \Delta_2'^2 + \cdots + \Delta_n'^2}{n}} \tag{8-79}$$

把式(8-77)代入式(8-79)得

$$u = \pm \sqrt{\frac{[P\Delta\Delta]}{n}} \tag{8-80}$$

为真误差计算单位权中误差公式。

以最或然误差 v 计算单位权中误差。仿式(8-80),按贝塞尔公式的要求可证计算公式为

$$u = \pm \sqrt{\frac{[Pvv]}{n-1}} \tag{8-81}$$

式中,

$$v_i = X - L_i \tag{8-82}$$

8.4.4 几种常用的定权方法

1. 同精度算术平均值的权

根据式(8-68),令 $\dfrac{u^2}{m_0^2} = c$(任意常数),则平均值 L_i 的权为

$$p_i = n \times c \tag{8-83}$$

结论:同精度算术平均值的权随观测次数 n 的增大而增大。

2. 水准测量的权

根据式(8-40),若取 c 个测站的高差中误差为单位权中误差,则 $u = \sqrt{c} m_{站}$。故一条水准路线观测高差 $\sum h$ 的权为

$$P_{\sum h} = \frac{u^2}{m^2_{\sum h}} = \frac{(\sqrt{c}\, m_{\text{站}})^2}{(\sqrt{n}\, m_{\text{站}})^2} = \frac{c}{n} \tag{8-84}$$

结论:在水准路线中,观测高差的权 P 与测站数 n 成反比。n 越大,误差越大,权越小。

平坦地区水准测量每测站的视距长度 s 大致相等,1km 的测站数为 $1/s$,故式(8-41)中, $\sqrt{\frac{1}{s}}\, m_{\text{站}}$ 为 1km 观测高差中误差。现设 $c$km 高差中误差为单位权中误差,即 $u = \sqrt{c/s}\, m_{\text{站}}$,则 L 公里观测高差中误差为 $m_{\sum h} = \sqrt{\frac{L}{s}}\, m_{\text{站}}$,故水准路线观测高差的权为

$$P_{\sum h} = \frac{u^2}{m^2_{\sum h}} = \frac{\left(\sqrt{\frac{c}{s}}\, m_{\text{站}}\right)^2}{\left(\sqrt{\frac{L}{s}}\, m_{\text{站}}\right)^2} = \frac{c}{L} \tag{8-85}$$

式(8-41)中,$\sqrt{\frac{1}{s}}\, m_{\text{站}}$ 为 1km 观测高差中误差。由上式可知,$\frac{u^2}{m^2_{\sum h}} = \frac{c}{L}$,若 $L = 1$,则 $m_{\sum h}$ 是 1km 的高差中误差又可以是

$$m_{1km} = \frac{u}{\sqrt{c}} \tag{8-86}$$

3. 三角高程测量的权

根据式(4-32),三角高程测量在原理上的主项是 $h = D\sin\alpha$,按误差传播律可知,高差中误差 m_h 是

$$m_h^2 = \sin^2\alpha \times m_D^2 + (D\cos\alpha)^2 \times m_\alpha^2$$

式中,m_D 是测距误差;m_α 是竖直角误差。一般三角高程测量的 $\alpha < 5°$,$\sin 2\alpha \approx 0$,故上式为

$$m_h^2 = (D\cos\alpha)2 \times m_\alpha^2$$

设 $u = (\cos\alpha) \times m_\alpha$,又 $\cos\alpha \approx 1$,则 $m_h^2 = u^2 \times D^2$,故三角高程的权 P_h 为

$$P_h = \frac{u^2}{m_h^2} = \frac{u^2}{u^2 D^2} = \frac{1}{D^2} \tag{8-87}$$

8.4.5 算例

表 8-5 中 Q 点水准测量高程的计算按表中 (1),(2),…,(11) 的计算工作顺序进行。

表 8-5　　　　　　　　　　　测量高程计算实例

水准路线名称	起点	起点测至 Q 点高程 H(m) (1)	测站数 n (2)	权 $P = \frac{c}{n}$ ($c = 10$) (3)	改正数 $v = X - H$ (mm) (7)
L_1	A	48.821	35	0.2857	-35.4
L_2	B	48.753	26	0.3846	32.6
L_3	C	48.795	39	0.2564	-9.4

(4) $[PH] = 45.2096$　(5) $[P] = 0.9267$
(6) $X = [PH]/[P] = 48.7856$m
(8) $[PVV] = 789.4208$　(9) $u = \pm 19.9$mm　(10) $M_X = \pm 20.7$mm

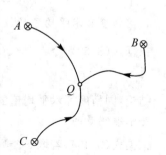

习 题

1. 如何检验测量误差的存在?其产生误差的原因是什么?
2. 简述概念:系统误差、偶然误差、错差。
3. 系统误差有哪些特点?如何预防和减少系统误差对观测成果的影响?
4. 写出真误差的表达式,指出偶然误差的特性。
5. 说明精度与观测条件的关系及等精度、非等精度的概念。
6. 指出中误差、相对误差的定义式,理解极限误差取值二倍中误差的理论根据。
7. 已知丈量 2 尺段 l_0 及 q,$l_0 = 30\text{m}$,$q = 16.34\text{m}$。丈量的中误差 $m = \pm$ cm,问:按式 (3-35) 计算钢尺量距结果 d 和中误差 m_d 为多少?
8. $\triangle ABC$ 中,测得 $\angle A = 30°00'42'' \pm 3''$,$\angle B = 60°10'00'' \pm 4''$,试计算 $\angle C$ 及其中误差 m_c。
9. 测得一长方形的两条边分别为 15m 和 20m,中误差分别为 ±0.012m 和 ±0.015m,求长方形的面积及其中误差。
10. 水准路线 A、B 两点之间的水准测量有 9 个测站,若每个测站的高差中误差为 3mm,问:A 至 B 往测的高差中误差为多少?A 至 B 往返测的高差平均值中误差为多少?
11. 观测某一已知长度的边长,5 个观测值与之的真误差 $\Delta_1 = 4\text{mm}$、$\Delta_2 = 5\text{mm}$、$\Delta_3 = 9\text{mm}$、$\Delta_4 = 3\text{mm}$、$\Delta_5 = 7\text{mm}$。求观测中误差 m。
12. 试分析表 8-6 角度测量、水准测量中的误差从属的误差类型及消除、减小、改正方法。

表 8-6

测量工作	误 差 名 称	误差类型	消除、减小、改正方法
角度测量	对中误差 目标倾斜误差 瞄准误差 读数估读不准 管水准轴不垂直竖轴 视准轴不垂直横轴 照准部偏心差		
水准测量	附合气泡居中不准 水准尺未立直 前后视距不等 标尺读数估读不准 管水准轴不平行视准轴		

13. 观测条件与精度的关系是_____。

A. 观测条件好,观测误差小,观测精度小;反之,观测条件差,观测误差大,观测精度大

B. 观测条件好,观测误差小,观测精度高;反之,观测条件差,观测误差大,观测精度低

C. 观测条件差,观测误差大,观测精度差;反之,观测条件好,观测误差小,观测精度小

14. 在相同的条件下光电测距两条直线,一条长 150m,另一条长 350m,测距仪的测距精度是 $\pm(10\text{mm}+5\text{mm}D_{\text{km}})$。问:这两条直线的测量精度是否相同?为什么?

15. 测量一个水平角 5 测回,各测回观测值是 $56°31'42''$、$56°31'15''$、$56°31'48''$、$56°31'38''$、$56°31'40''$,规范 $\Delta\alpha_{容}=\pm30''$。试检查 5 测回观测值,选用合格观测值计算水平角平均值,填写表 8-7。

表 8-7

序号	各测回观测值	合格观测值
1	$56°31'42''$	
2	$56°31'15''$	
3	$56°31'48''$	
4	$56°31'38''$	
5	$56°31'40''$	

16. 测量的算术平均值是_____。

A. n 次测量结果之和的平均值

B. n 次等精度测量结果之和的平均值

C. 观测量的真值

17. 算术平均值中误差按_____计算得到。

A. 贝塞尔公式

B. 真误差 Δ

C. 观测值中误差除以测量次数 n 的开方根

18. 光电测距按正常测距测 5 测回的观测值列于表 8-8。按下表计算算术平均值,观测值中误差,算术平均值中误差。

表 8-8　　　　　　　　　**5 测回观测角度算术平均值及精度评定**

测回 n	距离观测值 l (m) (1)	$v=(X-l)$ (mm) (3)	vv (4)	计算结果
1	546.535m			(2)算术平均值:
2	546.539m			$X=[l]/n=$
3	546.541m			(5)观测值中误差:
4	546.538m			$m=\pm$
5	546.533m			(6)算术平均值中误差:
				$Mx=\pm$
	(2)$x=$	$[v]=$	$[vv]=$	(7)最后结果:

19. 防止系统误差影响应该_____。

　　A. 严格检验仪器工具；对观测值进行改正；观测中削弱或抵偿系统误差影响

　　B. 选用合格仪器工具；检验得到系统误差大小和函数关系；应用可行的预防措施等

　　C. 严格检验并选用合格仪器工具；对观测值进行改正；以正确观测方法削弱系统误差影响

20. 按表8-9的各水准路线长度 D 和高程 H 计算 Q 点的带权平均值、高程中误差。

表 8-9　　　　　　　　　　**三条水准路线的计算**

水准路线名称	起点	起点测至 Q 点高程 H_i(m) (1)	路线长 D_i(km) (2)	权 $p_i = c/D_i$ ($c=10$km) (3)	v_i $(X-H_i)$ (mm) (7)
L_1	A	48.421	14.2		
L_2	B	48.350	10.9		
L_3	C	48.392	12.6		

(4) $[PH] =$ 　　　　　　(8) $[Pvv] =$ 　　　　　　(10) $M_X = \pm u \times$ 　　　　　 $= \pm$ 　　 mm

(5) $[P] =$ 　　　　　　　(9) $u = \pm$

(6) $X = [PH]/[P] =$ 　　　 m　　 $= \pm$ 　　 mm(10km)　　(11) $u(1\text{km}) = \pm$ 　　/　　 $= \pm$ 　　 mm

第9章 简易工程控制测量

☞ **学习目标**:掌握工程控制测量技术要点,掌握一般工程的控制测量技术方法和控制点坐标的计算原理和方法。

9.1 控制测量技术概况

9.1.1 控制测量的概念

1. 控制测量

建立和测定控制点,并获得精确控制点参数的测量技术过程,称为控制测量。控制测量是工程建设和日常测量的基础,是限制误差积累和控制全局的基准测量。

2. 控制点

工程中,如大桥、楼房中心线(轴线)的确定以及道路转弯处的标定,必须以固定的基准点为依据。具有准确可靠平面坐标参数和高程参数的基准点,称为控制点。

3. 控制测量的工作内容

控制测量包括平面控制测量和高程控制测量。通常这两方面的工作内容分开独立处理。平面控制测量用于获得控制点的平面坐标参数,高程控制测量用于获得控制点的高程参数。在较好技术条件下,两方面工作相结合同时获得控制点的平面坐标和高程参数。

4. 控制测量的一般工作规则

一般工作规则是"从整体到局部,全局在先;从高级到低级,逐级扩展"。若技术条件较好,可在整体原则下按等级要求独立进行。

9.1.2 平面控制测量的实施方法

1. 三角测角法

(1) 基本思想

① 在大地上布设控制点(或称三角点)构成三角形网形的控制网;② 测量网中若干条边及全网的三角形内角;③ 数据处理求得各个控制点的平面坐标。

在三角测角法基础上还有测边法(全网测边)和边角法(全网测边和测角)等。三角测角法、测边法、边角法又统称为三角形网测量法。

(2) 基本网形

基本网形有国家高等级三角测量和工程上应用三角测量的基本图形。

三角测量在国家基本平面控制测量中占有极其重要的地位,过去已经建立的国家基本控制点属于三角测量的重要成果。这些控制点,或在全国范围内,或在某一地区范围内采用全面布设形式,控制点连成全面网形。如图9.1所示,表示某区域内从全局出发布设高等级的三角网如实线所示。图中虚线小网形是在高等级三角网基础上的局部位置扩展布设的低

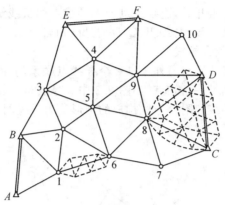

图 9.1 三角形网测量

等级三角网。

工程应用的几种三角网形式：

连续三角锁：两端各有一条已知边（或各有一对已知点），全部控制点由三角形连续联系起来，网形如图 9.2(a) 所示。

中点多边形：全部控制点由三角形构成有中点的多边形，图 9.2(b) 是中点六边形。

大地四边形：控制点构成四边形并有对角点观测线的图形称为大地四边形，如图 9.2(c) 所示。

此外，还有交会测量网形等，如图 9.2(d)、(e) 所示。

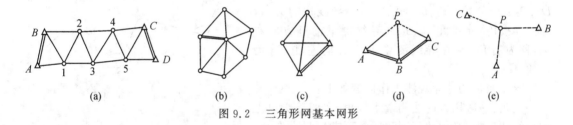

图 9.2 三角形网基本网形

上述基本网形涉及的范围比较小，控制点之间距离比较短，故有小三角测量之称。

三角测量主要优点：① 以测角为主、测边为辅，甚至只测角不测边，观测工作比较简单；② 网形涉及的几何条件比较多，有利于检核比较；③ 计算结果的点位精度比较均匀；④ 便于增加多余观测，如加测网内光电边等构成边角网，以便提高网形精度。

2. 导线测量法

(1) 基本思想

① 在大地上布设的相邻控制点（或称导线点）连成折线链状，即所谓"导线"；② 测量各点之间的边长和角度，如测量边长 D_1、D_2 及角度 β_1、β_2 等；③ 计算处理求得各控制点的平面坐标。

导线测量是一种以测角量边逐点传递确定地面点平面位置的控制测量，由此布设的折线状导线形式比较适用于地带狭窄、地面四周通视比较困难的区域，也比较适合线形工程建设的需要。

(2) 工程上应用的几种导线形式

闭合导线：从一已知点开始，连续经过若干导线点的折线链最后回到原已知点，这种导线称为闭合导线。如图9.3(a)中 A 是已知点,并与1、2、3、4导线点构成闭合导线。

附合导线:从一已知点组开始,连续经过若干导线点的折线链在另一已知点组结束,这种导线称为附合导线。图9.3(b)中 A、B、C、D 均是已知点,A、B 和 C、D 分别称为已知点组,并与1、2、3、4导线点构成附合导线。

支导线:从一个控制点开始与另外 $1\sim2$ 个导线点联系的导线,称为支导线。这种导线不闭合回原点,也不附合到另一已知点。如图9.3中3号点与 $1'$、$2'$ 点连成的折线形式。

导线网:由若干闭合导线和附合导线构成的网形称为导线网,如图9.3(c)所示。

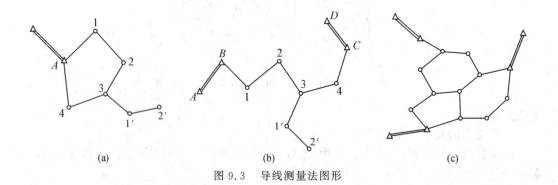

图9.3 导线测量法图形

(3) 导线测量概念

图9.4是一个导线的一部分,A、B 是已知点,构成一个已知点组。1、2、3是导线点。图中前进方向表示导线测量按 B、1、2、3顺序进行;S_{AB} 是已知边,D_1、D_2、D_3 是导线边;β_1 是已知边与导线边的夹角,称为连接角;水平角 β_2、β_4 在导线测量前进方向右侧,称为右角;β_3 在导线测量前进方向左侧,称为左角。

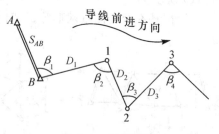

图9.4 导线测量

导线测量的外业观测工作内容如下:

测角:一般用方向法测量水平角。在四等级以上的导线测量中,必须按不同测回的要求测量左右角,左右角之和与360°的差值应在相应的容许限差之内。

量边:钢尺量距或光电测距。以钢尺量距,称为量距导线;以光电测距,称为光电导线。

辅助测量:根据需要而定的高程测量和方位角测量。其中,高程测量(水准测量或三角高程测量)用于斜边的平距化算及投影化算。必要时,在困难地区应进行方位角测量。

3. GPS 技术

这是一种全球卫星定位技术,该技术的重要条件是环绕地球运行的24颗卫星。地面技术人员以GPS接收机把接收的卫星信号加以处理,便可以获得地面点的位置参数。

9.1.3 平面控制测量的等级及技术要求

国家基本平面控制测量的等级有一、二、三、四这4个等级。在城市和工程的平面控制测量等级按二、三、四等级划分,同时还附有一、二、三级和图根、一般导线的扩展等级。表9-1、表9-2列出了工程控制测量有关等级的技术要求。

表 9-1　　　　　　　　　　　三角控制测量的主要技术要求

等级	平均边长（km）	测角中误差（″）	起始边相对中误差	最弱边相对中误差	仪器测角测回数			三角形最大闭合差（″）
					1″级	2″级	6″级	
二等	9	1.0	1:250000	1:120000	12	—	—	3.6
三等	4.5	1.8	1:150000	1:70000	6	9	—	7.0
四等	2.0	2.5	1:100000	1:40000	4	6	—	9.0
一级	1.0	5.0	1:40000	1:20000	—	2	4	15.0
二级	0.5	10.0	1:20000	1:10000	—	1	2	30.0

表 9-2　　　　　　　　　　　导线控制测量的主要技术要求

等级	导线长度（km）	平均边长（km）	测角中误差（″）	测距中误差（mm）	测距相对中误差	测回数		角度闭合差（″）	相对闭合差
						2″级	6″级		
三等	14.0	3.0	1.8	20	1:150000	10	—	$3.6\sqrt{n}$	1:55000
四等	9.0	1.5	2.5	18	1:80000	6	—	$5\sqrt{n}$	1:35000
一级	4.0	0.5	5.0	15	1:30000	2	4	$10\sqrt{n}$	1:15000
二级	2.4	0.25	8.0	15	1:14000	1	3	$16\sqrt{n}$	1:10000
三级	1.2	0.1	12.0	15	1:7000	1	2	$24\sqrt{n}$	1:5000

注：表中的 n 是导线观测角的个数。

9.1.4　控制测量的基本工作

控制测量的基本工作有：设计选点、建立标志、野外观测、平差计算和技术总结等。

1. 设计选点

这是根据表 9-1、表 9-2 中的技术要求，结合工程实际确定控制点位置的前期工作。

(1) 基本要求

设计选点开始于室内，完成于野外，定点于实地，最后应满足的基本要求为：

① 点位互相通视，便于工作。点与点之间能观察到相应的目标，视线上没有障碍物。同时，应注意视线沿线的建筑物离开视线有一定的距离，避免旁折光对测量的影响。

② 点位数量足够，分布均匀。点位数量符合测量的要求，满足工程设计和建设的需要。

③ 点位土质坚实，便于保存。有利于埋设控制点位稳定可靠。原有控制点应尽量采用。

④ 周围视野开阔，有利加密。通常把点位选在附近地面制高点上，比较有利于开阔视野，有利于控制点的逐级扩展和加密。

(2) 特殊要求

① 导线点的确定：根据导线测量的特点，导线中相邻点之间通视；点位分布均匀，导线中相邻点位的距离大致相等，在困难地段，相邻点的距离比值宜限制在 1:3 以内。

② 三角点的确定：根据三角测量的特点，网形中构成三角形的点位之间通视；点位分布

均匀,各点位构成的三角形尽可能形成等边三角形,内角接近60°。即使在条件不利的情况下,个别角度不小于30°,不大于120°。

③ 注意收集资料,室内设计与野外踏勘相结合,结合工程实际加强优化设计。

④ 尽量使有关点位与国家控制点联系,以便利用国家统一坐标。

2. 建立标志

在选定的点位上埋设固定标石和建立标架,即所谓的建标埋石。

(1) 埋石

石是用砼结构制成并有中心标志的标石。埋石,即在选定的地点位置埋设标石。控制点就这样在地面上固定地设立了。有时,控制点是设在坚固构造物上的中心标志,或是一种打入地里的带有中心标志的固定桩。图9.5所示是一种砼结构制成的标石,标石顶面中心附近注有点位号码、建造单位及建造时间等。标石应稳定地埋设在冻土线以下的土层里。必要时,应做好点位埋设记录及图示,在点位附近设立指示标志。对重要点位应落实保管措施。

(2) 建标

在已经埋设控制点的位置上建立标架或树立目标,便于寻找目标和观测角度。图9.5(a)是树立的一种标杆观测目标,图9.6(b)是建立的一种寻常标。

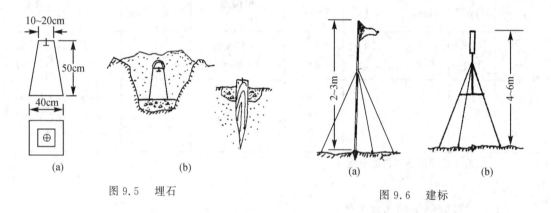

图9.5 埋石　　　　　　图9.6 建标

3. 野外观测

主要是测角量边。野外观测基本工作要求是:① 做好仪器工具的检验,掌握仪器的性能;② 了解现场实际情况,做好观测组织安排,落实技术措施;③ 收集和保管野外观测数据。

4. 平差计算

主要任务是求取控制点的点位坐标。工作要求:① 根据控制测量的实施方法和确定的平差原理拟定计算方案;② 检核野外观测成果及已知数据,化算野外观测数据均是以标石中心为依据的投影平面观测值;③ 计算的过程和结果应尽量用表格的形式表示。

5. 技术总结

技术总结即对平面控制测量的整个工作按有关技术要求进行必要的说明;对于长期保存的重要测量成果应详细说明和总结,以便更好发挥作用。

9.1.5　高程控制测量的技术要求

国家高程控制测量有一、二、三、四这4个等级。城市和工程的高程控制测量等级按二、三、四、五等级划分,另外还有图根扩展等级。主要技术要求见表9-3。光电三角高程控制测量有四、五等级,主要技术要求见表9-4。

表 9-3　　　　　　　　　　　水准测量的主要技术要求

等级	每千米高差全中误差（mm）	路线长度（km）	水准仪的型号	水准尺	观测次数		往返较差闭合差	
					与已知点联测	附合线或闭合环线	平地（mm）	山地（mm）
二等	2	—	DS1	铟瓦	往返各一次	往返一次	$4\sqrt{L}$	
三等	6	≤50	DS1	铟瓦		往一次	$12\sqrt{L}$	$4\sqrt{n}$
三等	6	≤50	DS3	双面		往返一次	$12\sqrt{L}$	$4\sqrt{n}$
四等	10	≤16	DS3	双面		往一次	$20\sqrt{L}$	$6\sqrt{n}$
五等	15	—	DS3	单面		往一次	$30\sqrt{L}$	$9\sqrt{n}$

注：表中 L 是以 km 为单位测段长，n 是测站数。

9.1.6　高程控制点位的选定及点位标志的建立

第四章叙述的水准路线和三角高程导线的基本图形与计算，都是高程控制测量的技术，为使这些高程控制点（水准点）更好地服务于工程建设，必须重视点位的选定和建造。

1. 点位的选定：即设计选点

高程控制点选定的基本要求

① 点位置的土质坚硬，便于保存。土质坚硬有利于水准点长期稳定高程可靠。水准点可设在基岩或设在重要的建筑物的墙基上

② 水准路线长度适当，便于应用。一般地，水准路线长度为 $1\sim 3km$，重要工程建设中的水准路线可小于 $1km$。在不受工程影响的情况下，水准点应尽量靠近工程建设工地。

2. 建标志：即埋设水准点

前有叙述，水准点是一种砼结构制成并设有高程标志的标石，或是埋设在坚固构造物基础（如楼基础墙边）的金属柱标志。一般地，高程控制点与平面控制点分别设定，但工程应用上，高程控制点往往与平面控制点同一点位，埋设时应顾及两者的基本要求。和平面控制点一样，重要的高程控制点应做好点位埋设记录及图示，在点位附近设立指示标志。

表 9-4　　　　　　　　　　光电三角高程测量的主要技术要求

等级	测角仪器	测回数	指标差较差（″）	竖直角较差（″）	每千米高差全中误差（mm）	边长（km）	测边仪器	对向观测高差较差（mm）	附合或闭合环线闭合差（mm）
四等	2″级	3	≤7	≤7	10	≤1	10mm级	$40\sqrt{D}$	$20\sqrt{\sum D}$
五等		2	≤10	≤10	15			$60\sqrt{D}$	$30\sqrt{\sum D}$

注：表中 D 是以 km 为单位边长。

9.2　导线的简易计算

图 9.7 是一个简易附合导线。图中 A、B 和 C、D 是两个已知点组，β_1、β_6 是连接角，β_2、β_3，…，β_5 是导线点的转折角（均为左角），D_1，D_2，…，D_5 是导线边。下述各式的 β_i'、D_i' 是角度、

边长的观测值。为了讨论方便,点号 B 与 1、C 与 6 分别以 $B(1)$、$C(6)$ 表示。

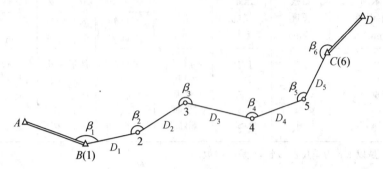

图 9.7 简易附合导线

在要求不高时,简易附合导线可根据导线条件方程的特点,按条件平差的分组计算原理推证简易计算方法,计算工作大为方便。本节不加推证,仅以算例叙述导线的简易计算的条件方程、计算方法和步骤。

9.2.1 附合导线的简易计算

1. 附合导线的条件式

附合导线简易计算的条件式是式(9-1),即方位角条件、纵坐标 x 条件、横坐标 y 条件三个条件式。其中,坐标条件是以坐标增量计算值 $\Delta x_i'$、$\Delta y_i'$ 与坐标增量改正数 $v_{\Delta x_i}$、$v_{\Delta y_i}$ 表示的函数,故这些条件式形式分别是

$$\alpha_{AB} + n180 + \sum_1^n \beta_i' + \sum_1^n v_i = \alpha_{CD} \quad (a)$$

$$x_B + \sum_1^{n-1} \Delta x_i' + \sum_1^{n-1} v_{\Delta x_i} = x_C \quad (b) \qquad (9\text{-}1)$$

$$y_B + \sum_1^{n-1} \Delta y_i' + \sum_1^{n-1} v_{\Delta y_i} = y_C \quad (c)$$

进一步整理后,条件式最终形式是

$$\sum_1^n v_i + w_a = 0 \quad (a)$$

$$\sum_1^{n-1} v_{\Delta x_i} + w_x = 0 \quad (b) \qquad (9\text{-}2)$$

$$\sum_1^{n-1} v_{\Delta y_i} + w_y = 0 \quad (c)$$

式中,w_a、w_x、w_y 按式(9-3)、式(9-4) 计算,$\Delta x_i'$、$\Delta y_i'$ 按式(9-5) 计算,即

$$w_a = \alpha_{CD}' - \alpha_{CD} = \alpha_{AB} + n \times 180 + \sum_1^n \beta_i' - \alpha_{CD} \qquad (9\text{-}3)$$

$$w_x = x_B + \sum_1^{n-1} \Delta x_i' - x_C \qquad w_y = y_B + \sum_1^{n-1} \Delta y_i' - y_C \qquad (9\text{-}4)$$

第9章 简易工程控制测量

$$\Delta x'_i = D'_i \times \cos\alpha'_i \qquad \Delta y'_i = D'_i \times \sin\alpha'_i \tag{9-5}$$

2. 计算步骤

图 9.7 是算例略图，表 9-5 中顺序(1)、(2)、…、(13) 同步于下述计算步骤：

(1) 方位角条件闭合差计算与调整

① 抄录角度观测值、边长观测值填到表 9-5 "(1)"、"(7)" 栏中。

② 按式(9-3) 计算方位角闭合差 w_a，本例 $w_a = -32.9''$，填入表 9-5 的左下方栏内。

③ 检核。计算 $w_{a容}$（$w_{a容} = \pm 30\sqrt{n}$），填入表 9-5 左下方栏内。检查是否有 $w_a \leqslant w_{a容}$。

④ 计算角度改正数。$w_a \leqslant w_{a容}$，计算角度改正数。角度改正数 v_i 的简易计算公式是

$$v_i = -\frac{w_a}{n} \tag{9-6}$$

本例中 $n = 5$，故 $v_i = -\frac{-32.9''}{5} = 5.5''$，记入 "(1)" 栏的括号内。考虑秒以下的改正数在本例中意义不大，故填入的各改正数做了适当的调整。

表 9-5   **附合导线简易计算**

点名	角度观测值 $\beta'_i(v)$ ° ′ ″ (1)	角度平差值 β_i ° ′ ″ (5)	方位角计算 α_i (6)	边 长 D_i (7)	坐标增量 $\Delta x'(m)$ (v_{x_i}) (9x)	坐标增量 $\Delta y'(m)$ (v_{y_i}) (9y)	x 坐标 (Δx) (m) (12x)	y 坐标 (Δy) (m) (12y)
A			126 02 22.6 *				831.092 *	974.630 *
B(1)	128 39 30 (5.4)	128 39 35.4			45.140 (−.053)	164.999 (−.030)	(45.086)	(164.969)
			74 41 58	171.062			876.178	1139.599
2	164 42 24 (6)	164 42 30.0			78.204 (−.047)	132.277 (−.047)	(78.156)	(132.250)
			59 24 28	153.665			954.334	1271.849
3	211 09 42 (5)	211 09 47.0			2.750 (−.078)	253.745 (−.078)	(2.677)	(253.700)
			90 34 15	253.760			957.011	1525.549
4	138 29 36 (6)	138 29 42.0			92.109 (−.043)	106.205 (−.045)	(92.065)	(106.180)
			49 03 57	140.583			1049.076	1631.729
5	132 43 06 (5)	132 43 11.0			214.111 (−.066)	6.675 (−.038)	(214.044)	(6.637)
			1 47 08	214.215			1263.120	1638.366
C(6)	202 22 30 (5.5)	202 22 35.5						
			24 09 43.5 *					
(2) $w_a = \alpha_{AB} + n180 + \sum\beta_i - \alpha_{CD} = -32.9''$ (4) $v_i = -w_a/n = 32.''9/6 = 5.''5$ (3) $w_{a容} = 73.5 \quad k_容 = 1/2000$			(8) $\sum D = 933.285$ * 表示已知数据 (11) $k = 1/(\sum D/f) = 1/2800$		(10) $w_x = 0.287$ $w_y = 0.166$ $f = \sqrt{w_x^2 + w_y^2} = 0.332m$		1263.119 * (13) $\Delta x = 0$	1638.365 * (13) $\Delta y = 0$

⑤ 计算角度平差值 $\beta_i = \beta'_i + v_i$，秒值填入表 9-5 "(5)" 栏内。

(2) 计算方位角

按式(5-23) 计算，填入表 9-5 "(6)" 栏内。

(3) 坐标条件闭合差计算与调整

① 计算导线总长 $\sum D$ 填入表 9-5"(8)"栏内。

② 按式(9-5) 计算坐标增量,填入表 9-5"(9x)"、"(9y)"栏内。

③ 按式(9-4) 计算 w_x、w_y,填入表 9-5"(10)"栏内。

④ 检查导线全长闭合差 f 及相对闭合差 k 的计算,填入表 9-5"(11)"栏内。抄录 $k_容$ 的规定。

⑤ 坐标改正数 v_{x_i}、v_{y_i} 的计算。计算公式是

$$v_{x_i} = -w_x \frac{D_i}{\sum D} \tag{9-7}$$

$$v_{y_i} = -w_y \frac{D_i}{\sum D} \tag{9-8}$$

计算结果填入表 9-5"(9x)"、"(9y)"栏内。

⑥ 改正后坐标增量填入表 9-5"(12x)"、"(12y)"栏内。坐标增量按下式计算:

$$\Delta x_i = \Delta x'_i + v_{x_i} \tag{9-9}$$

$$\Delta y_i = \Delta y'_i + v_{y_i} \tag{9-10}$$

⑦ 计算点位坐标,填入表 9-5"(12x)"、"(12y)"栏内。检查 $\Delta x = 0$、$\Delta y = 0$,填入表 9-5"(13)"栏内。

9.2.2 闭合导线的简易计算

图 9.8 是闭合导线,A、B 是已知点,导线从 B 点开始,经过 $1,2,\cdots,4$ 点后又回到 B 点。图中 φ 是连接角,$\beta_1,\beta_2,\cdots,\beta_n$ 是导线点的转折角(均为左角),$D_1,D_2,\cdots,D_n$ 是导线边。下述各式 β'_i、D'_i 是角度、边长观测值,$i = 1,2,\cdots,n$,点号 B 与 1 重合以 $B(1)$ 表示。

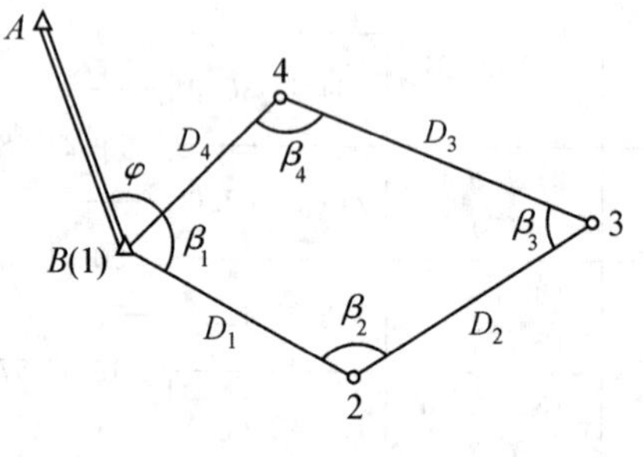

图 9.8 简易闭合导线

1. 闭合导线的条件式

闭合导线简易计算的条件式是式(9-11),即内角和条件、x 坐标增量条件和 y 坐标增量条件。坐标增量条件是以坐标增量计算值 $\Delta x'_i$、$\Delta y'_i$ 与坐标增量改正数 $v_{\Delta x i}$、$v_{\Delta y i}$ 的函数,条件式形式是

$$\sum_1^n \beta'_i + \sum_1^n v_i = (n-2)180 \quad (a)$$

$$\sum_1^n \Delta x'_i + \sum_1^n v_{\Delta x_i} = 0 \quad (b) \tag{9-11}$$

$$\sum_1^n \Delta y'_i + \sum_1^n v_{\Delta y_i} = 0 \quad (c)$$

条件式最终形式是

$$\sum_1^n v_i + w_\beta = 0 \quad \text{(a)}$$

$$\sum_1^n v_{\Delta x_i} + w_x = 0 \quad \text{(b)} \tag{9-12}$$

$$\sum_1^n v_{\Delta y_i} + w_y = 0 \quad \text{(c)}$$

式中,w_α、w_x、w_y 各按式(9-13)、式(9-14)计算,$\Delta x'_i$、$\Delta y'_i$ 按式(9-5)计算,即

$$w_\beta = \sum_1^n \beta'_i - (n-2)180 \tag{9-13}$$

$$w_x = \sum_1^n \Delta x'_i \quad w_y = \sum_1^n \Delta y'_i \tag{9-14}$$

2.计算步骤

本例是量距闭合导线四边形,图 9.8 是算例略图。简易计算步骤与附合导线简易算例相同,读者可参照附合导线简易算例按表 9-6 步骤(1),(2),…,(13)试算,以加深掌握。

必须指出,导线简易计算是一种近似计算,解题结果并没有完全消除矛盾。例如,以最后算得的坐标增量反算方位角和边长,不可能与表 9-5(或表 9-6)中(6)、(7)栏中的数据相一致。因此,简易计算以最后坐标为主要成果,并且适合于低等级要求的场合。

表 9-6   **量距闭合导线简易计算**

点名	角度观测值 β'_i (v) (1)	角度平差值 β_i (5)	方位角计算 α_i (6)	边 长 D_i (7)	坐标增量 $\Delta x'$(m) (v_{x_i}) (9x)	坐标增量 $\Delta y'$(m) (v_{y_i}) (9y)	x 坐标 (Δx) (m) (12x)	y 坐标 (Δy) (m) (12y)
A			164 17 06 *					
φ	56 30 54		$\alpha(B-4)$					
B(1)	89 36 30 (15)	89 36 45	40 48 00 **				500.000 (−136.474)	500.000 (160.262)
			130 24 45	210.440	−136.425 (−.049)	160.228 (.034)		
2	107 48 30 (15)	107 48 45					363.526 (84.409)	660.262 (136.356)
			58 13 30	160.365	84.446 (−.037)	136.330 (.026)		
3	73 00 12 (15)	73 00 27					447.935 (170.440)	796.618 (−194.496)
			311 13 57	258.680	170.500 (−.060)	−194.538 (.042)		
4	89 33 48 (15)	89 34 03					618.375 (−118.375)	602.122 (−102.122)
			220 48 00	156.326	−118.338 (−.043)	−102.147 (.025)		
B(1)							500.000	500.000
(2)$W_\beta = \sum \beta_i - (n-2)180$ $= -60''$ (4)$v_i = -60''/4 = 15''$ (3)$w_{\beta容} = 60$ $k_容 = 1/2000$			(8)$\sum D = 785.80$ (10)$w_x = 0.183$ $w_y = -0.127$ $f = \sqrt{w_x^2 + w_y^2} = 0.223$m (11) $k = 1/(\sum D/f) = 1/3500$ *:已知方位角 α_{AB} **:已知方位角 α_{B-4}				500.000 (13) $\Delta x = 0$	500.000 (13) $\Delta y = 0$

9.2.3 支导线与导线网

图 9.9 是支导线图形。支导线可挂在闭合导线或附合导线的任一导线点上,如图 9.3(a)、(b) 所示。

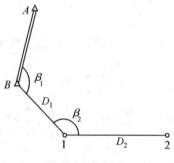

图 9.9 支导线

支导线的角度观测有 β_i,边长观测有 D_i。支导线计算步骤为:① 计算导线边的方位角,② 计算导线边的坐标增量,③ 计算支导线点的点位坐标。支导线的计算表格可参照表 5-2。

注意:支导线观测量少,缺乏检核参数,计算必须细心,必要时,应有往返观测值计算比较,以保证点位坐标准确可靠。

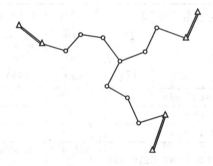

图 9.10 叉丫状导线

导线网是由若干条闭合导线和若干条附合导线构成的网状形式,如图 9.3(c) 或图 9.10 所示的叉丫状形式。这种图形的计算原理仍然可用条件平差原理或间接平差原理,工作量当然是大的,不过这类问题在计算机看来,已不成问题,这里不再赘述。

9.2.4 导线测量个别粗差的检查

在导线测量中,导线全长闭合差 f 超限,说明有粗差存在,是测角有粗差还是测边有粗差?粗差出现在哪个位置?必须以一定的方法检查,以便找到有效的粗差位置进行纠正。

1. 测角存在粗差的检查方法

(1) 垂直平分线法

图 9.11 表示 3 号导线点的角 β_3 有粗差,由此造成推算点 b 没有落在原已知点 B 上,存在导线全长闭合差 $f = Bb$。可以证明,这时的 Bb 垂直平分线必将通过 3 号导线点。根据这一原理,可利用 f 的垂直平分线寻找存在角度粗差的导线点。只要某导线点在 f 的垂直平分线上(或靠近平分线),就可断定该导线点的角度存在粗差。

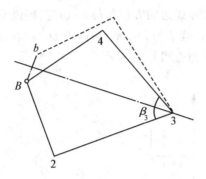

图 9.11 垂直平分线法

(2) 坐标往返计算法

图 9.12 中 M、N 表示附合导线的已知点,A、B、C 是导线点,A 点存在测角粗差,B、C 点没有角度粗差,各导线边长度正确。现从 M、N 点分别按路线推算导线点的坐标,存在的情况列于表 9-7 中。从表中可见,只要附合导线点沿两端互推的点位坐标结果与一导线点坐标相等,则可判断该导线点测角有粗差存在。

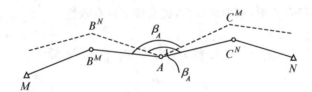

图 9.12 坐标往返计算法

表 9-7 坐标往返计算法

推算路线	推算 A 点的坐标	经 A 点后的路线	推算 B、C 点的坐标
$M \to A$ $N \to A$	$x_A^M = x_A^N \quad y_A^M = y_A^N$ $x_A^N = x_A^M \quad y_A^N = y_A^M$	$M \to C$ $N \to B$	$x_C^M \neq x_C^N \quad y_C^M \neq y_C^N$ $x_B^N \neq x_B^M \quad y_B^N \neq y_B^M$
原　因	没有方位角粗差		β_A 粗差引起方位角粗差

注:x_A^M、y_A^M、x_B^M、y_B^M、x_C^M、y_C^M 是从 M 点开始的路线推算的点位坐标。
x_A^N、y_A^N、x_B^N、y_B^N、x_C^N、y_C^N 是从 N 点开始的路线推算的点位坐标。

2. 测边存在粗差的检查方法:方位角法

如图 9.13 所示,根据构成导线全长闭合差 f 的 w_x、w_y,可以求得 f 的方位角,即

$$\alpha_f = \arccos\left(\frac{w_x}{f}\right) \tag{9-15}$$

如果 $w_y < 0$,则

$$\alpha_f = 360° - \arccos\left(\frac{w_x}{f}\right) \tag{9-16}$$

可以证明,导线中若有某导线边的方位角与 α_f 相近,则说明该导线边的边长存在粗差。由图 9.13 可见,导线全长闭合差 f 与 D_{34} 平行,由于 D_{34} 存在 ΔD 的粗差才造成 f 超限。由此可见,利用方位角法可寻找测边粗差的情况。

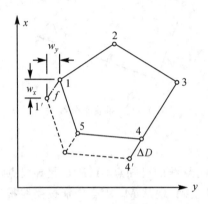

图 9.13　方位角法

以上检查粗差的方法只适用于导线中个别粗差的场合。寻粗是一个实践性很强的工作,必须不断总结经验,综合分析,减少盲目性,提高检查的有效性。

9.3　工程小三角测量与计算

9.3.1　连续三角锁的条件式

1. 连续三角锁的基本构成

图 9.14 是由多个三角形连续构成的锁状网形,称为连续三角锁。图中,以 n 表示锁内的三角形个数,观测值是所有三角形内角,A 点是已知点,α_{AB} 是已知方位角,D_0、D_n 是已知边,M_i、N_i 称为传距角,U_i 称为间隔角。

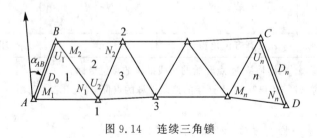

图 9.14　连续三角锁

2. 条件式

连续三角锁有三角形条件式和边长条件式。

(1) 三角形条件

三角形内角和必须满足理论值 $180°$，称为三角形内角和条件，简称三角形条件。设三角形三个内角最或然值为 M、N、U，观测值是 M'、N'、U'，最或然改正数是 v_M、v_N、v_U，则三角形条件式是 $M+N+U=180°$，即

$$(M'+v_M)+(N'+v_N)+(U'+v_U)=180°$$

经整理得条件式为

$$v_M+v_N+v_U+w=0 \tag{9-17}$$

式中，w 称为三角形闭合差，即

$$w=M'+N'+U'-180° \tag{9-18}$$

按三角形条件组成原理，图 9.14 有 n 个三角形条件，即

$$\begin{aligned} v_{M_1}+v_{N_1}+v_{U_1}+w_1 &= 0 \quad (1) \\ v_{M_2}+v_{N_2}+v_{U_2}+w_2 &= 0 \quad (2) \\ &\cdots\cdots \\ v_{M_n}+v_{N_n}+v_{U_n}+w_n &= 0 \quad (n) \end{aligned} \tag{9-19}$$

以上各式中，$w_i = M'_i+N'_i+U'_i-180°$，$i=1,2,\cdots,n$。条件式中无关的改正数当做改正数系数为零，故各式只有独立的三个改正数。

(2) 边长条件

所谓边长条件，即从 D_0 开始，按三角锁的推算路线推算到 D_n，其推算值应与 D_n 相等。图 9.14 的 $\triangle AB1$，根据正弦定理，有

$$s_{B_1}=D_0\frac{\sin(M_1)}{\sin(N_1)} \tag{9-20}$$

同理，在 $\triangle B12$ 中

$$s_{12}=s_{B_1}\frac{\sin(M_2)}{\sin(N_2)}=D_0\frac{\sin(M_1)\sin(M_2)}{\sin(N_1)\sin(N_2)}$$

按上述的推导方法最后可得

$$D_n=D_0\frac{\sin(M_1)\sin(M_2)\cdots\sin(M_n)}{\sin(N_1)\sin(N_2)\cdots\sin(N_n)} \tag{9-21}$$

式(9-21)是边长条件，或称基线条件。

根据三角形条件 $M=M'_i+v_M$，$N=N'_i+v_N$，$U=U'_i+v_U$，故式(9-21)为

$$D_n=D_0\frac{\sin(M'_1+v_{M_1})\sin(M'_2+v_{M_2})\cdots\sin(M'_n+v_{M_n})}{\sin(N'_1+v_{N_1})\sin(N'_2+v_{N_2})\cdots\sin(N'_n+v_{N_n})} \tag{9-22}$$

边长条件是非线性方程，解题时必须进行线性化处理。设

$$D'_n=D_0\frac{\sin(M'_1)\sin(M'_2)\cdots\sin(M'_n)}{\sin(N'_1)\sin(N'_2)\cdots\sin(N'_n)} \tag{9-23}$$

$$\frac{\partial D_n}{\partial M_1}=D_0\frac{\sin(M'_1)\sin(M'_2)\cdots\sin(M'_n)}{\sin(N'_1)\sin(N'_2)\cdots\sin(N'_n)}\times\frac{\cos(M_1)}{\sin(M_1)}=D'_n\cot(M'_1) \tag{9-24}$$

$$\frac{\partial D_n}{\partial N_1}=-D'_n\cot(N'_1) \tag{9-25}$$

按泰勒级数展开式(9-22),并根据上述三式整理得

$$D_n = D'_n + D'_n \frac{\cot(M'_1)}{\rho} v_{M_1} - D'_n \frac{\cot(N'_1)}{\rho} v_{N_1} + D'_n \frac{\cot(M'_2)}{\rho} v_{M_2} \\ - D'_n \frac{\cot(N'_2)}{\rho} v_{N_2} + \cdots + D'_n \frac{\cot(M'_n)}{\rho} v_{M_n} - D'_n \frac{\cot(N'_n)}{\rho} v_{N_n} \tag{9-26}$$

上式两边乘以10^6,经整理得边长条件的最后形式,即

$$\delta_{M_1} v_{M_1} - \delta_{N_1} v_{N_1} + \delta_{M_2} v_{M_2} - \delta_{N_2} v_{N_2} + \cdots + \delta_{M_n} v_{M_n} - \delta_{N_n} v_{N_n} + w_d = 0 \tag{9-27}$$

式中,δ 称为角度正弦秒差,w_d 称为边长条件闭合差,两者按下式计算,即

$$\delta_{M_i} = 10^6 \frac{\cot(M'_i)}{\rho}, \qquad \delta_{N_i} = 10^6 \frac{\cot(N'_i)}{\rho} \tag{9-28}$$

$$w_d = 10^6 \frac{D'_n - D_n}{D'_n} \tag{9-29}$$

9.3.2 小三角锁简易计算

简易计算从两种条件式(即三角形条件和边长条件)出发解题,基本思想:① 各条件式独立求解;② 解算中按等影响原则进行角度最或然改正数的计算。点位坐标等计算在此不重述。

(1) 三角形条件及闭合差的分配

设第 i 个三角形条件为

$$v_{M_i} + v_{N_i} + v_{U_i} + w_i = 0 \tag{9-30}$$

我们已经知道,连续三角锁的角度观测是等权观测。等权意味着误差影响相同,故可以在一定的范围内按相同的角度改正数进行改正,这就是等影响原则。根据这一原则,令 $v'_{M_i} = v'_{N_i} = v'_{U_i} = v'_i$,称 v'_i 为第一改正数,即

$$v'_i = -\frac{w_i}{3} \tag{9-31}$$

经第一改正后的角度为 M''_i、N''_i、U''_i,即

$$M''_i = M'_i + v'_i, \quad N''_i = N'_i + v'_i, \quad U''_i = U'_i + v'_i \tag{9-32}$$

式中,$i = 1, 2, \cdots, n$。根据式(9-32),可对各个三角形的内角进行第一改正。

(2) 边长条件及闭合差的分配

在简易计算中,按式(9-27)可列出边长条件式,解算的方法为:

① 以第一改正后的角度按式(9-23)计算边长,按式(9-29)计算边长条件闭合差 w''_d。

② 根据等影响原则,令式(9-27)各改正数为第二改正数,并满足

$$v'' = v''_{M_i} = -v''_{N_i} \tag{9-33}$$

把式(9-69)代入式(9-27),整理得

$$\sum_1^n (\delta_{M_i} + \delta_{N_i}) v'' + w''_d = 0 \tag{9-34}$$

③ 求第二改正数 v'',公式是

$$v'' = \frac{w''_d}{\sum_1^n (\delta_{M_i} + \delta_{N_i})} \tag{9-35}$$

(3) 算例

表 9-8 是单三角锁简易计算,计算顺序按(1),(2),…,(10) 进行。

表 9-8　　　　　　　　　连续三角锁的简易计算

角号	角观测值 ° ′ ″ (1)	第一改正 (2)	第一改正角度 ° ′ ″ (3)	正弦函数值 (4)	正弦秒差 δ (5)	第二改正 (7)	第二改正角度 ° ′ ″ (8)	角对边长计算 (9)
M_1	79 01 46	−4	79 01 42	0.9817214	0.94	−4	79 01 38	269.928
N_1	58 28 30	−4	58 28 26	0.8524020	2.97	+4	58 28 30	234.375 *
U_1	42 29 56	−4	42 29 52				42 29 52	185.749
	w_1 +12		180				180	
M_2	59 44 18	+2	59 44 20	0.8637378	2.83	−4	59 44 16	291.317
N_2	53 09 30	+2	53 09 32	0.8003014	3.63	+4	53 09 36	
U_2	67 06 06	+2	67 06 08				67 06 08	310.701
	w_2 −6		180				180	
M_3	51 35 50	−6	51 35 44	0.7836453	3.84	−4	51 35 40	249.649
N_3	66 07 30	−6	66 07 24	0.9144189	2.15	+4	66 07 28	
U_3	62 16 58	−6	62 16 52				62 16 52	282.019
	w_3 +18		180				180	
M_4	87 54 15	+5	87 54 20	0.9993319	0.18	−4	87 54 16	314.859
N_4	52 24 15	+5	52 24 20	0.7923488	3.73	+4	52 24 24	
U_4	39 41 15	+5	39 41 20				39 41 20	201.209
	w_4 −15		180				180	
M_5	64 16 11	−9	64 16 02	0.9008288	2.34	−4	64 15 58	310.530
N_5	65 58 40	−9	65 58 31	0.9133699	2.18	+4	65 58 35	
U_5	49 45 36	−9	49 45 27				49 45 27	263.130
	w_5 +27		180				180	

略图：（图示连续三角锁，顶点 B、2、4 在上，A、1、3、5 在下，含 D_0、M_i、N_i、U_i、D_5 标注）

辅助计算：

6) $D_0 = 234.375$　$D_5 = 310.531$　$D'_5 = 310.561$
$w''_d = 96.6$　$\sum(\delta_{M_i} + \delta_{N_i}) = 24.79$
(7) $v'' = -v''_{N_i} = v''_{M_i} = -\dfrac{96.6}{24.79} = -3.9 \approx -4$
(10) $u = \pm\sqrt{[(v'+v'')^2]/r} = \pm 10.''4$　$(r=6)$

9.4　工程交会定点与计算

交会定点,即利用已知控制点和观测方向线相交的形式确定某些新点位及其坐标。方法有测边后方交会、测角前方交会、测角后方交会和边角后方交会等。有关新点位的高程测量,可参考第四章,下面说明交会定点原理思路及获得点位坐标的方法。

9.4.1　测边后方交会

基本图形如图 9.15 所示,A、B 是已知控制点,P 是新设的控制点。P 点的选定有很大的自由度,有利于工程应用。D_1、D_2 是 P 点为测站测量的边长。后方测边交会定点 P 的原理思路如下：

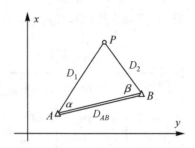

图 9.15 测边后方交会

① α、β 的计算。$\triangle ABP$ 三条边已知，利用余弦定理，即

$$\alpha = \arccos\left(\frac{D_1^2 + D_{AB}^2 - D_2^2}{2D_1 D_{AB}}\right)$$
$$\beta = \arccos\left(\frac{D_2^2 + D_{AB}^2 - D_1^2}{2D_2 D_{AB}}\right) \quad (9\text{-}36)$$

② AP、BP 边方位角的计算。

$$\alpha_{AP} = \alpha_{AB} - \alpha$$
$$\alpha_{BP} = \alpha_{BA} + \beta \quad (9\text{-}37)$$

式中，α_{AB}、α_{BA} 是边 D_1、D_2 的方位角。

③ AP、BP 边坐标增量及 P 点坐标计算可参考式(5-25)。

9.4.2 测角前方交会

如图 9.16 所示，A、B 是已知控制点，α、β 是在已知点 A、B 测量的水平角，P 点是已知点前方交会点位。该法也可用于测定难以到达的点位坐标(如避雷针、塔、柱顶等)。从图中可见，角 $\gamma = 180 - (\alpha + \beta)$，因此 D_1、D_2 可按正弦定理求得；α_{AP}、α_{BP} 可按式(9-37)计算。不难想象，这些计算为 P 点坐标提供数据准备。一般地，P 点坐标按这种数据准备推证的原理公式计算，即

$$x_P = \frac{x_A \cot\beta + x_B \cot\alpha + y_B - y_A}{\cot\alpha + \cot\beta}$$
$$y_P = \frac{y_A \cot\beta + y_B \cot\alpha + x_A - x_B}{\cot\alpha + \cot\beta} \quad (9\text{-}38)$$

式中，x_A、y_A、x_B、y_B 分别是 A、B 坐标，x_P、y_P 是 P 点坐标。

为了检核 P 点坐标计算的正确性，也可另测 α、β 来计算 P 点坐标，选一个新的已知点，如 C 点(见图 9.16)，按上述方法观测 α'、β' 角度，则计算公式为

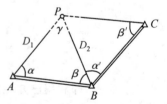

图 9.16 测角前方交会

$$x'_P = \frac{x_B \cot\beta' + x_C \cot\alpha' + y_C - y_B}{\cot\alpha' + \cot\beta'}$$
$$y'_P = \frac{y_B \cot\beta' + y_C \cot\alpha' + x_B - x_C}{\cot\alpha' + \cot\beta'} \quad (9\text{-}39)$$

检核公式为

$$\delta_x = x_P - x'_P$$

$$\delta_y = y_P - y'_P \quad (9\text{-}40)$$

$$\Delta D = \sqrt{\delta_x^2 + \delta_y^2} \leqslant 2 \times 0.1M \quad (9\text{-}41)$$

式中，M 是选定的相对误差的分母。

9.4.3 测角后方交会

基本图形如图 9.17 所示，图中 A、B、C 是已知点，α、β 是在待定点 P 观测的角度。后方交会仅用 A、B、C 三个已知点的坐标及观测角 α、β，即可计算 P 点的坐标，计算步骤如下：

(1) 计算 B 点到 P 点的方位角正切值

$$Q = \tan\alpha_{BP} = \frac{(y_B - y_A)\cot\alpha - (y_C - y_B)\cot\beta - (x_C - x_A)}{(x_B - x_A)\cot\alpha - (x_C - x_B)\cot\beta + (y_C - y_A)} \quad (9\text{-}42)$$

式中，x_A、y_A、x_B、y_B、x_C、y_C 分别是 A、B、C 点的坐标。

(2) 计算系数 k

$$k = (y_B - y_A)(\cot\alpha - Q) - (x_B - x_A)(1 + \cot\alpha \times Q) \quad (9\text{-}43)$$

(3) 计算坐标增量

$$\Delta x = \frac{k}{1 + Q^2} \quad (9\text{-}44)$$

$$\Delta y = \Delta x \times Q \quad (9\text{-}45)$$

(4) 求 P 点坐标 x_P、y_P

$$x_P = x_B + \Delta x \quad (9\text{-}46)$$

$$y_P = y_B + \Delta y \quad (9\text{-}47)$$

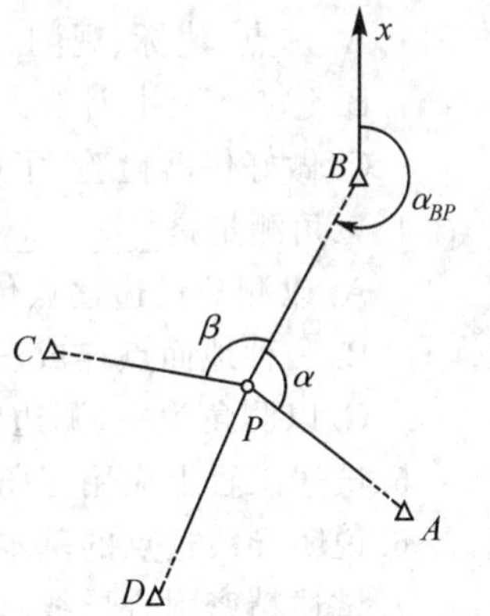

图 9.17 测角后方交会

(5) 注意事项

① 后方交会所用已知点 A、B、C 按图示逆时针排列定名，并设 $\angle BPA$ 为 α，$\angle CPB$ 为 β。

② 在设计上，P 点不能选定在 A、B、C 三点构成的三角形外接圆上，否则无解。

③ 检核 P 点坐标的正确性，可选另一新已知点，如图 9.17 中以 D 点代替 C 点构成新的后方交会系统，计算 P 点的新坐标 x'_P、y'_P，按式(9-40)、式(9-41)计算有关检核参数。

9.4.4 对边测量

基本图形如图 9.18 所示，图中，在 P 点测量边长 D_1、D_2 和角度 γ 观测值 D'_1、D'_2、γ'。根据余弦定理，P 点的对边 AB 长 D'_{AB} 按下式计算，即

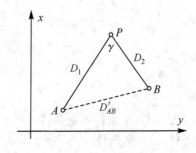

图 9.18 对边测量

$$D'_{AB} = \sqrt{D'^2_1 + D'^2_2 - 2D'_1 D'_2 \cos\gamma} \qquad (9\text{-}48)$$

习 题

1. 简述概念：控制点、控制测量、控制测量工作规则。
2. 控制测量是_____。
   A. 限制测量的基准
   B. 工程建设和日常工程测量的基础
   C. 进行工程测量的技术过程
3. 控制测量的基本工作内容是_____。
   A. 选点、建标、观测、计算和总结
   B. 建点、观测、计算
   C. 做好仪器检验，了解控制点情况，明确观测要求
4. 三角测量是_____。
   A. 以测角量边逐点传递确定地面点平面位置的控制测量
   B. 一种地面点连成三角形的卫星定位技术工作
   C. 以测角为主、测边为辅，甚至只测角不测边，观测工作比较简单
5. 试述工程上应用三角测量法、导线测量法的基本图形。
6. 说明导线选点的基本要求和特殊要求。
7. 试述精密附合导线基本条件方程的数据准备要求。
8. 附合导线的三个条件方程中，方位角条件是__(1)__，x 坐标条件是__(2)__，y 坐标条件是__(3)__。

(1)   A. $\alpha_{AB} + n180 + \sum_{1}^{n-1}\beta_i - \alpha_{CD} = 0$ (2)   A. $x_A + \sum_{1}^{n}\Delta x_i - x_c = 0$

       B. $\alpha_{AB} + n180 - \alpha_{CD} = 0$ B. $x_B + \sum_{1}^{n}\Delta x_i - x_c = 0$

       C. $\alpha_{AB} + n180 + \sum_{1}^{n}\beta_i - \alpha_{CD} = 0$ C. $x_B + \sum_{1}^{n-1}\Delta x_i - x_c = 0$

(3)   A. $y_A + \sum_{1}^{n-1}\Delta y_i - y_c = 0$

       B. $y_B + \sum_{1}^{n}\Delta y_i - y_c = 0$

       C. $y_B + \sum_{1}^{n-1}\Delta y_i - y_c = 0$

9. 闭合导线的条件方程有_____。
   A. 内角和条件、x 坐标增量条件、y 坐标增量条件
   B. 方位角条件、x 坐标条件、y 坐标条件
   C. 方位角条件、x 坐标增量条件、y 坐标增量条件
10. 附合导线计算 $W_\alpha = -62.3''$，$W_x = 0.287$，$W_y = 0.166$，$\sum D = 633.285$。规范要求

$k_容 = 1:2000, W_{a_容}(\pm 40\sqrt{n}, n = 6)$。问:$W_a$、$W_x$、$W_y$ 是否满足要求?

11. 一般闭合导线计算题:观测数据及已知数据如图 9.19 所示,按表 9-5 的形式计算。

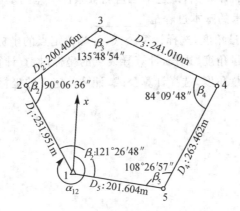

已知点 1 坐标 x_1:1000.000m　已知方位角　$\alpha_{12} = 335°24'00''$

y_1:2000.000m

图 9.19　闭合导线

12. 一般附合导线计算题:观测数据及已知数据见图 9.20,按表 9-5 的形式计算。

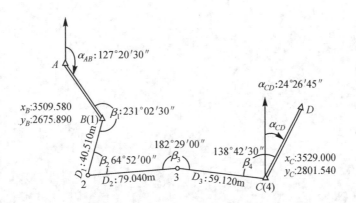

图 9.20　附合导线

13. 检查导线个别错误有哪些方法?

14. 三角形条件闭合差是_____。

　　A. 三角形内角改正数之和

　　B. 三角形内角观测值之和与三角形内角和真值的差值

　　C. 三角形内角观测值之和与三角形内角和的差值

15. 小三角锁计算 D'_n 的目的是_____

　　A. 求正弦秒差

　　B. 评价已知长度 D_n 与 D'_n 的差额

　　C. 解决小三角锁的计算

16. 小三角网有哪些基本图形?各种图形有哪些条件式?
17. 试述连续三角锁的边长条件式的形式和符号意义。
18. 根据连续三角锁的计算例,试述小三角测量条件平差的基本步骤。
19. 测角前方交会技术的基本过程是_____。

  A. 在待定点上测量角度,选择计算公式,计算待定点的坐标

  B. 在导线点上测量角度、边长,计算导线点的坐标,检查计算结果

  C. 在已知点上测量角度,选择计算公式,计算待定点的坐标

第 10 章 地形图测绘原理

学习目标:掌握地形图的基本概念和地形图图式基本知识,掌握碎部测量原理和模拟地形测量的基本方法。

10.1 概 述

10.1.1 地形图的概念

地形图是根据一定的投影法则,使用专门符号,经过测绘综合,将地球表面缩小在平面的图件,或者是存储在数据库中的地理数据模型。

地图的投影法则是地形图成图的基础。采用正确的投影法则使投影在平面图形上点位与地面上的点位位置一一对应,即满足一定的数学关系,具有等同的量度性质。

地形图所表示的地球表面,一方面属于山河湖海等自然现象和环境资源;另一方面属于人类活动的社会现象,其中包括有人类生产活动构造物的空间分布情况等。由于地球表面的自然现象、环境资源和人类活动社会现象的复杂性、多样性、多变性,如何展示地球表面成为测量科学技术的特有任务。因此,测绘是地形图测量的基本技术,地形图是以测量科技展示地球表面形态与大小的测绘成品。使用专门符号可以直观地表示地球表面的形态与性质。综合是测绘的技术技能之一。综合,即进行抽象化的过程,使地球表面比较形象地反映在地形图上。

图 10.1 是一幅地形图的局部,记载着该区域大量的地理信息,其中有居民地、城镇、农田、工厂的分布状态;有山地、平原、道路、河流的现势;标记着地表上点位之间的位置关系、性质以及名称等。以测绘技术完成的地形图,是人们开阔眼界、认识地球表面的工具和改造自然的重要依据。

在各种工程建设中,有各种专用地形图[①]。如按路线工程建设一定走向和带状宽度测绘的地形图,称为带状地形图,简称带状。带状宽度为 100~300m 不等。

10.1.2 地形图的比例尺

地形图比例尺,即地形图纸上两点之间的距离 d 与相应地面两点实际平面距离 D 的比值,简称比例尺,用 $1:M$ 表示,即 $1:M = d:D$。M 可表示为

$$M = \frac{D}{d} \tag{10-1}$$

---

① 专用地形图:或称专题地图,是一种根据某种专业技术需要,着重描述某些自然现象和社会现象的地形图。

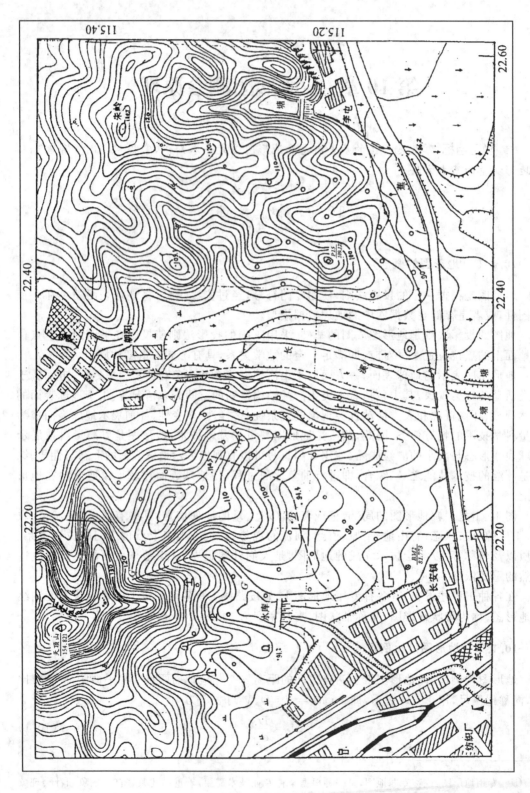

图10.1 一幅地形图的局部

式中,M 称为比例尺的分母。

比例尺($1:M$)是把地球表面缩小表示为地形图的依据。比例尺有小、中、大几种类型。其中：

小比例尺:$1:1000000$,$1:500000$,$1:200000$,$1:100000$；

中比例尺:$1:50000$,$1:25000$,$1:10000$；

大比例尺:$1:5000$,$1:2000$,$1:1000$,$1:500$。

通常把小比例尺的图件称为地图。中、大比例尺的图件是一种比较详细描述地球表面的地图,称为地形图。

10.1.3 地形图精度

根据式(10-1),地面两点的距离 D 可表示为

$$D = d \times M \tag{10-2}$$

如果 m_d 是图上的量距误差,按误差传播律,由式(10-2)可得

$$m_D = M \times m_d \tag{10-3}$$

式中,m_D 是地形图表示距离 D 的表示误差。显然,在 m_d 一定的情况下,m_D 的大小取决于地形图比例尺分母 M,因此表示误差 m_D 称为地形图比例尺精度,简称为地形图精度。一般地,图上量距误差 m_d 等于人眼分辨率(± 0.1mm),所以,地形图精度等于人眼分辨率与比例尺分母 M 的乘积,即

$$m_D = 0.1 \times M \tag{10-4}$$

根据不同的比例尺,按上式可列出各种不同比例尺的地形图精度,见表10-1。从表中可见,比例尺越大,地形图的精度越高；比例尺越小,地形图的精度越低。

表 10-1 　　　　　　**不同比例尺的地形图精度(单位:m)**

比例尺分母 M	200	500	1000	2000	5000	10000
地形图精度 m_D	0.02	0.05	0.1	0.2	0.5	1.0

10.2　地形图图式

10.2.1　概念

在地形图中用于表示地球表面的专门符号规定称为地形图图式。我国公布的《地形图图式》是一种国家标准,它是测绘、编制、出版地形图的重要依据,是识别地形图的内容,使用地形图的重要工具。《地形图图式》所规定的符号有表示地面物体的地物符号,也有表示地面起伏形态的地貌符号。

10.2.2　地物符号

在《地形图图式》中,地物符号占有最多的内容,其中包括山、河、湖、海、植被、矿藏资源等天然地物和居民住宅、城镇、工厂、学校以及交通、水利、电力等人类活动的构造地物。人类活动的构造地物又分为建筑物和构筑物,其中,建筑物指的是楼堂馆所、厂房棚舍等,构筑物指的是路桥塔井、管线渠道等。图10.2列出了部分比较常用的地物符号。

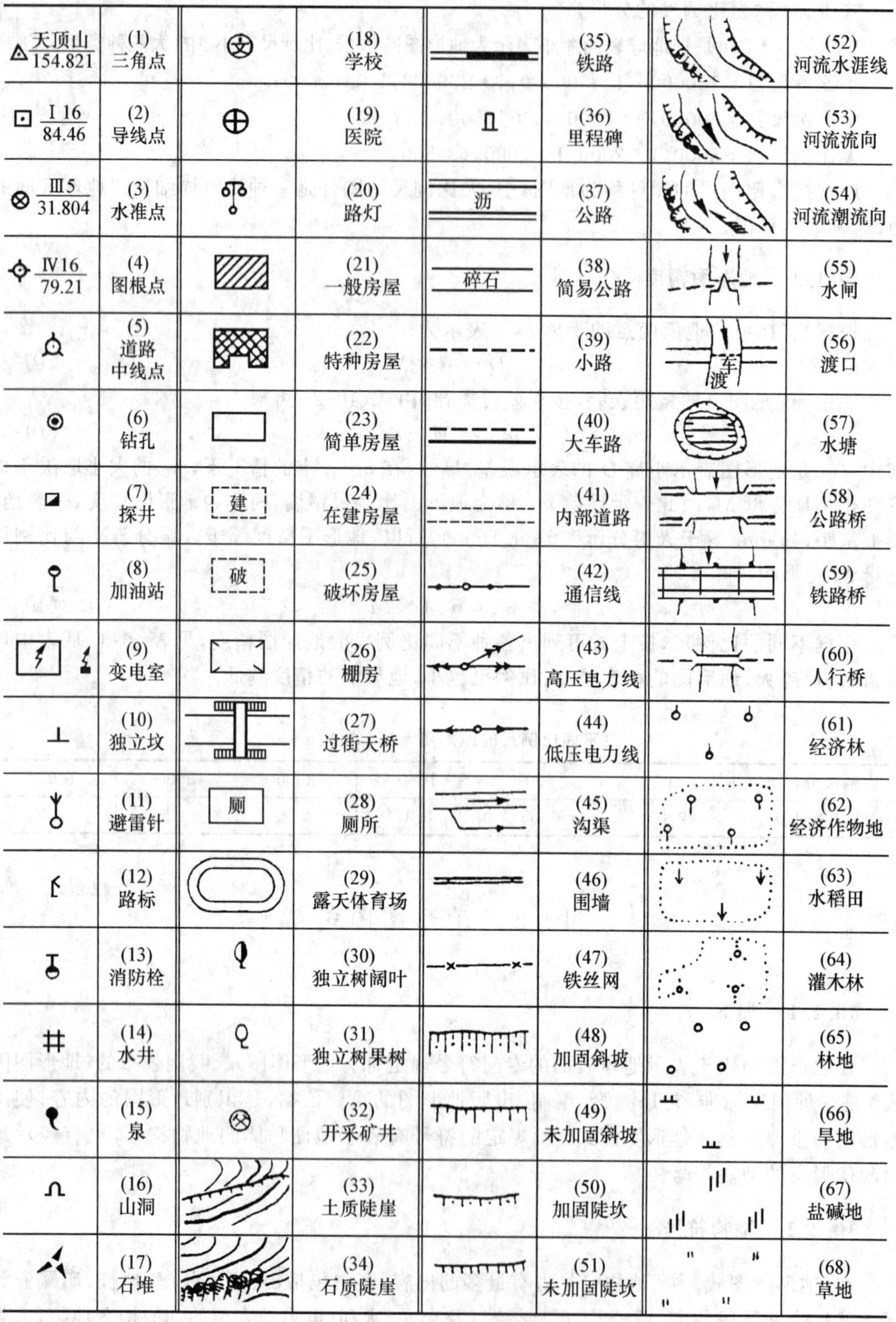

符号	名称	符号	名称	符号	名称	符号	名称
天顶山△ 154.821	(1) 三角点	⊗	(18) 学校		(35) 铁路		(52) 河流水涯线
⊡ I 16 / 84.46	(2) 导线点	⊕	(19) 医院	⊓	(36) 里程碑		(53) 河流流向
⊗ III 5 / 31.804	(3) 水准点		(20) 路灯	沥	(37) 公路		(54) 河流潮流向
◇ IV 16 / 79.21	(4) 图根点		(21) 一般房屋	碎石	(38) 简易公路		(55) 水闸
	(5) 道路中线点		(22) 特种房屋		(39) 小路	车渡	(56) 渡口
⊙	(6) 钻孔	▭	(23) 简单房屋		(40) 大车路		(57) 水塘
◣	(7) 探井	建	(24) 在建房屋		(41) 内部道路		(58) 公路桥
⚲	(8) 加油站	破	(25) 破坏房屋		(42) 通信线		(59) 铁路桥
	(9) 变电室	▭	(26) 棚房		(43) 高压电力线		(60) 人行桥
⊥	(10) 独立坟		(27) 过街天桥		(44) 低压电力线		(61) 经济林
⚘	(11) 避雷针	厕	(28) 厕所		(45) 沟渠		(62) 经济作物地
	(12) 路标	◯	(29) 露天体育场		(46) 围墙		(63) 水稻田
	(13) 消防栓	⚘	(30) 独立树阔叶		(47) 铁丝网		(64) 灌木林
#	(14) 水井	⚘	(31) 独立树果树		(48) 加固斜坡		(65) 林地
	(15) 泉	⊗	(32) 开采矿井		(49) 未加固斜坡		(66) 旱地
∩	(16) 山洞		(33) 土质陡崖		(50) 加固陡坎		(67) 盐碱地
✦	(17) 石堆		(34) 石质陡崖		(51) 未加固陡坎		(68) 草地

图 10.2 《地形图图式》规定的符号

地物符号有以下四种类型：

1. 比例符号

比例符号是按地物的实际大小，以规定的比例尺缩小测绘在图上的符号。如图10.2中的房屋、露天体育场、湖、塘、街道、天桥、居民点等。在大比例尺的地形图中，比例符号是使用比较多的地物符号。

2. 非比例符号

不能按地物实际占有的空间成比例缩绘于地形图上的地物符号，称为非比例符号。如三角点、水准点、消防栓、地质探井、路灯、里程碑等独立地物，无法按其大小在图上表示，只能以规定的非比例符号表示。在比例尺较大的地形图中，加有外围边界的非比例符号具有比例符号的性质，如宝塔、水塔、纪念碑、庙宇、坟地等。

3. 线性符号

在宽度上难以按比例表示，在长度方向上可以按比例表示的地物符号，称为线性符号，如电力线、通信线、铁丝网、围墙、境界线、小路等。

4. 注记符号

具有说明地物性质、用途以及带有数量、范围等参数的地物符号，称为注记符号。如"文"表示学校的一种注记符号，"⊕"表示医院的一种注记符号；又如植被的种类说明、特种地物的高程注记等。

10.2.3 等高线

1. 概念

等高线是表示地面上高程相同的相邻点所构成的闭合曲线。等高线是描述地面高低起伏形态的基本地貌符号。

地物线性符号没有高程注记，本身不存在高低性质，等高线似是线性符号，但本身具有高程意义。要理解等高线的意义，可以借助某一高程的水平面与曲面相割的形象，这时可把山头表面当做一个曲面，如图10.3所示。图中，假设高程分别为75m、70m、65m的A、B、C三个水平面与山头的曲面相割，其割线分别是代表三个不同高程的三条闭合曲线。将三条闭合曲线垂直投影到一个平面上，便形成同一平面上的三条闭合曲线，代表三个不同的高程。

2. 等高线的参数

(1) 等高距

相邻等高线之间的高差，称为等高距。图10.3中，投影在平面上的两根相邻等高线的等高距是5m。在工程测量规范中，对等高距做了统一的规定，这些规定的等高距称为基本等高距，用 h_d 表示，见表10-2。

(2) 等高线平距

地形图纸上相邻等高线之间的水平距离称为等高线平距，用 d 表示。等高线位置不同，则平距长短不一。如图10.3所示，左边等高线平距 d_1 比右边等高线平距 d_2 短。

表 10-2　　　　　　　　　　　基本等高距 h_d 表（单位：m）

地形类别	比例尺			
	1：500	1：1000	1：2000	1：5000
平坦地	0.5	0.5	1	2
丘陵地	0.5	1	2	5
山　地	1	1	2	5
高山地	1	1	2	5

（3）等高线坡度

基本等高距 h_d 与等高线平距实际长度的比值表示等高线之间地表的坡度，称为等高线坡度，用 i 表示，即下式中 d 是等高线平距，M 是地形图比例尺的分母。

$$i = \frac{h_j}{dM} \times 100\% \qquad (10-5)$$

3. 等高线种类

在一张地形图中，有多种等高线表示地貌状态：

首曲线：按地形图的基本等高距绘制的等高线，称为首曲线。首曲线的线宽为 0.15mm，是表示地貌状态的主要等高线。

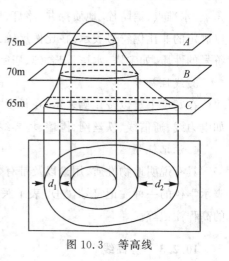

图 10.3　等高线

计曲线：计注有整数地面高程的等高线，称为计曲线。计曲线的线宽为 0.30mm，计曲线是辨认等高线高程的依据。

间曲线：是一种内插等高线，用线宽 0.15mm 的虚线表示。间曲线与相邻等高线的等距是基本等高距的一半，用于首曲线难以表示出地貌状态的地段。

4. 等高线与地貌的关系

① 如果内闭合曲线的高程 $H_内$ 大于外闭合曲线的高程 $H_外$，即 $H_内 > H_外$，则山头必在闭合曲线的内圈中，而高程低的山脚必在闭合曲线的外圈。根据这种关系，可以观察山头和山脚的地貌分布情况。山脚是山坡与平坦地的分界点，称为山脚点。相邻山脚点的连线，称为山脚线。

② 如果内闭合曲线的高程 $H_内$ 小于外闭合曲线的高程 $H_外$，即 $H_内 < H_外$，则洼地必在闭合曲线的内圈中。根据这种关系，可以观察低洼的地貌分布情况。

③ 如果等高线的分布比较密，则等高线之间的平距 d 比较短，说明此地貌坡度比较陡峭；如果等高线的分布比较稀，则等高线之间的平距 d 比较长，说明此地貌坡度比较平缓。

如果在一定的范围内，等高线之间的平距大致相等，说明在这个范围内的地面坡度不变。地面坡度变化点，称为变坡点。地面相邻变坡点相连存在的分界线，称为变坡线。

④ 在等高线的集合处，等高线的平距 d 为零，说明此地带很陡，且有悬崖、陡坡地貌符号。

⑤ 在等高线的弯曲处，若凸向低处，则该弯曲处是山脊点位置，沿着各山脊点便形成山脊线；若弯曲处凸向高处，则弯曲处是山谷点位置，沿各山谷点便形成山谷线。往往在靠近山

顶的等高线弯曲处会有一根指向低处的短线,称为示坡线。示坡线的方向表示坡度的走向。

山脊线、山谷线、示坡线、变坡线以及山脚线又称为地性线。通常图上不绘出地性线。

⑥ 地面某处同时有四根相邻等高线,其中有两根同高的等高线,有两根同低的等高线,则该处地貌是鞍部。

描述地貌的还有冲沟、陡坎、地裂等符号。

图 10.4(a)是地势景观图,图 10.4(b)是等高线描绘的地形图,根据等高线与地貌的关系,便可以进一步认识图 10.4(a)的地貌形态。

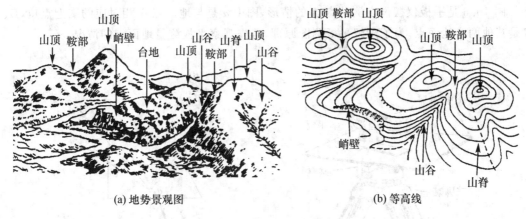

图 10.4　地势景观图与等高线

10.3　地形图测绘概念

10.3.1　地形测绘成图的技术方式

地形测绘成图的技术方式有两类,即摄影测量和碎部测量。

1. 摄影测量

在第 1 章中已说明了摄影测量与遥感学的概念。就其摄影测绘成图方式来说,摄影测量是以摄影的方法获得所摄物体的相片为基础,研究如何确定物体的形状、大小及其空间位置的学科。这门学科主要有航空摄影测量及地面摄影测量。为了测绘大面积的地形图,利用安装在飞机上的摄影机对地面进行摄影,然后将获得的摄影像片进行技术处理,并绘制成地形图,这个工作过程称为航空摄影测量。利用安装在地面上三脚架上的摄影机,对一些待测地形进行摄影,然后将获得的摄影像片进行技术处理并绘制成地形图,这个工作过程称为地面摄影测量。最近十多年以来,摄影测量技术在"模拟一解析一数字"过程中发展很快,是我国测绘地形图的主要技术,是获取地理信息的重要技术手段,在大面积测绘各种比例尺基本地形图中发挥着重要的作用。本书限于测量技术基础的内容和篇幅,不对摄影测量技术进行详细介绍。

2. 碎部测量

碎部测量是工程地形测绘最基本的野外测绘技术。根据平板测图原理,以图根点(控制点)为测站,利用全站测量技术,将测站周围碎部点(或细部点)位置按选用的比例尺测绘于平面图板上的技术,称为碎部测量。碎部测量的基本原理和方法是一般地形模拟-数字测绘技术的基础。

10.3.2 平板测图原理

平板测图,是以相似形理论为依据,以图解法为手段,按比例尺的缩小要求,将地面点测绘到平面图纸上而成地形图的技术过程。如图10.5所示平板仪是包括贴有图纸的平板、基座、三脚架及照准器的测绘仪器。照准器是用于瞄准目标的仪器,其中的望远镜与经纬仪的望远镜相同。

图10.6是平板仪摆设在测站点 A 的情形,图中 a 是与地面点 A 相对应的图上点位,B、C 是其他两个地面点。为了理解平板测图原理,首先观察平板测量地面点的情况:

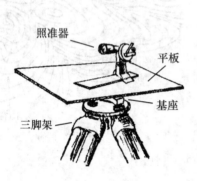

图10.5 平板仪

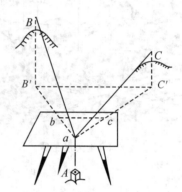

图10.6 平板测图原理

① 在 A 点设平板仪,图上 a 点与地面点 A 在同一垂线上,另外的地面点 B、C 设有目标。
② 瞄准,即在 a 点用瞄准器分别瞄准 B、C,得视线 aB、aC。假设 B、C 按自身的垂直方向投影到平板所在的平面上,则 aB'、aC' 就是视线 aB、aC 在平面上的投影长度。

$$ab = \frac{aB'}{M} \tag{10-6}$$

$$ac = \frac{aC'}{M} \tag{10-7}$$

③ 在图纸上定 B、C 的位置。设 aB'、aC' 为可知值,根据比例尺的缩小要求,使式中 M 是比例尺的分母。则沿 aB'、aC' 方向按 ab、ac 长度在图上定点 b、c。
④ 以上的结果是:
$\angle bac = \angle B'aC'$,表明图上 b、c 点与 a 点的位置在方向上与实地 B、C、A 点平面位置一致。
$\triangle bac \backsim \triangle B'aC'$,表明 AB、AC 的实地水平距离可以利用图上 ab、ac 与 M 的关系求得。
以上结果表明图上的点位与实地的点位的可量性关系已经存在,图上的点位能够反映地面点的位置形态。

10.3.3 碎部测量的几个概念

碎部测量基本技术程序如图10.7所示。其中的方案拟定、控制测量、地形调查是前期工作。

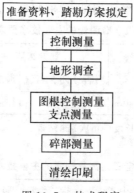

图 10.7　技术程序

图根点：测绘地形图的控制点称为图根控制点，简称图根点。图根点是碎部测量的依据，是测绘地形图的基准点。图根点控制测量是碎部测量的基础工作，基本上按第九章平面控制测量和高程控制测量的原理方法测量，也可以采用 GPS-RTK 技术测量。常规图根点的建立多采用导线测量和插点技术，基本技术要求见表 10-3、表 10-4、表 10-5、表 10-6。图根控制测量应同时顾及地形情况，注意补充支点（如导线支点、水准支点等）。

碎部点：即碎部特征点。碎部点有地物特征点和地貌特征点。

地物特征点：能够代表地物平面位置，反映地物形状、性质，且便于测量的地物特殊点位，称为地物特征点，简称地物点。如地物轮廓线的转折点：建筑物墙角、拐角处、道路河岸转弯处等；又如地物的形象中心：路线中心交叉点、电力线的走向中心、流水沟渠中心等。

表 10-3　　　　　　　　　　一般地区解析图根点的数量

测图比例尺	图幅尺寸	解析图根点数		
		全站仪测图	GPS-RTK	平板测图
1∶500	50×50	2	1	8
1∶1000	50×50	3	1—2	12
1∶2000	50×50	4	2	15
1∶5000	40×40	6	3	30

表 10-4　　　　　　　　　　图根导线测量的主要技术要求

导线长度 m	相对闭合差	测角中误差		方位角闭合差		备注
		一般	首级控制	一般	首级控制	M 为测图比例尺分母；a 为比例系数，一般取 1；当 M 为 500、1000 时，a 为 1～2
$\leqslant aM$	$\leqslant 1∶2000a$	30″	20″	$60\sqrt{n}$	$40\sqrt{n}$	

地貌特征点：容易体现地貌形态、反映地貌性质，且便于测量的地貌特殊点位，称为地貌特征点，简称地形点。如地面变坡点、山顶、鞍部等，地性线起点、转弯点、终点等是反映地面性质变化的分界特征点。

地形图比例尺的选用：不同比例尺地形图在工程建设中有不同的作用，表 10-7 列出工程建设三种不同阶段可选用的地形图比例尺,碎部测量之前应根据工程建设需要认真选用。

表10-5　　　　　　　　　　图根水准测量的主要技术要求

仪器类型	每千米高差全中误差	附合路线长度	视线长度	观测次数		往返较差、附合或环线闭合差	
				附合或闭合路线	水准支线	平地	山地
DS10	±20mm	≤5km	≤100m	往一次	往返一次	$40\sqrt{L}$	$12\sqrt{n}$

注:L 往返测段、附合或环水准路线长度(km),n 测站数。

表10-6　　　　　　　　　图根光电三角高程测量的主要技术要求

每千米高差全中误差	附合路线长度	仪器精度等级	中丝法测回数	指标差较差	竖直角互较差	对向观测高差较差	附合或环线闭合差
±20mm	≤5km	6″级仪器	2	25	25	$80\sqrt{D}$mm	$40\sqrt{\sum D}$

注:D 为光电测距边长,单位为 km。

表10-7　　　　　　　　　　地形图比例尺的选用

地形图的比例尺	选 用 目 的
1:5000	可行性研究,总体规划,新居民点、工厂选址、初步设计等
1:2000	可行性研究,初步设计,工矿总图管理,城镇详细规划
1:1000,1:500	初步设计,施工图设计,城镇、工矿总图管理,竣工验收等

10.3.4　碎部测量的图板准备

一般传统的地形图是分幅测绘的。图板准备即按分幅测绘的要求,在平板上贴图纸,画坐标格网,展绘图根点等。

1.贴图纸(聚脂薄膜图纸)

图纸规格为10cm×10cm 的方格。适用于测绘土木工程大比例地形图。贴图纸,先在平板上贴上白色绘图纸,然后把聚脂薄膜图纸用透明胶纸套贴在有白色绘图纸的图板上。

若图纸没有方格,可用坐标格网尺按"绘对角线—定矩形—定方格位—绘方格"步骤绘好方格,如图10.8所示。

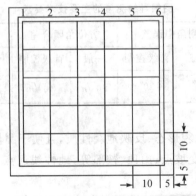

图10.8　图纸规格 50cm×50cm

2. 注记分格位坐标

设所在图幅左下角 1 的坐标为 x_1、y_1,则各分格位的坐标是

$$x_n = x_1 + 0.1M(n-1) \tag{10-8}$$

$$y_n = y_1 + 0.1M(n-1) \tag{10-9}$$

式中,n 是坐标分格网从起始位开始的分格位数;M 是比例尺分母。坐标值均化为 km 单位注记在分格位附近,如图 10.9 所示。

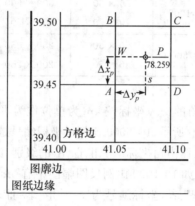

图 10.9 分格位坐标与展点

3. 展点

把图根点(包括其他控制点)展绘到有方格网的图幅中的工作,称为展点。如 P 点的位置参数是 x_P、y_P(坐标)和 H_P(高程),把 P 点展到图中的工作为:

① 求 Δx、Δy:

$$\Delta x = x_P - x_A \tag{10-10}$$

$$\Delta y = y_P - y_A \tag{10-11}$$

式中,A 是 P 点所在方格的左下角点,如图 10.9 所示,故 x_A、y_A 是该方格左下角点的坐标。

② 在方格中量取 Δx、Δy,定 P 点,定点较差为 0.2mm。

③ 注记点的符号、名称、高程。如图 10.9 中的图根点的符号,点名为 P,高程 $H = 78.259$m。

④ 检查。各图根点展绘到图上以后,对各点之间的边长进行检查,即把按比例尺缩小的长度与图上的相应丈量长度进行比较,较差小于 0.3mm。

10.3.5 正方形(含矩形)分幅的概念

地形图分幅有梯形分幅和正方形分幅。这里仅介绍大比例尺地形图的正方形分幅,主要有按坐标编号和自由编号的两种形式。梯形分幅可参阅地形测量相关书籍。

1. 坐标编号分幅形式

坐标编号分幅的图幅长宽相等的正方形或长宽不等的矩形,分幅以 1∶5000 比例尺为基础,按四种规格逐级扩展。坐标编号分幅形式、长宽尺寸规格见表 10-8。

表 10-8　　　　　　　　　　正方形（含矩形）分幅的规格

规格	形式	比例尺	图幅长宽 (cm×cm)	实地长宽 (m×m)	实际面积	1km² 图幅数
第一级	正方形	1：5000	40×40	2000×2000	4	0.25
第二级	正方形 矩形	1：2000	50×50 40×50	1000×1000 800×1000	1 0.8	1 1.25
第三级	正方形 矩形	1：1000	50×50 40×50	500×500 400×500	0.25 0.20	4 5
第四级	正方形 矩形	1：500	50×50 40×50	250×250 200×250	0.0625 0.05	16 20

坐标编号多以图幅西南角的 x、y 坐标按 km 为单位作为本图幅的图号,以 1：5000 比例尺为基础逐级扩展。如图 10.10 所示,1：5000 比例尺坐标编号是西南角的坐标 x-y,其余比例尺坐标编号是 1：5000 比例尺西南角坐标加 I、II、III、IV 的级别。如 1：2000 比例尺图幅图中有"★"者,坐标编号为 x-y-II,如 1：1000 比例尺图幅图中有"★"者,坐标编号为 x-y-II-I, 1：500 比例尺图幅图中有"★"者,坐标编号为 x-y-II-I-III。

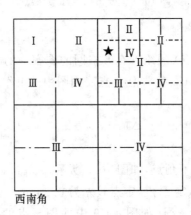

图 10.10　分幅与编号

2. 自由编号分幅形式

根据地形测图的区域和实际自行分幅编号如图 10.11 所示。

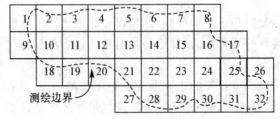

图 10.11　自由分幅与编号

10.4 碎部测量基本方法

地形图碎部测量的基本方法主要有光学速测法和全站速测法。

10.4.1 光学速测法

光学速测法,或称经纬仪速测法,或称经纬仪测绘法,是实施碎部测量的基本技术工作,具体如下:

① 在图根点上安置经纬仪等,即设站。在经纬仪速测法中,经纬仪代替平板仪的照准器。

② 测量碎部点的水平角 β,按视距原理测量碎部点的平距和高程,应用视距原理公式是式(3-69)和式(4-43)。

③ 平板绘图把碎部点的位置确定在图板上。

经纬仪速测法测绘地形图的工作人员有观测员、绘图员和立尺员 2~3 人。主要仪器工具 DJ6 级经纬仪、标尺和小平板,在测图前应检验,保证可靠可用。其中,经纬仪竖直度盘指标差小于 $1'$,视距常数在 $100\pm0.1\text{m}$ 之内。测绘工具还有小钢尺、大量角器、三棱比例尺、二脚规、直尺、计算器、铅笔、小刀、橡皮等。

10.4.2 设站与立尺

1. 设站安置经纬仪

主要工作有:① 在图根点上按要求对中整平仪器;② 量仪器高,即用小钢尺量取图根点至经纬仪望远镜转动中心的高度,并做好记录;③ 经纬仪盘左瞄准起始方向,如图 10.12 所示,选地面上 B 点作为起始方向瞄准(设有目标);④ 度盘置零。

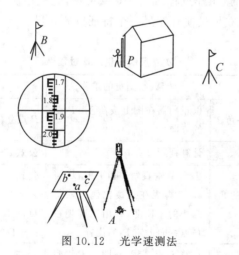

图 10.12　光学速测法

2. 安置平板仪

平板仪安置在经纬仪附近,图纸中的点位方向与实地点位方向一致,接着:

① 定向。根据经纬仪选择的起始方向,用铅笔在图上画出一条定向细直线。

② 安置量角器。图 10.13 中的量角器是一个半圆有机玻璃板,圆弧边按逆时针顺序刻有

角度值,最小分划 20′;量角器直线边沿有中心小孔。用小针穿过量角器中心小孔与图上相应的测站点中心固定在一起。量角器绕小针转动时,定向细直线可以指出量角器的角度值,如图 10.14 所示。

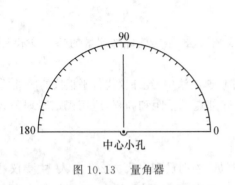

图 10.13　量角器

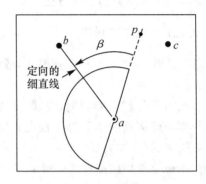

图 10.14　安置量角器

3. 检查

经纬仪测量检查角,如图 10.12 所示,测得地面点 B、A、C 的水平角与图 10.14 中量角器标定方向 ac 比较,偏差小于 0.3mm。

4. 立尺

这是立尺员把标尺立在地形特征点上,等待测站观测员测量的工作。

10.4.3　光学速测法测定碎部点

这是把碎部点测定到图板上的测量工作,以图 10.12 所示的民用住房为例,表 10-9 说明了一次立尺于 P 点的测量工作过程。由表 10-9 可见,完成一次立尺测定一个碎部点有四个步骤的测量工作。此后,立尺员便开始另一个特征点的立尺。

表 10-9　　　　　　　　　　一次立尺的测量工作过程

观测步骤	观测员的工作	计算、绘图员的工作	备　　注
1	观测 P 点的水平角 β	以量角器在图上按 β 定出 P 点的方向	P 点立标尺(见图 10.9、图 10.11)
2	读取标尺上的 $l_下$、$l_上$	计算视距 d'　$l = l_下 - l_上$	公式 $d' = 100l$
3	读取竖直度盘的角度 L	① 计算垂直角 α 和平距 D ② 二脚规在三棱比例尺取得缩小的 s 长度,并用二脚规在 P 点方向上定 P 的位置	公式 $\alpha = 90 - L$ $D = 100l \times \cos^2\alpha$ $s = D/M$　(M 为比例尺分母)
4	读取标尺上的 $l_中$	计算 P 点高程,在图上 P 点附近注记 P 点高程	公式 $H = H_A + 50l\sin2\alpha + i - l_中$

测定碎部点的"测点三注意":

① 加强配合。观测与立尺应有立尺观测计划,观测与立尺配合得当,观测工作进行

顺利。

② 讲究方法。一般地，在立尺方法上应讲究：平坦地段，地物为主，兼顾地貌；起伏地段，地貌为主，兼顾地物；多方兼顾，一点多用。必要时，应绘好立尺附近地形草图。

例如，在山地起伏地段，可采用沿等高路线法立尺，由低及高地逐步在山地周围完成立尺工作，图10.15中的立尺行走路线就是按"S"形沿等高路线法立尺的例子，中途建筑物特征点的立尺是兼顾而为。又如，图10.16是一地域略图，图中的电杆位立尺点，兼顾了两条路的交叉处和电杆位置，所以这个点可代表两条路和电杆的作用。

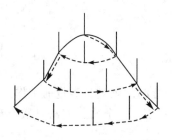
图10.15 "S"形沿等高路线法

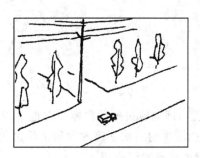
图10.16 一测多用

③ 布点适当。即立尺点的布设应适当。一幅地形图能否如实反映地形情况，与立尺点的密度和均匀性有很大关系，因此，有关规程对地形立尺点的视距长度和立尺点间距提出了相应的技术要求（见表10-10），在测定碎部点时应当做到。

表10-10 视距长度和立尺点间距

比例尺	碎部点间距(m)	最大视距长度(m)	
		地物点	地形点
1∶500	15	60	100
1∶1000	30	100	150
1∶2000	50	180	260
1∶5000	100	300	350

10.4.4 全站速测法测定碎部点

全站速测法是在光学速测法基础上发展起来的，该法应用全站仪的技术优势，由测站的全站仪测量碎部点的反射器实现碎部点的测量。

全站速测法的设站与立镜，如图10.17所示。

① 设站安置全站仪：全站仪在图根点对中整平；量全站仪高；全站仪盘左瞄准起始方向，B点作为起始方向；度盘置零；选择全站仪的显示形式。

② 安置平板仪：与光学速测法相同。

③ 检查：与光学速测法相同。

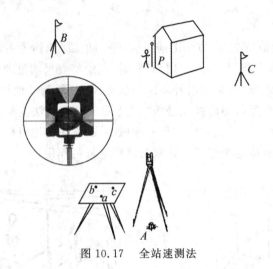

图 10.17 全站速测法

④ 立镜：即立镜员把反射器立在地形特征点上，等待测站观测员测量的工作。

全站速测法的一次立镜的测量工作过程如表 10-11 所述。全站速测法是数字测图的基础，后续章节将有专门介绍。

表 10-11　　　　　　　　　　一次立镜的测量工作过程

观测步骤	观测员的工作	计算、绘图员的工作	备　　注
1	观测 P 点的水平角 β	以量角器在图上按 β 定出 P 点的方向	P 点立反射器
2	D	$s = D/M$，图上定点	M 为测图比例尺分母
3	h	$H = H_A + h + i - l$，注记 P 点高程	l 为反射器高

10.4.5　支点的设置

上一节中的"支点"是图根控制点的补充点。如图 10.18 所示，A、B、C 是已有图根点，图中 e、f、1、2 等碎部点与 A、C 点无法通视，导线法、极坐标法可增设 w 点作为图根点，称为支点。支点的设置方法（极坐标法）如下：

① 根据无法通视碎部点情况在实地设立与原有图根点通视的支点标志，如图 10.18 中的 w 点。

② 测量 Aw 的距离 D_{Aw}，测量角度 α、β（左、右角）各半测回，或测量角度 α 角一测回。

③ 计算 w 点坐标，即

$$x_w = x_A + D_{Aw}\cos\alpha_{Aw}$$
$$y_{Aw} = y_A + D_{Aw}\sin\alpha_{Aw}$$

式中，x_A、y_A 是已知图根点 A 的坐标，$\alpha_{Aw} = \alpha_{AB} + \alpha$，$\alpha_{AB}$ 已知方位角。

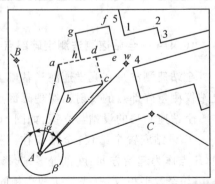

图 10.18　支点的设置

④ 测量计算 w 点高程。

根据碎部测量需要，支点的设置可随时随地进行，并及时将支点展绘于图板上，或将支点坐标、高程输入全站仪。

10.4.6 勾绘地形图

地形图的勾绘主要有地物的勾绘、地貌的勾绘和地形图的整饰等工作内容。勾绘地形图是一项技术性较强的工作，不仅需要灵活的绘图运笔手法，而且应掌握地物点、地形点的取用综合技能。

1. 地物的勾绘

地物形状各异，大小参差不齐，勾绘时，可采用如下方法：

(1) 连点成线，画线成形

按比例尺测绘的规则地物，如楼宇民房等建筑物以三个点测量定位，有利于测绘检核和提高精度，比较容易在图上成形。图 10.18 中，a、b、c 是以测站 A 测绘于图上的三个点，根据楼宇民房的矩形特征便可绘出 ab、bc 的平行线 ad、cd 交于 d，连接 a、b、c、d 从而得到该民房的实际形状。以上利用测绘的三个点 a、b、c 获得图上建筑物实际形状的过程称为三点定形。又如电力线、通信线按中心线测量定位，不论是单杆支承线路，还是双杆或金属架支承线路，均以其中心位置连线成形，称为中心成形。

(2) 沿点连线，近似成形

这种勾绘要求注意点线的综合取舍。如村镇大路宽窄不均，可以沿中心点取线，按平均宽度逐步定路形。又如水系岸边测点的综合取线，在满足精度要求情况下，可灵活忽略河岸的小弯曲部分。

(3) 参照丈量，逐步成形

在建筑物密集的居民地，测站上往往看不到某些地物轮廓点，如图 10.19 中的 e、f、g、h 各点。参照丈量逐步成形，即参照主要点位，逐步丈量地物点的距离，结合地物的结构、形状，以丈量的结果逐步绘图成形。如图 10.19 中的 e、f、g、h 各点可参照上述所定的 a、c、d 点，逐步丈量得 cd、ah、hg、de，逐步绘得另一建筑物的形状。

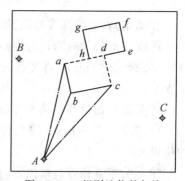

图 10.19　规则地物的勾绘

(4) 符号为准，逐点成形

对于非比例符号表示的地物，按非比例符号的规定，在图上相应的点位上画上该地物的非比例符号。

2. 等高线的勾绘

等高线勾绘是勾绘地貌的主要工作，首先在图上地形点之间确定等高线的位置，其次连接图上同高等高线位置，勾绘出等高线的线条。勾绘等高线的方法有解析法、目估法等。

(1) 解析法

如图 10.20(a) 所示，p_1、p_2 是图上的两个地貌特征点，两点之间的实际地面坡度一定，平距 $d_{12}=24\text{mm}$，高程分别是 $H_1=57.4\text{m}$、$H_2=52.8\text{m}$。地形图基本等高距 $h_j=1\text{m}$。解析法步骤为：

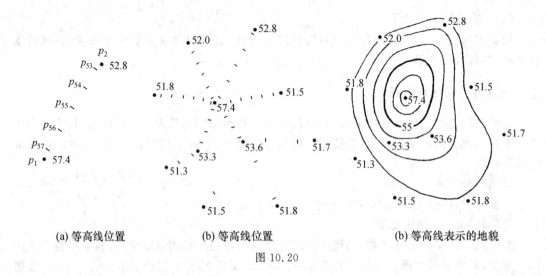

(a) 等高线位置　　　　(b) 等高线位置　　　　(b) 等高线表示的地貌

图 10.20

① 求 p_1、p_2 的高差 h，$h = H_1 - H_2 = 57.4 - 52.8 = 4.6(\text{m})$。

② 根据平距 d_{12}、高差 h 和基本等高距 h_d 求等高线之间的平距，即

$$d = d_{12} \times \frac{h_d}{h} = 24\frac{1}{4.6} = 5.2(\text{mm})$$

③ 定 p_1、p_2 之间等高线数目为 n。本例中 $n = 5$，各等高线高程是 53m、54m、55m、56m、57m。

④ 确定高、低等高线的位置：

高程 57m 的等高线是高等高线，用 p_{57} 表示位置，即 $p_{57} = (H_1 - 57) \times 5.2 = (57.4 - 57) \times 5.2 = 2.1(\text{mm})$。将高程为 57m 的等高线位置 p_{57} 表示在 $p_1 p_2$ 方向离 p_1 点 2.1mm 的位置上。

高程 53m 的等高线是低等高线，用 p_{53} 表示位置，即 $p_{53} = (53 - H_2) \times 5.2 = (53 - 52.8) \times 5.2 = 1.0(\text{mm})$。将高程为 53m 的等高线位置 p_{53} 表示在 $p_1 p_2$ 方向离 p_2 点 1.0mm 的位置上。

⑤ 等分求其他等高线位置。在 p_{53}、p_{57} 之间等分得 p_{54}、p_{55}、p_{56} 的等高线位置。

图 10.20(a) 是按上述步骤确定高程为 53m、54m、55m、56m、57m 五根等高线位置的情形。图 10.16(b) 是按相同步骤确定的等高线位置，图 10.20(c) 是按所定的等高线位置勾绘的等高线的线形，由此便显示出等高线表示的地貌形态。

(2) 目估法

目估法是实际测绘地形图野外作业中广泛应用的方法。该法以解析法原理为基础，兼顾地性线和实际地貌，目估等高线位置，随手勾绘等高线。下面以图 10.20(a) 为例，说明目估等高线位置方法。

① 估计平距 d_{12}、等高线数目 n、等高线之间的平距 $d(= d_{12}/n)$，本例中 $d = 5\text{mm}$。

② 估计高、低等高线的位置。高等高线位置 $p_{57} = \Delta h_{57} \times d = (57.4 - 57) \times 5$，低等高线位置 $p_{53} = \Delta h_{53} \times d = (53 - 52.8) \times 5$。根据 p_{57}、p_{53} 分别在 p_1、p_2 附近定位。

③ 按平均等分估计、定位 p_{54}、p_{55}、p_{56}。

在熟悉解析法的基础上掌握目估法勾绘等高线，必须多练习，才能提高技能，逐步加快

勾绘速度。学会目估法勾绘等高线,有利于随时随地形象展示地貌形态。

勾绘等高线应注意:等高线不得相交,不能中断,不宜穿连地物符号。

3.地形图的整饰、检查

(1) 整饰

整饰即清查整理描绘地形图的工作,包括:

① 擦去不合格线条、符号,注记名称、符号及数字端正。美化等高线,注记计曲线高程。

② 按一定的密度要求,在图上注记地形点、地物点的高程,擦去多余的地形点、地物点的高程。

③ 整理图廓附注。图廓附注包括:图名、图幅编号、接图表、三北方向、比例尺、坡度尺;坐标和高程系统说明等。在图廓相应位置填写测绘单位、人员姓名及测绘日期等。

地形图测绘的点、线是地物、地貌位置的标志,地形图测绘与整饰必须保持点、线位置准确,而且必须保持点、线的大小规格要求。如一般的线粗为 0.15mm。切忌以机械、建筑绘图标注物体大小的方法测绘地形图。

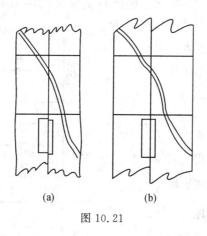

图 10.21

(2) 检查

检查即整饰地形图的比较检查,包括图幅之间边缘拼接检查。比较检查,即各测绘的图幅与实地比较,同时对图幅之间边缘一致性的拼接比较,检查图幅之间线条连续性。线条连续性应符合误差 $\delta \leqslant 1.5m$(m 是地形图的点位误差)。

图 10.21(a)是从两幅图中得到的左右边缘图形拼接在一起,可见建筑物及路线等线条错位,δ 在允许范围内,则两边缘图形取中描绘为图 10.21(b) 的情形;否则,两边缘有关点位重测改正。

习　题

1. 简述概念:地形图、比例尺、地形图精度。
2. 图 10.2 中的图式符号中,哪些是比例符号?哪些是非比例符号?哪些是线性符号?
3. 试述平板测量的原理。
4. 试述碎部测量的概念。试述碎部点的概念和分类。

5. 测绘地形图之前为什么要进行控制测量？
6. 试述经纬仪测绘法测绘一个碎部点的基本步骤。
7. 式(3-69)、式(4-43)中各符号的意义是什么？
8. 试述勾绘地物的方法和解析法勾绘等高线的基本步骤。
9. 下述最接近地形图概念的描述是_____。
　　A. 由专门符号表示地球表面并缩小在平面的图件
　　B. 根据一定的投影法则表示的图件
　　C. 经过综合表示的图件
10. 地形图比例尺表示图上两点之间距离 d 与 __(1)__，用 __(2)__ 表示。
　　(1) A. 地面两点倾斜距离 D 的比值　　(2) A. $M(M=D/d)$
　　　　B. 地面两点高差 h 的比值　　　　　　B. $1:M(M=d/D)$
　　　　C. 地面两点水平距离 D 的比值　　　C. $1:M(M=D/d)$
11. 若图 10.1 中 A、B 两点在地形图上的长度 $d=100\text{mm}$，地形图的比例尺分母 $M=1000$。地形图表示的 A、B 两点实际水平距离 D 为多少？水平距离 D 的精度 m_D 为多少？
12. 判断下列图形,在括号内用"√"认定。

(1)　水准点　（　）　　开采矿井（　）　　医院（　）
(2)　通讯线　（　）　　低压电力线（　）　围墙（　）
(3)　房屋　（　）　　栅房（　）　　在建房屋（　）
(4)　未加固陡坎（　）　未加固斜坡（　）　加固斜坡（　）
(5)　草地（　）　　经济作物（　）　　旱地（　）
(6)　大车路（　）　内部道路（　）　公路（　）

13. 碎部测量根据 __(1)__，在测站上利用全站测量技术将周围 __(2)__ 测绘到平面图板上。
　　(1) A. 地面点投影原理　　B. 相似形原理　　C. 平板测图原理
　　(2) A. 地球表面　　　　　B. 碎部点　　　　C. 地面
14. 地貌特征点是一种 __(1)__，简称 __(2)__。
　　(1) A. 地貌符号　　B. 碎部点　　C. 地物点位
　　(2) A. 地性点　　　B. 地形点　　C. 地貌变化点
15. 归纳起来,经纬仪速测法碎部测量基本工作可简述为_____。
　　A. 在碎部点附近摆设仪器,瞄准测量碎部点形状,在图板上绘制碎部点图形
　　B. 在控制点设站,测量碎部点平距和高程,在图板上绘制等高线图形
　　C. 在图根点设站,测量碎部点水平角 β、平距和高程,图板上定碎部点位置和绘制图形

第11章 地形图应用原理

学习目标:明确地形图阅读的方法要点;掌握在地形图上测算地面点的位置的基本技术;掌握工程地形图应用的基本技术原理、内容和方法。

11.1 地形图的阅读

地形图是工程不可缺少的图件。在各种工程建设,特别是道路、桥梁、管线工程建设,在城市规划、房产开发等工程技术领域,涉及的地形区域广,工程周期长,从工程的设计到施工需要大量的地形图。因此,如何应用地形图是工程建设中的基本技术之一。

一张地形图储存有大量的地理信息,所谓地形图的阅读,即以现行规定的地形图图式符号观察、理解和识别地形图中的地理信息所包含的实际内容。一般地,通过地形图的阅读辨别工程的实际位置,同时根据工程的需要,注意以下三个方面的基本内容:

① 掌握图廓导阅附注;
② 判明地形图中的地形状态和地物分布情况;
③ 搜集图中可用的重要点位及设施。

11.1.1 阅读图廓导读附注

图廓导读附注,即附在地形图图廓线外,用以指导查阅地形图的说明。图11.1表示地形图图廓线外的有关附注。

1. 图名、编号、接图表与比例尺

阅读地形图,首先必须了解一幅地形图的图名、编号、接图表以及相应的地形图比例尺。

图名是以一幅地形图所在区域内比较明显的地形或比较突出的地貌命名。如图11.1(a)所示,图名、编号注明在地形图图廓的上方中部。编号"F-49-5-B-3"属中小比例尺梯形编号。比例尺注在图廓的下方,并设有直线的长度比例,如图11.1(a)、(b)所示。

接图表,如图11.1(c)所示,绘在图廓的左上方,中间斜线框是本图"热电厂"的图幅,与之相邻的东、西、南、北各图幅有相应的图名及编号,便于查找。

查阅地形图之前,必须根据所需的地形图比例尺,按图名及图幅编号,向有关方面索取地形图。

设 m_D 是设计上要求的地形图的精度,根据式(10-3),求得所选用的地形图比例尺为1:M。例如,设计上要求的地形图精度 $m_D = \pm 0.2$m,按式(10-3)得 $M = 2000$,即工程设计应选用的地形比例尺是1:2000。

2. 坐标系统、高程系统

地形图采用的坐标系统、高程系统是图廓导读附注的主要项目之一,设在图廓左下角。

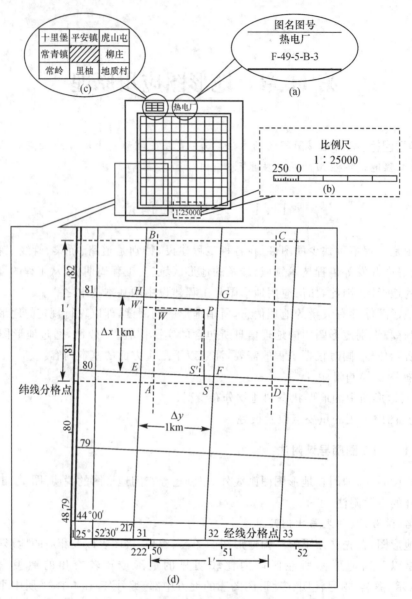

图 11.1 地形图图廓线

根据确定的坐标系统,地形图图廓内坐标格网分格位注有相应的坐标,如图 11.1(d) 所示。中比例尺地形图图廓线内注有两种分格位,即大地坐标经纬度分格位和高斯平面直角坐标分格位。大地坐标的分格位一般以 1′ 的间格为经差 ΔL、纬差 ΔB 的分格单位,平面直角坐标分格位一般以 1km 的间格为坐标差 Δx、Δy 的分格单位。大比例尺地形图图廓内一般注有平面直角坐标的分格位,如图 10.9 所示。

3. 测绘单位与测绘时间

地形图的测绘单位与测绘时间设在图廓的右下角。地形图的现势性,即一张地形图可靠准确体现地形近期最新现状的性质,往往可以从"测绘时间"中得到说明。由于经济建设发展迅速,往往造成地面现状变化很大。在一般情况下,"测绘时间"离近期较长的地形图的地面现状变化较大,现势性较差,不能准确体现地形近期最新现状。在工程设计上,应注意选择比较近的"测绘时间"及现势性较好的地形图。

11.1.2 判明地形状态和地物分布

1. 根据等高线计曲线高程或示坡线判明地表的坡度走向

如图 10.1 所示,计曲线高程分别有 90m,100m,…,150m,说明该区域处于由北向南倾斜的北高南低地势。比较高的天顶山、朱岭两个山头高程分别是 154.821m、130.7m,比较低的是图的南部两个水塘。

2. 根据等高线与地貌的关系判定山脊、山谷走向,区分山地、平地的分布

例如,由图 10.1 中等高线的分布特征可见,天顶山、朱岭的山顶向各处延伸便有山脊线、山谷线。其中,加画长虚线 JJ 是比较突出的山脊线,GG 是比较突出的山谷线。进一步的观察便可看到,在高程 90m 计曲线以下的地域是较为平坦的平原地区,而在此线以上地域是坡度较大的山地。根据图中的等高线的高程、等高线与地貌的关系辨别地形的起伏状态,进而把一幅地形图构成立体的形象。

3. 利用地形图的坡度尺可测定地表的坡度情况

图 11.2 是附在地形图图廓线左下方的坡度尺。用图解法以坡度尺直接测定地表坡度,方法如下:

① 取宽度 l。用二脚规在地形图上卡住 6 根等高线的宽度为 l,如图 11.3 所示。

② 找匹配定坡度。以 l 宽度的二脚规在坡度尺的纵向方向上寻找与之相等的位置,如在图 11.2 中找到 AA' 的位置,则可定这 6 根等高线之间的地表坡度为 9°。

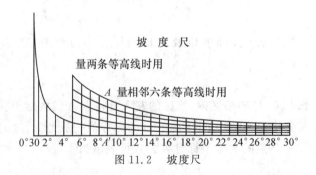

图 11.2 坡度尺

图 11.3 二脚规

4. 根据居民点地物的分布判定村镇集市位置和经济概况

从图 10.1 中可见,图内有三个村镇,分布在地势比较平坦的地段,其中,长安镇是该地区较大的居民地。各村镇有公路、电力线、通信线相连。长安镇与外界有铁路相连,从长安镇至朝阳村还有过山小路。该地区的交通、邮电比较发达方便。

5. 根据植被的符号综合分析地表的种植情况

如图 10.1 所示,在平坦地带以稻田为主,长溪右侧山脚坡地及李屯西南山脚是香蕉园,在长溪左侧山上有一片经济林,大顶山及朱岭是灌木林,山地上的其余地区是林地。在长安镇北侧山坡还有一块坟地。

11.1.3　搜集地形图中的重要点位及有关实地变化情况

1. 注意搜集控制点

如三角点、导线点、图根点、水准点等控制点,其位置在测绘或编绘地形图时都以非比例符号标明在地形图上。这些控制点是工程建设、特别是交通工程建设可以利用的基准点。搜集,即一方面利用图上得到的点位名称到供图单位索取控制点的有关资料;另一方面利用已有的控制点资料在图上查找相应的点位置,为控制点的使用做准备。由图 10.1 可见,图上有水准点 BM_2,高程是 81.773m;有天顶山三角点,高程是 154.821m。另外,应注意搜集地形图重要区域实地变化情况。

2. 根据工作需要注意搜集重要的设施和单位

如地形图中标明的交通线、车站、码头、桥梁、渡口,又如以特定注记符号表示的天文台、气象台、水文站、变电站、政府机关、医院、学校、工厂等。在阅读地形图时,应当尽量地辨清这些重要的机关、单位、设施,及时收集,以对图中有关区域内的重要设施、单位比较全面的了解。

11.2　图上定点位

图上定点位,即利用地形图测定点的位置参数,找出点与点之间存在的关系。基本内容有:量测图上点的坐标、高程,确定地面点在图上的对应关系,计算点与点之间的长度、方位、坡度等。

11.2.1　量测图上点位坐标

1. 点位大地坐标的量测

(1) 根据

根据是地形图图廓上注记的大地坐标经、纬度以及大地坐标分格位经差 ΔL 及纬差 ΔB。

(2) 计算公式

如图 11.1(d) 所示,P 点处在 A、B、C、D 的格区内,格区的左下分格点 A 的大地坐标为 L_A、B_A,分格位 AD、BC 的经差 ΔL 及分格位 AB、CD 的纬差 ΔB 的标称值一般是 $1'$。过 P 点分别作 AB、AD 的平行线交于 W、S,则 P 点的大地坐标计算公式可表示为

$$L_P = L_A + \Delta L_P = L_A + \frac{PW}{AD} \times \Delta L$$

$$B_P = B_A + \Delta B_P = B_A + \frac{PS}{AB} \times \Delta B \tag{11-1}$$

(3) 量测值

式(11-1)中 AB、AD、PW、PS 均为图上量测值。

(4) 算例

图 11.1(d) 中 $L_A = 125°53'$,$B_A = 44°01'$。设图上量测 $AB = 55.5$mm,$AD = 48.4$mm,$PW = 19.5$mm,$PS = 29.0$mm。把量测值代入式(11-1),得 $L_P = 125°53'24.2''$,$B_P = 44°01'31.4''$。

2. 点位平面直角坐标的量测

在碎部测量的图纸准备中,我们已经知道图根点的展点工作程序。图上点位平面直角坐标的量测程序则和图根点的展点工作程序相反。

(1) 根据

根据是地形图图廓上注记的平面直角坐标小 x、y 以及坐标分格位的坐标增量 Δx、Δy。

(2) 计算公式

如图 11.1(d) 所示,P 点处在 E、F、G、H 的格区内,格区的左下分格点 E 的平面坐标为 x_E、y_E,分格位 EH、FG 的坐标增量 Δx 及分格位 EF、HG 的坐标增量 Δy 的标称值一般在相应的地形图图廓中标明。过 P 点分别作 EF、EH 的平行线交于 W'、S',则 P 点的平面坐标计算公式可表示为

$$x_P = x_E + \Delta x_P = x_E + \frac{PS'}{EH} \times \Delta x$$
$$y_P = y_E + \Delta y_P = y_E + \frac{PW'}{EF} \times \Delta y \tag{11-2}$$

(3) 量测值

式 (11-2) 中 EF、EH、PW'、PS' 均为图上量测值。

(4) 算例

图 11.1(d) 中 $x_E = 4880\text{km}, y_E = 21731\text{km}$。设图上量测 $EF = 30.5\text{mm}, EH = 30.0\text{mm}, PW' = 24.5\text{mm}, PS' = 26.0\text{mm}$。量测值代入式 (11-2),得 $x_P = 4880866.667\text{m}$, $y_P = 21731803.289\text{m}$。

图上量测点位坐标受到地形图精度的影响,故点位坐标值的精确值只能准确到地形图比例尺所限定的位数。如表 10-1 所示,所用地形图比例尺是 1:10000,则图上点位坐标值可精确到米位。

3. 中比例尺地形图邻带格网点位平面直角坐标

由第一章所述的高斯投影几何意义中可见,在分带的高斯投影中,各投影带纵坐标轴(即 x 轴)均平行于该带的中央子午线,如图 11.4(a) 所示。但是,由于子午线收敛角的存在,则在离开中央子午线的投影带各处纵坐标轴不平行于该处的子午线。特别在投影带的相邻处,东西两幅地形图按界子午线拼接时便出现坐标轴线相交,两幅地形图坐标格网的格位值不一致,如图 11.4(b) 所示。为解决这种不一致,相邻地形图各自设立补充坐标格网,如图 11.4(b) 所示,西幅地形图的坐标格网向东延伸,并在东幅地形图形成虚线坐标格网(称为补充坐标网)。在这种地形图的附注图廓中,有基本坐标格网(实线)的坐标格位值和补充坐标格网(虚线)的坐标格位值。后者的附注设在图廓线外边缘,如图 11.1(d) 中的

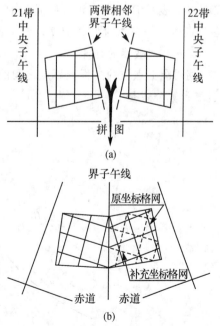

图 11.4 地形图邻带格网

x 格位值 4879,4880,…(km);y 格位值 22250,22251,…(km)。

在量测点位平面直角坐标时,如果涉及相邻不同投影带地形图的使用,有可能要利用补充坐标格网量测点位坐标。在这里,量测方法同式(11-2),但所用的坐标格网应是图廓的补充坐标格网。

11.2.2　点之间距离、方位角的测算

1. 点之间距离的测算

利用图上量测的平面直角坐标按式(5-20),可以计算图上点与点之间的距离。当地形图变形误差影响可忽略时,图上点与点之间的距离可以直接丈量图上的点位之间长度,然后把丈量的长度乘以地形图的比例尺分母 M 得到点之间的实际长度。

2. 点之间方位角的测算

图上点与点之间的坐标方位角可以利用图上量测的平面直角坐标按式(5-19)、式(5-21)计算。图上点与点之间的方位角也可以利用量角器直接在图上量得。量方位角时,注意三北方向的关系。

11.2.3　点位高程的量测及点之间坡度的计算

1. 点位高程的量测

(1) 根据

根据是等高线的高程及地形图的基本等高距 h_d。

(2) 计算公式

$$H_P = H_0 + \frac{l}{d} \times h_d \tag{11-3}$$

式中,H_P 表示 P 点的高程;H_0 是与 P 点相近的低等高线的高程;d 是过 P 点等高线平距;l 是 P 点离低等高线的距离。d、l 均图上量测得到,如图 11.5 所示。

2. 点之间坡度的计算

利用图上点位的高程推算点之间的高差 h 以及图上点之间的平距 s,可以计算点之间的坡度,计算公式是

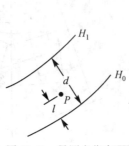

图 11.5　量测点位高程

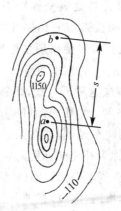

图 11.6　坡度计算

$$i = \frac{h}{sM} \times 100\% \tag{11-4}$$

式中，M 是地形图比例尺分母。

图 11.6 中，a、b 点高程分别是 $H_a = 114.5\text{m}$，$H_b = 110.3\text{m}$，$s = 31.4\text{mm}$，地形图比例尺分母 $M = 5000$。算得高差 $h = 4.2\text{m}$，a、b 两点的坡度 $i = 2.7\%$。

11.2.4 野外图上定点

野外图上定点，即在野外把用图工作者的位置在地形图上定出来。主要工作内容有地形图定向和图上定点位。

1. 地形图定向

在野外把地形图的方向与实地方向对应符合起来，可按下述两种方法进行：

(1) 根据地形、地物目估定向

在图上选择两个以上的明显地物特征点，或选择明显的线形地物，使之在方向上与地形图上对应的地物符号相吻合。如图 11.7 所示，地形图上的 P 点是工作者所在的位置，实地的特征点有山顶三角点觇标，路边有独立树。定向时，工作者把地形图摆放在本人所在地点（工作者地点）平面上，转动地形图使图上三角点的方向和实地三角点方向一致，同时使图上独立树的方向和实地独立树方向一致。这两种方向的一致可以实现地形图的目估定向。

利用线形地物或地物之间的连线也可以实现地形图的目估定向。如图 11.7 中表示有实地通信线以及道路等线形地物符号，只要转动地形图，使线形地物符号与实地线形地物在方向上一致，则便实现地形图的目估定向。

(2) 利用罗盘仪定向

一般地，中比例尺地形图下方图廓边附有三北方向线图，注有磁偏角和子午线收敛角数值。地形图坐标格网上、下边缘格位附近注有磁子午线方向线，如图 11.8 中的 PP'。把地形图放在某一相同地物特征点附近平面上，用罗盘仪的边缘与 PP' 附合，转动地形图纸使图纸上 PP' 线与罗盘仪磁针北端指向平行，此时地形图的方向与实地方向一致。

2. 地形图上定点位

在地形图定向之后，野外工作人员可以根据野外实践经验和已有的附近地形地物关系判定自己在图上的位置。具体方法是：

(1) 直尺交会法

在地形图定向的基础上，野外人员在站立处分别用直尺对准图上特征点与实地特征点画直线交会，便可以在图上定出站立者的位置。如图 11.7 所示，用直尺沿图上三角点与山顶三角点画直线；接着又沿图上独立树与实地独立树画直线。上述两直线相交于图上 P 点，由此确定了野外工作者站立处在图上的位置。

(2) 方位角交会法

根据磁方位角的测定原理方法，野外工作人员可以在实地测定站立位置至地形地物特征点之间的磁方位角。如图 11.7 所示，可以测定站立处至山顶三角点之间的磁方位角 A_1，同时可以测定站立处至独立树之间的磁方位角 A_2。利用 A_1、A_2 磁反方位角可以在图上的相应特征点上描绘磁反方位角的方向线，从而交会于野外人员站立处在图上的位置。

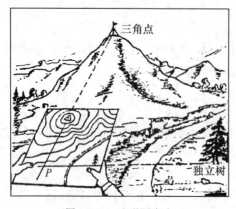
图 11.7　地形图定向

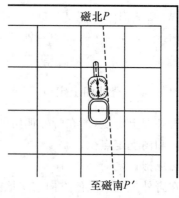
图 11.8　罗盘仪定向

11.3　用图选线、绘断面图和定汇水范围

11.3.1　用图选线

用图选线即按设计的坡度在地形图上选线,这是各种线性工程,如管道工程、电力线安装工程、道路工程经常涉及的用图工作内容之一。在道路的线形设计中,要求在地形起伏的地区找出一条路面符合某种设计坡度要求的路线。一般地,利用地形图开始选线,称为图上选线。

图 11.9 是某一地形图的局部,等高线的基本等高距 $h_j = 2m$,比例尺为 $1:M$。图中 A、B 是道路的起点、终点。设计坡度为 i。图上选线要求,根据等高线的分布选出 A 至 B 的路线,路线坡度满足设计的参数。方法如下:

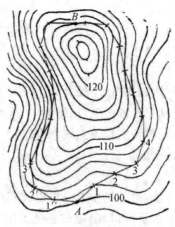
图 11.9　地形图上选线

① 求相对于 h_d 且符合坡度 i 的平距 l。根据式(10-5)可知，符合坡度 i 的平距 l 为

$$l = \frac{h_d}{iM} \times 100\% \tag{11-5}$$

本例中 $M = 5000, i = 5\%$，则 $l = 8\text{mm}$。

② 以起点 A(高程 100m) 为圆心，以 $l = 8\text{mm}$ 为半径，画弧交于等高线(高程 102m)的 1、1'。

③ 仿 ②，以 1、1' 为圆心，以 l 为半径，画弧交于等高线(高程 104m)的 2、2'；

④ 以上述方法类推，一直至 B 点附近。

⑤ 分别连接各交点形成两条上山的路线，即 A、1、2、…、B 及 A、1'、2'、…、B 路线。这是根据坡度的设计要求在图上选取路线的基本方法。最后从两条路线中选取其中一条路线，涉及道路的长短、地形条件、道路设计施工的难度、效益等因素。

11.3.2 绘断面图

利用地形图绘断面图，即沿地形图上某一既定方向的竖直切割面展绘的地形剖面图，直观地体现该方向地貌的起伏形态。如图 11.10 所示，沿 AB 方向展绘断面图，方法如下：

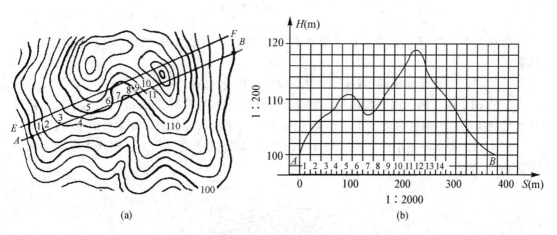

图 11.10 绘断面图

① 按 AB 方向在地形图上画一直线，标出直线与地形图等高线相交的点号，如 1、2、…。

② 在另一张方格纸上画纵横轴坐标线。一般横轴的长度是所画直线实际长度 $1/M$，纵轴长度是等高线高程的 $10/M$(或 $20/M$)。M 是比例尺的分母。

③ 在横轴线注上直线与等高线的交点位置，并沿交点位置纵轴方向注上交点的高程位置，如图 11.10(b) 中的小圆点。

④ 光滑均匀连接各小圆点，便构成直线 AB 方向的地形断面图。

为了更明显体现地貌的起伏形态，绘断面图时，纵横坐标轴应按不同的比例设置。一般地，横坐标轴与直线 AB 的比例是纵坐标轴与高程的比例的 10 倍。如图 11.10 所示，横轴与直线 AB 的比例是 1∶2000，纵坐标轴与高程的比例是 1∶200。

11.3.3 利用地形图确定汇水范围

经过山谷的道路有跨谷桥梁或涵洞。如图 11.11 所示，设计的道路要跨越一道山谷，为此，在山谷上设计一座桥梁。在设计桥梁中，桥下水流量大小是重要参数。从图可见，道路的北面是高山包围的山谷，通过桥下的水流是雨水自上而下汇集而来。由此可见，桥下的水流的大小与雨水的大小有关，同时与雨水自上而下的汇集范围有关。

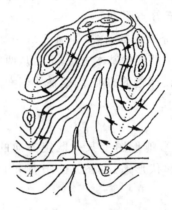

图 11.11　确定汇水范围

雨水汇集范围，即雨水自上而下聚集水量的范围。利用地形图确定汇集范围的主要方法如下：

① 在图上作设计的道路(或桥涵)中心线与山脊线(分水线)的交点 A、B。

② 在向上的方向沿山脊及山顶点划分范围线(如图 11.11 中的虚线)，该范围线及道路中心线 AB 所包围的区域就是雨水汇集范围。图中的小箭头表示雨水落地后的流向。

图 11.12 是水库蓄水汇集范围测算图，蓄水汇集范围的测算与上述雨水汇集范围测算方法相同，图中的 AB 是水库大坝方向。

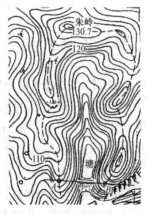

图 11.12　确定汇水范围

11.4 地域面积的测算

工程建设应用的地域面积的测算,可用地形图以几何法、求积仪法等,也可用解析法等测算。

11.4.1 几何法

几何法即在用地范围内采用几何原理,按照某种几何图形进行面积测算。几何法测算面积是常见的方法,比较代表性的有方格测算法、三角形测算法、梯形测算法等。

用方格测算法,需要一个透明方格板。如图 11.13 所示,用一个设计好的透明方格板套在已圈用地范围的地形图上,便可以根据所圈范围内的方格数测算用地面积,即

$$S = (n+n') \times A \times M^2 \tag{11-6}$$

式中,S 是用地范围的实际面积;n 是所圈范围内的完整方格数;n' 是所圈范围内的不完整方格数折算的完整方格数;A 是透明方格板的方格面积;M 是地形图比例尺分母。

三角形测算法是几何法中较简单的方法,如图 11.14 所示,地形图上一个多边形区域,可以分别割成若干个三角形,按三角形底边(a_i)乘高(h_i)的二分之一得面积原理便可测算整个多边形区域的面积,即

$$S = 0.5 \sum_{1}^{n} a_i h_i \times M^2 \tag{11-7}$$

用梯形测算法,需要一个透明平行线板。如图 11.15 所示,用一个设计好的透明平行线板套在已圈用地范围的地形图上,便可以根据所圈范围内的平行线间构成的梯形测算用地面积,即

$$S = \left[(h_1+h)\frac{d_1}{2} + h\sum_{2}^{n} d_i + (h+h_{n+1})\frac{d_{n+1}}{2} \right] M^2 \tag{11-8}$$

式中,h 是平行线之间的宽度;d_i 是所圈范围内平行线的长度;h_1 是第 1 平行线之上的弓形高;h_{n+1} 是第 $n+1$ 平行线之下的弓形高;M 是地形图比例尺分母。

图 11.15 中的两个弓形当做三角形计算。

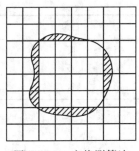

图 11.13 方格测算法

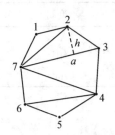

图 11.14 三角形测算

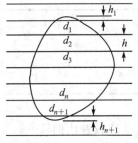

图 11.15 梯形测算

11.4.2 求积仪法

求积仪是以积分求面积原理做成的求积仪的仪器。利用求积仪测算地形图面积的方法,

称为求积仪法。求积仪仪器有机械求积仪和电子求积仪。机械求积仪应用较少,故只介绍电子求积仪及其应用。

电子求积仪由极轴、极轮、键盘、显示屏、描迹臂、描迹窗等构件组成。描迹窗中间小点相当于机械求积仪的描迹针,显示屏相当于读数设备。键盘有22个按键,如图11.16所示。

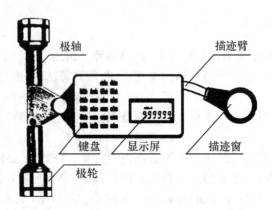

图 11.16 电子求积仪

电子求积仪的基本应用如下:

1. 准备

按 ON 键,做好单位制、单位、比例尺的选择以及确定测算方式等。

(1) 选择单位制、单位

由 UNIT-1、UNIT-2 两个键决定。按 UNIT-1 键可选择的单位制有国际单位制、英制单位制及日制单位制。各单位制有三种不同的单位,见表 11-1。选择单位的步骤,在按 UNIT-1 键之后,按 UNIT-2 键确定测算面积的单位。我国采用国际单位制,故在应用上按 UNIT-1 键使显示屏有国际单位制的显示,然后按 UNIT-2 键在显示屏上"km^2、m^2、cm^2"中选择所需的单位。

表 11-1   面积单位制

国际制	英制	日制
km^2	Acre	町
m^2	fl^2	反
cm^2	in^2	坪

(2) 设置比例尺

比例尺按 1∶x 格式设置,其中 x 是键入参数。例如选择 1∶100,则 $x=100$。设置的方法是,按"100",按 scale 键,显示"0",按 R-S 键,显示"10000",确认比例尺 1∶100 已设立。

(3) 安置图纸与电子求积仪

如图 11.17 所示,要求图纸平整,求积仪描迹窗在图纸待测算范围的中央,极臂与键盘座边缘呈 90°。求积仪描迹窗在图纸上试运行,使之移动平滑无阻。

2. 描迹测算面积

(1) 设起始点。在测算面积范围的边界线设起始点 A,并将描迹窗中心点与 A 点重合。

(2) 按 START 键,描迹窗中心沿边界线按顺时针方向移动(见图 11.18),最后回到起点 A。

(3) 按 HOLD 键,在描迹窗移动回到 A 点时,按 HOLD 键暂时固定所测算的面积值,完成一次面积测算工作。

电子求积仪的其他功能在说明书中有介绍,这里不再赘述。

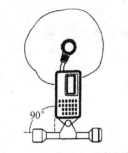

图 11.17 安置电子求积仪

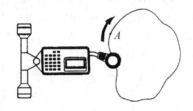

图 11.18 应用电子求积仪

11.4.3 解析法

如图 11.19 所示,$1,2,\cdots,n$ 是地形图某一用地范围边界点,解析法利用边界点测算面积的基本思想是:

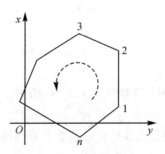

图 11.19 解析法测算面积

① 按图上量测点位坐标的方法求得边界点的坐标值;
② 按下式计算边界点围成的区域面积,即

$$S = \frac{1}{2} \sum_{1}^{n} x_i (y_{i-1} - y_{i+1}) \tag{11-9}$$

式中,$i = 1, 2, \cdots, n$,是用地范围边界点,按逆时针顺序排注,x_i、y_i 是边界点的图上坐标。应用式(11-9)时,应注意,当 $i - 1 = 0$ 时,$y_{i-1} = y_n$;当 $i + 1 > n$ 时,$y_{i+1} = y_1$。

式(11-9)中的 x_i、y_i 边界点坐标可以由全站仪实地测量得到,计算的面积是实测面积。全站仪具有实测面积的功能。

11.5 土方量的测算

11.5.1 概述

土方,也称土石方,实质上是讲土石体积,一般以立方米为单位。一立方米称为一土方,简称一方。在各种土木建筑中有平整土地工程,平整土地包括挖土方和填土方两项工作,测算土方量也包括挖土方量和填土方量两种内容。土方测算是预计工程量大小的重要环节。

土方测算的基本思想是立方体底面积与其高度相乘的关系式。如图 11.20 所示,S 为底面积,H 为立方体高度,体积 $V = SH$。

图 11.20 立方体

土方测算可以实地测算,测算工程量较大。由于地形图包含有复杂地貌信息以及应用上的多样性,用图测算土方是预计工程量大小的经济可行方法,方法有:方格法、断面法和等高线法等。

11.5.2 方格法

1. 基本思想

如图 11.21 所示,在高程为 20m、21m、22m、23m、24m 的等高线中取一方格 $ABCD$,方格法测算土方的基本思想为:

① 测算平整高差。图 11.22 中,测算点 A、B、C、D 相对于高程 $H = 17$m 的高差为 h_A、h_B、h_C、h_D。

② 测算方格面积。即按图测算面积的方法测算方格 $ABCD$ 的面积 $S_方$。

③ 计算方格土方量。即 $V = S_方 \times h$,其中 $h = 1/4(h_A + h_B + h_C + h_D)$。

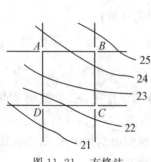

图 11.21 方格法

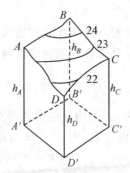

图 11.22 测算高差

2. 基本方法

(1) 绘方格

绘方格，即在图上的土方测算范围内绘小方格。方格的大小视工程预算要求而定。如图11.23 所示，绘有 9 个方格。一般地，采用的地形图比例尺为 1∶500，方格的边长可为 20mm 左右。

图 11.23　绘方格

(2) 绘填挖分界线

填挖分界线，即不填不挖的高程等高线，其高程值称为设计高程。设计高程也可以利用方格点的高程平均值。

$$H_m = \frac{\sum H_{角} + \sum H_{边} \times 2 + \sum H_{拐} \times 3 + \sum H_{中} \times 4}{4n} \quad (11\text{-}10)$$

如图 11.24 所示，式 (11-10) 中的 $H_{角}$ 表示角点 1、4、12 等点的高程；$H_{边}$ 表示边点 2、3、5 等点的高程；$H_{拐}$ 表示拐点 10 的高程；$H_{中}$ 表示中点 6、7 的高程；n 是方格数。

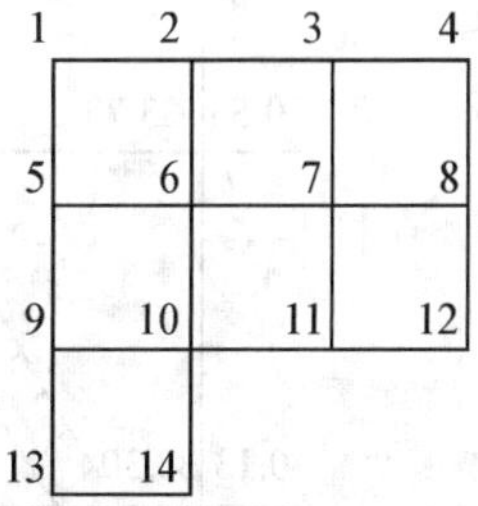

根据式 (11-10) 计算，可得图 11.23 中的 $H_m = 33.17\text{m}$，由此绘虚线于图中为填挖分界线。

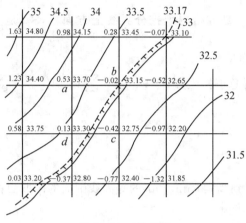

图 11.24　方格点

(3) 计算填挖高差

平整高差 h 按下式计算

$$h_i = H_i - H_m \quad (11\text{-}11)$$

式中，H_i 是方格点的地面高程。

按式 (11-11) 计算的结果 h_i 填写在方格点的左上方。h_i 值为正，表示为挖土方的高度；h_i 值为负，表示为填土方的高度。

(4) 计算填挖土方

① h_i 值均为正的方格计算 $V_{挖}$ 土方量，即

$$V_{挖} = \frac{1}{4} \sum h_i \times S_{方} \quad (11\text{-}12)$$

② h_i 值均为负的方格计算 $V_{填}$ 土方量，即

$$V_{填} = \frac{1}{4} \sum h_i \times S_{方} \quad (11\text{-}13)$$

③h_i 值有正有负的方格,填挖土方应分开计算。图 11.23 中方格 $abcd$ 表示在图 11.25 中,填挖土方分别计算。

$$V_{挖} = \frac{1}{4}(0.53 + 0 + 0 + 0.13) \times S_{上}$$

$$V_{填} = \frac{1}{4}(0 - 0.02 - 0.42 + 0) \times S_{下}$$

式中,0 是填挖分界线,$S_{上}$ 是方格内填挖分界线上方面积,$S_{下}$ 是方格内填挖分界线下方面积。

(5) 计算总填挖土方

上述计算过程可获得总填挖土方,即 $V_{总挖} = \sum V_{挖}$,$V_{总填} = \sum V_{填}$。一般地,上述计算应基本实现 $V_{总挖} = V_{总填}$。

11.5.3 等高线法

1. 基本思想

在图 10.3 中,只要得到高程 65m、70m 的等高线围成的区域面积 S_{65}、S_{70},则二等高线围成的平面成墩台形体积①是

$$V = \frac{S_{65} + S_{70}}{2} h \tag{11-14}$$

式中,h 是等高线之间的高差。

2. 基本方法

(1) 绘填挖分界线

如图 11.23 所示,按要求绘出 $H = 33.17\text{m}$ 的填挖分界线(见图 11.26)。

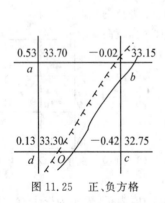

图 11.25 正、负方格

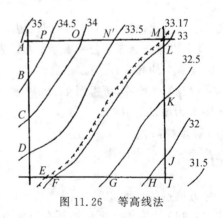

图 11.26 等高线法

(2) 测算填挖面积

测算等高线与方格围成的填挖面积。在图 11.26 中,挖的面积是在 $ABCDEMNOP$ 范围内,测算面积图形是 ABP、ACO、ADN、AEM,测算的面积是 S_{ABP}、S_{ACO}、S_{ADN}、S_{AEM}。填的面积是在 $EFGHIJKLM$ 范围内,测算的面积图形是 EIM、FIL、GIK、HIJ,测算的面积是

---

① 墩台形体积精确公式为 $V = \frac{1}{3} h (s_1 + s_2 + \sqrt{s_1 s_2})$

S_{EIM}、S_{FIL}、S_{GIK}、S_{HIJ}。

（3）计算填挖土方

根据式(11-14)的基本思路，可计算图 11.26 中各等高线之间的填挖土方。例如，在图形 AEM 和 ADN 之间的挖土方量为

$$V_{挖} = \frac{1}{2}(S_{AEM} + S_{ADN}) \times h$$

在图形 EIM 和 FIL 之间的填土方量为

$$V_{填} = \frac{1}{2}(S_{EIM} + S_{FIL}) \times h$$

根据上述两式的相同方法，最后便可以计算 $V_{总挖}$ 和 $V_{总填}$ 的土方量。

11.5.4 断面法

1. 基本思想

从图 11.10 可见，按 AB 方向展绘的断面图形象地反映了 AB 方向地形断面形态。可以想象，根据这种形态，可以测算该断面面积 S_{AB}。同理，沿 EF 方向展绘的断面图也可以测算断面的面积 S_{EF}。如果断面 EF 与 AB 之间的间隔距离为 L，则这两个断面之间的土方量是

$$V = \frac{1}{2}(S_{AB} + S_{EF})L \tag{11-15}$$

2. 具体方法

如图 11.27 所示，在场地 $ABCD$ 平整一个倾斜平面，从 AB 向 CD 倾斜的坡度为 -2%。平整土地的土方测算步骤如下：

① 设计倾斜面的等高线。如图 11.28 所示，$ABCD$ 是一个坡度为 i 的倾斜面，通过倾斜面的等高线 AB、CD、EF、GH 是属于直线形的等高线。设计倾斜面的等高线，即按所采用的地形图确定这种等高线的等高距 h_d 和平距 d。根据图 11.27，比例尺为 1∶1000，$h_d = 1\mathrm{m}$，则平距

$$d = \frac{h_d}{iM} = \frac{1}{0.02 \times 1000} = 0.05(\mathrm{m})$$

根据设计的要求，定 AB 方向的高程为 33m，在图上按 $d = 0.05\mathrm{m}$ 的间隔定出 32m、31m、30m 的倾斜面的等高线，并绘于图上。

② 绘填挖分界线。由于同高程的性质，设计的倾斜面等高线与地面等高线必相交，如图 11.27 中的小黑点 1、2、3、4 等就是相交的点位。连接这些小黑点，就是平整倾斜面的填挖分界线，用虚线表示。图中虚线包围的是山头属于挖的范围，其余的是填的区域。

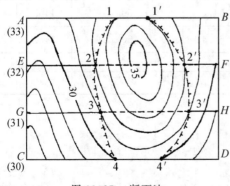

图 11.27　断面法

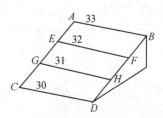

图 11.28　倾斜面的等高线

③ 绘断面、测算断面面积。绘断面图时,应确定断面方向及断面之间的间距。一般地,平整土地的目的是平地,则断面的方向尽量与地形等高线互相垂直;若平整土地的目的是倾斜面,则断面的方向与设计的倾斜面等高线平行。断面的间距视地形复杂程度而定,取 20～50m。本例采用与 $d=0.05$m 相匹配的间距,即 50m。本例沿设计的等高线方向绘断面。如图 11.29 所示,绘出 32m、31m 的两个方向的断面。

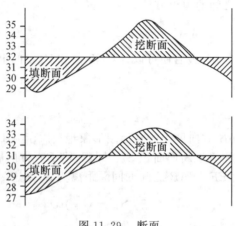

图 11.29　断面

测算断面面积主要是测算断面的填挖面积。图 11.29 中设计等高线以上的断面是挖的断面,低于设计等高线且高出地形表面的断面(斜线部分)是填断面。测算断面面积按图上面积测算方法。

④ 计算土方量。根据式(11-15)的思路,可按测算的断面面积及断面间距计算填挖土方量。本例计算结果列于表 11-2 中。

表 11-2　　　　　　　　　　　　土方计算表

倾斜面等高线方向的断面号	断面面积(m²)		平均面积(m²)		间　距	土方量(m³)	
	挖	填	挖	填		挖	填
33m	4.0	43.8					
			13.75	46.30	50	688	2315
32m	23.5	48.8					
			28.10	54.25	50	1405	2712
31m	32.7	59.7					
			29.05	66.45	50	1452	3322
30m	25.4	73.2					
∑						3545	8349

习　题

1. 阅读图 10.1,指出植被(灌木林、经济林、林地等)、坟地的分布位置;说明地形起伏形态(高低趋向、山脊山谷走向、坡度平陡分布);观察交通、供电的方向。

2. 试确定图 10.1 东侧李屯山塘附近区域的汇水范围。

3. 根据图 11.27 及图 11.29,试述用断面法计算倾斜面挖土方的步骤。

4. 在图 11.30 地形图局部中,试完成:

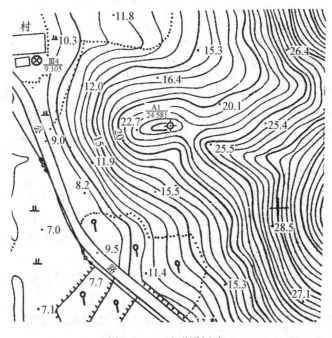

图 11.30　地形图阅读

(1) 用虚线画出山脊线、山脚线的位置,并用文字指明;
(2) 写出地形图的基本等高距 h_j;
(3) 说明公路左下侧种植地的名称;
(4) 在图上用"×"标明鞍部位置;
(5) 在图上用"→"标明平面控制点、水准点的位置。

5. 图上定点位涉及的内容是_____。

　A. 点位的距离、高差、坐标、倾角、高程、水平角
　B. 点位的坐标、高差、距离、坡度、高程、方位角
　C. 点位的坐标、高差、距离、倾角、高程、方位角

6. 设图 10.1 的比例尺为 1∶2000,试量测图上 A、B 两点的坐标、高程,AB 的实际水平距离,A、B 两点连线的坡度。

7. 用图选线方法中首先要明确_____。

　A. 地形图比例尺 $1∶M$。地形图基本等高距 h_j,设计坡度为 I,求选线平距 l
　B. 选线的用途,选线的地点
　C. 计算选线平距 l 公式和选线坡度

8. 根据表 11-3 的点位坐标,按 1∶200 的比例展绘在 x、y 坐标系中,按解析法计算各点

围成封闭图形的实际面积。

表 11-3

点名	x(m)	y(m)	点名	x(m)	y(m)
4L	+5.9	−7.8	5R	+4.4	4.9
3L	+7.0	−8.3	2R	+3.2	6.2
P$_左$	7.7	−13.1	P$_右$	3.0	9.4
1L	−0.2	−7.5	1R	0.2	7.5
L1	−0.5	−7.5	R1	−0.1	7.5
L2	−0.5	−7.0	R2	−0.1	7.0
L3	−0.2	−7.0	R3	0.2	7.0
面积					

9．地形图方格法测算土方的基本步骤是_____。

　　A．绘方格 — 计算设计高程 — 计算填挖高差 — 计算填挖土方 — 计算总填挖土方

　　B．绘方格 — 绘填挖分界线 — 计算填挖高差 — 计算总填挖土方

　　C．绘方格 — 绘填挖分界线 — 计算填挖高差 — 计算填挖土方 — 计算总填挖土方

10．利用地形图判明地形状态，主要应_____。

　　A．判明坡度走向，区分山地、平地分布，判定村镇集市位置，分析地表种植情况

　　B．注意搜集控制点，搜集重要的设施和单位的名称

　　C．明确图名、编号、接图表与比例尺、坐标系统、高程系统，测绘单位与测绘时间

11．用解析法测算图上某一范围土地面积，__(1)__，__(2)__。

(1) A．图上计算边界点坐标

　　B．量取边界点图上坐标并乘以地形图比例尺分母得边界点实际坐标

　　C．图上量测、计算边界点实际坐标

(2) A．按相应的计算公式计算边界点范围内的土地表面面积

　　B．以边界点实际坐标代入相应的公式计算边界点范围内的土地面积

　　C．以边界点坐标代入相应的公式计算，并乘以地形图比例尺分母平方得测算面积

第 12 章　大比例尺数字地形图

▶ **学习目标**：熟悉大比例尺地形图数字化测绘技术原理与方法；掌握模拟地形图进行数字化的基本原理和方法；理解利用 CASS7.0 测绘软件进行内外业一体化数字测图的两种方法——草图法和电子平板法的原理和操作方法；初步掌握应用数字地形图的方法。

12.1　地形图数字化测量原理

12.1.1　数字化测量的概念

由前述地形测绘技术原理可知，测绘大比例尺地形图可谓是根据碎部测量技术方法模拟实际地形的技术过程，这种模拟技术过程又称为模拟测图。例如，要获得如图 10.1 所示的图件，模拟测图的基本技术要素必须有：

① 测量得到的碎部点位置参数，即水平角、平距、高程；
② 确定地物、地貌性质的符号说明；
③ 测量人员测绘地形图的综合取舍技能。

模拟测图得到的图件又称为可感知的模拟地形图，或称为图解地图，或称为实地图。虽然模拟测图也有数字组成的数据，但还不是数字化。

从计算机科学可知，数字化特征是电子计算机的基本属性。在电子计算机 CPU 中的基本加法运算器中，采用最为简单的"0"、"1"数字及其加法运算与存储，由此构成计算机完整的运算指令、各种功能指令及其记忆系统。电子计算机的数字化基本属性是当代数字化世界的基础，也是数字测量的基本前提。

数字测量的基本特征沿袭了电子计算机数字化属性，充分体现在自身的基本功能中。具体来说，模拟测图的碎部点测量参数，即角度、距离、高程；确定地物、地貌性质的符号说明；测量人员绘图的综合取舍技能，都沿袭了电子计算机数字化属性，最终转化为"0"、"1"表示的数字形式数据。

根据测绘技术的需要，地形图数字测量的基本构成是：

① 测量结果的数字化机能。例如全站仪必备数字化机能。
② 地面点特征的数字化形式。为了实现测量对象数据的共享，地面点特征的数字化形式由相

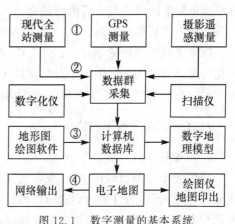

图 12.1　数字测量的基本系统

应的权威性机构颁布后,在测量时应用。

③ 测绘技术机能的数字化指令。所谓的测量计算机软件是指这类数字化指令的集合。

④ 测量结果、特征形式、机能指令的数据库。

12.1.2 数字测图作业模式

目前,获取数字地形图的数字测图作业模式大致可分为以下三类:

① 由具有数字化机能的全站测量仪器(全站仪、测距电子经纬仪等)、电子手簿(或笔记本、掌上电脑)、计算机和数字测图软件构成的内外业一体化数字测图作业模式;

② 由全球卫星定位系统(GPS)实时差分定位装置(RTK)、计算机和数字成图软件构成的 GPS 数字测图作业模式;

③ 由航片(航空摄影地面影像)或卫片(卫星地面影像)和解析测图仪、计算机(或数字摄影测量系统)组成的数字摄影测图作业模式。

此外,还可以通过对已有的模拟地形图进行数字化(以扫描仪或数字化仪)来获取数字地形图。

12.1.3 地形图数字测量的基本系统

地形图数字测量是测绘技术与计算机技术有机结合的现代测绘技术,图 12.1 为形成工程数字测量的基本系统。地形图数字测量的基本系统的运行如下:

1. 数据采集系统

图 12.1 中五种测量与采集数据的运行方式,实现图中 ① 测量结果的数字化和地面点特征的数字化。或者说,全站测量地面点所代表的测量参数,地物、地貌的点位特征,由"0"、"1"所形成的各种参数、指令存放在图中 ② 记录器中,由此便完成了测量参数,地物、地貌的数据化采集。

2. 数字地理模型的建立系统

简言之,数字地理模型是一个由地面点三维坐标参数按地形图软件形成于计算机数据库中的虚地形图,就像人眼看到物体以后在脑海里形成的形象一样。启动运行测绘软件,计算机处理采集的数据,便可建立数字地理模型。图 12.1 中的 ③ 计算机是基本系统运行的核心,或者说,以人工的地形绘图模拟过程交给计算机完成。条件是技术机能的数字化指令,即数字地理模型的软件与计算机的结合。

3. 地形图的输出系统

地形图绘图软件的驱动,图 12.1 中 ④ 绘图仪完成地形图的输出。数字测图把虚地形图转化为可感知的实地形图,一方面,屏幕可显示数字地理模型转换而来的虚地形图形态;另一方面,经过机助制图的工序可印出实地形图。

12.1.4 数字测图的特点

1. 测量精度高

传统光学测距相对误差大,数字测图采用光电测距,测距相对误差小于 1/40000,地形点到测站距离长,几百米的测量误差均在1cm左右。数字地图的重要地物点相对于邻近控制点的位置精度小于5cm。当图内部分控制点已遭破坏时,通过观测图内已知的重要地物点可快速得到测站点的坐标。

2．定点准确

传统方法手工展绘控制点和图上定碎部点,定点误差为 0.1mm。数字测图方法是采用计算机自动展点,几乎没有定点误差。定点误差小的数字测图方法图根点加密和地形测图可以同时进行,方便可靠。

3．图幅连接自由

传统测图方法图幅区域限制严格,接边复杂。数字测图方法不受图幅限制,作业可以按照河流、道路和自然分界来划分,方便施测与接边。

4．出图种类多,一图多用

现代数字测图与 AutoCAD 有机结合,数字地图吸取 AutoCAD 分层储存特点,将地物、地貌要素数据按类分层储存。例如,将地物分为控制点、建筑物、行政边界和地籍边界、道路、管线、水系以及植被等按类分层储存。因此,数字测图不仅获得一般地形图,同时可以根据需要控制图分层输出各种专题地图,实现一图多用。

5．便于比例尺选择

数字地图是以数字形式储存的 1：1 的地图,根据用户的需要,在一定比例尺范围内可以打印输出不同比例尺及不同图幅大小的地图。

6．便于地图数据的更新

传统的测图方法获得的模拟地形图随着地面状况的改变而失去现势性,更新难度大。数字地形图也有失去现势性的问题,但更新难度不大。数字地形图可根据电子文档的特点及时修测、编辑和更新,以保持地形图的现势性。

12.2　内外业一体化数字测图

实现内外业一体化数字测图的关键是要选择一种成熟的技术先进的数字测图软件。目前,市场上比较成熟的最新版本的大比例尺数字化测图软件主要有广州南方测绘仪器公司的 CASS7.0、北京威远图仪器公司的 VS300、北京清华山维公司的 EPSW2005、广州开思测绘软件公司的 SCS GIS2005、武汉瑞得测绘自动化公司的 RDMS。

这些数字化测图软件大多在 AutoCAD 平台上开发的,如 CASS7.0、SV300、SCS GIS2005,可以充分应用 AutoCAD 强大的图形编辑功能。各软件都配有一个加密狗,图形数据和地形编码一般不相互兼容,只供在一台计算机上使用。

本章介绍 CASS7.0 数字化测图软件。

12.2.1　CASS7.0 对计算机软硬件的要求

1．建议硬件环境

CPU 为 PIII600 以上,内存大于等于 256M,硬盘大于等于 20G,VGA(800×600)以上彩色显示器。

2．软件环境

Microsoft Windows NT 4.0 SP 6a 或更高版本、Microsoft Windows 9x、Microsoft Windows 2000、Microsoft Windows XP 系列,安装有 AutoCAD 2002 以上版本(中、英文版

均可,但必须是完全安装)。

12.2.2 CASS7.0 的安装和启动

CASS7.0 包装盒内有软件狗 1 个、程序光盘 1 片、说明书 1 套。

CASS7.0 安装以前,必须安装 AutoCAD 程序,AutoCAD 是美国 AutoDesk 公司的产品,用户需找相应代理商自行购买。

CASS7.0 的安装应该在安装完 AutoCAD 并运行一次后才进行。打开 CASS7.0 文件夹,找到 setup.exe 文件并双击它,进入安装界面,用户选择安装路径进行安装。软件安装完成后,自动转入软件狗驱动程序的安装,用户可根据提示完成安装。

12.2.3 CASS7.0 的操作界面

CASS7.0 启动后的界面如图 12.2 所示,它与 AutoCAD 2006(下面以 AutoCAD2006 为例进行讲解)的界面及基本操作是相同的,两者的区别在于下拉菜单及屏幕菜单的内容不同。CASS7.0 称图 12.2 所示的界面为图形窗口,窗口内各区的功能如下:

图 12.2 CASS7.0 工作界面

下拉菜单区:主要的测量功能;
屏幕菜单:各种类别的地物、地貌符号,操作较频繁的地方;
图形区:主要工作区,显示及具体图形操作;
工具条:各种 AutoCAD 命令、测量功能,实质为快捷工具。

用户可以通过图形窗口执行 CASS7.0 和 AutoCAD 的全部命令并进行绘图,数据库自动实时联动更新。

12.2.4 草图法数字测图的组织

1. 人员组织与分工(见图 12.3)

观测员 1 人,负责操作全站仪,观测并记录观测数据,当全站仪无内存或磁卡时,必须加配电子手簿,此时观测员还负责操作电子手簿,并记录观测数据。

领图员 1 人,负责指挥立镜员。现场勾绘草图,要求熟悉测量图式,以保证草图的简洁、正确。观测中应注意检查起始方向,注意与领图员对点号,注意与观测员对点号(一般每测 50 个点就与观测员对一次点号)。

草图纸应有固定格式,不应该随便画在几张纸上;每张草图纸应包含日期、测站、后视、测量员、绘图员信息;当遇到搬站时,尽量换张

图 12.3 草图法人员组织

草图纸,不方便时,应清楚记录本草图纸内测点与测站的隶属关系。草图绘制时,不要试图在一张纸上画足够多的内容,地物密集或复杂地物均可单独绘制一张草图,既清楚又简单。

立镜员 1 人,负责现场徒步立反射器。有经验的立镜员立点符合"测点三注意"(见第 10 章第四节),图上点位方便内业制图。对于经验不足者,应由领图员指挥立镜,以防内业制图麻烦。

内业制图员 1 人,对于无专业制图人员的单位,通常由领图员担负内业制图任务;对于有专业制图人员的单位,通常将外业测量和内业制图人员分开,领图员只负责绘草图,内业制图员得到草图和坐标文件,即可连线成图。领图员绘制的草图好坏将直接影响到内业成图的速度和质量。

2. 数据采集设备

数据采集设备一般为全站仪。新型全站仪大多带内存或磁卡,可直接记录观测数据,详细操作请参考所用全站仪的操作手册。

12.2.5 草图法数字测图的作业流程

草图法数字测图的作业流程分为野外数据采集、数据通讯、内业成图、编辑与整饰和输出管理 5 个步骤,分别说明如下:

1. 野外数据采集

在选择的测站点上安置全站仪,量取仪器高,将测站点、后视点的点名、三维坐标、仪器高、立镜员所持反射镜高度输入全站仪(操作方法参考所用全站仪的说明书),观测员操作全站仪照准后视(起始方向)点后水平度盘配置为 $0°00'00''$,进行定向并测量后视点的坐标如与已知坐标相符,即可以进行碎部测量。

立镜员手持反射镜立于待测的碎部点上,观测员操作全站仪观测测站至反射镜的水平方向值、天顶距值和斜距值,利用全站仪内的程序自动计算出所测碎部点的 x、y、H 三维坐标并自动记录在全站仪的记录载体上;领图员同时勾绘现场地物属性关系草图,并记录所测

点的点号。

2. 数据通讯

数据通讯的作用是完成电子手簿或带内存的全站仪与计算机两者之间的数据相互传输,形成观测坐标文件。操作步骤如下:

① 将全站仪通过适当的通讯电缆与微机连接好;

② 移动鼠标至"数据通讯"项的"读取全站仪数据"项,该处以高亮度(深蓝)显示,按左键,出现如图 12.4 所示的对话框;

③ 根据不同仪器的型号设置好通讯参数,再选取好要保存的数据文件名,点"转换"。

如果想将以前传过来的数据(比如用超级终端传过来的数据文件)进行数据转换,可先选好仪器类型,再将仪器型号后面的"联机"选项取消。这时会发现,通信参数全部变灰。接下来,在"通信临时文件"选项下面的空白区域填上已有的临时数据文件,再在"CASS 坐标文件"选项下面的空白区域填上转换后的 CASS 坐标数据文件的路径和文件名,点"转换"即可。

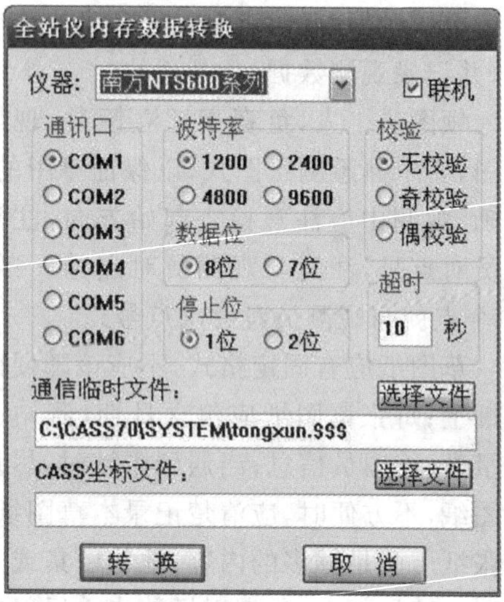

图 12.4 全站仪内存数据转换对话框

3. 内业成图

草图法在内业工作时,根据作业方式的不同,分为点号定位、坐标定位、编码引导三种方法。测量中使用较多的是点号定位的方法,下面主要讲解点号定位内业成图流程。

(1) 定显示区

定显示区的作用是根据输入坐标数据文件的数据大小定义屏幕显示区域的大小,以保证所有点可见。

首先移动鼠标至"绘图处理"项,按左键,即出现如图 12.5 所示的下拉菜单。

然后选择"定显示区"项,按左键,即出现一个如图 12.6 所示的对话窗。

图 12.5 数据处理菜单

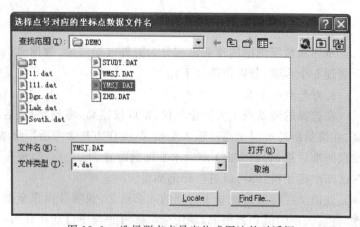

图 12.6 选择测点点号定位成图法的对话框

这时，输入碎部点坐标数据文件名，找到从全站仪下载数据的存放路径，选取要进行成图的坐标数据，点击"打开(O)"，这时命令显示区会显示该坐标文件中的最大坐标和最小坐标。

(2) 改变当前图形比例尺

点击"绘图处理"下拉菜单下的"改变当前图形比例尺"选项，按照测图要求输入当前图形的比例尺。

(3) 盘展野外测点点号

展点是将坐标文件中全部点的平面位置在当前图形中展出，并标注各点的点号，以便连线成图时作为参考。其操作方法是：点取"绘图处理"下拉菜单下的"展野外测点点号"选项，系统弹出(显示)如图12.6所示的对话框，用户选中了需要展点的坐标文件后，执行展点操作，将点都展绘在 xy 平面上，不注记点的高程，这主要是为了便于下面将要进行的连线成图操作。

完成连线成图操作后，如果需要注记点的高程，则可执行"绘图处理"下拉菜单下的"展高程点"选项，在系统弹出的"展高程点的坐标文件"对话框中，选中与前面展点相同的坐标文件即可。

(4) 连线成图

结合野外绘制的草图，使用屏幕菜单操作符号库将已经展绘的点连线成图，符号库会自动对绘制符号赋基本属性，如地物代码、图层、颜色、拟合等。系统中所有地形图图式符号都是按照图层来划分的，如所有表示测量控制点的符号都放在"控制点"这一层，所有表示独立地物的符号都放在"独立地物"这一层，所有表示植被的符号都放在"植被园林"这一层，如图12.7所示。

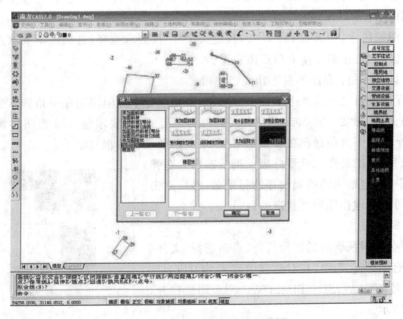

图12.7　使用屏幕菜单进行绘图

使用符号库执行连线成图操作时,可以直接点取屏幕上已经展绘的点位进行操作。在执行连线成图操作前,先执行 AutoCAD 的 Osnap 命令设置节点(Node)捕捉方式,才可以准确地捕捉到已经展绘的点位。在绘制某些线状地物时(如河流、陡坎等),如果需要拟和为光滑的曲线,在命令对话框的"拟合线"后输入"Y",软件自动对曲线进行拟合。

4. 编辑与整饰

(1) 图形编辑

在大比例尺数字测图的过程中,由于实际地形、地物的复杂性,漏测、错测是难以避免的,这时,必须要有一套功能强大的图形编辑系统对所测地图进行屏幕显示和人机交互图形编辑,在保证精度情况下消除相互矛盾的地形、地物,对于漏测或错测的部分,及时进行外业补测或重测。另外,对于地图上的许多文字注记说明,如道路、河流、街道等,也是很重要的。

图形编辑的另一重要用途是对大比例尺数字化地图的更新,可以借助人机交互图形编辑,根据实测坐标和实地变化情况,随时对地图的地形、地物进行增加或删除、修改等,以保证地图具有很好的现势性。

对于图形的编辑,CASS7.0 提供"编辑"和"地物编辑"两种下拉菜单。其中,"编辑"是由 AutoCAD 提供的编辑功能包括:图元编辑、删除、断开、延伸、修剪、移动、旋转、比例缩放、复制、偏移拷贝等,"地物编辑"是由南方 CASS 系统提供的对地物编辑功能包括:线型换向、植被填充、土质填充、批量删剪、批量缩放、窗口内的图形存盘、多边形内图形存盘等。

(2) 图形分幅

在图形分幅前,应做好分幅的准备工作。了解图形数据文件中的最小坐标和最大坐标。注意,在 CASS7.0 下侧信息栏显示的数学坐标和测量坐标是相反的,即 CASS7.0 系统中前面的数为 Y 坐标(东方向),后面的数为 X 坐标(北方向)。

将鼠标移至"绘图处理"菜单项,点击左键,弹出下拉菜单,点击选择"批量分幅/建方格网",命令区提示:

请选择图幅尺寸:50×50,50×40,自定义尺寸。按要求选择。直接回车默认选 50×50。

输入测区一角:在图形左下角点击左键。

输入测区另一角:在图形右上角点击左键。

这样,在所设目录下就产生了各个分幅图,自动以各个分幅图的左下角的东坐标和北坐标结合起来命名,如"29.50-39.50"、"29.50-40.00"等。如果要求输入分幅图目录名时直接回车,则各个分幅图自动保存在安装了 CASS7.0 的驱动器的根目录下。

点击选择"绘图处理/批量分幅/批量输出",在弹出的对话框中确定输出的图幅的存储目录名,然后点击"确定",即可批量输出图形到指定的目录。

(3) 图幅整饰

把图形分幅时所保存的图形打开,点击选择"文件"的"打开已有图形..."项,在对话框中输入 SOUTH1.DWG 文件名,确认后,SOUTH1.DWG 图形即被打开,如图 12.8 所示。

点击选择"文件"中的"加入 CASS7.0 环境"项。

点击选择"绘图处理"中"标准图幅(50CM×50CM)"

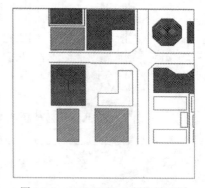

图 12.8　SOUTH1.DWG 平面图

项显示如图 12.9 所示的对话框。输入图幅的名字、邻近图名、测量员、制图员、审核员,在左下角坐标的"东"、"北"栏内输入相应坐标,如输入"40000","30000",回车。

在"删除图框外实体"前打勾,则可删除图框外实体,按实际要求选择。最后用鼠标单击"确定"即可。

因为 CASS7.0 系统所采用的坐标系统是测量坐标,即 1:1 的真坐标,加入 50CM×50CM 图廓后如图 12.10 所示。

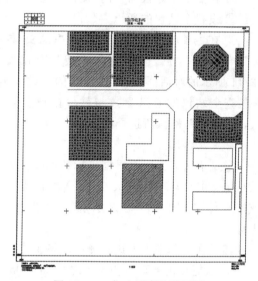

图 12.9　输入图幅信息对话框　　　　图 12.10　加入图廓的平面图

12.2.6　电子平板法数字测图的组织

电子平板法是将与安置在测站上的全站仪连接的、安装了 CASS7.0 的笔记本电脑当做绘图平板,实现了在野外作业现场实时连线成图的数字测图方法。其显著优点是直观性强,在野外作业现场"所测即所得",当出现错误时,可以及时发现,现场修改。

1. 人员组织与分工

观测员 1 人,负责操作全站仪,观测并将观测数据传输到便携机中。某些旧款全站仪的传输是被动式命令,观测完一点必须按发送键,数据才能传送到笔记本电脑;最新型号的全站仪一般都支持主动式发送,并自动记录观测数据。

制图员 1 人,负责指挥立镜员,现场操作笔记本电脑和内业后继处理整饰图形的任务。

立镜员 1 人,负责现场立反射器。

2. 数据采集设备

全站仪与笔记本电脑一般采用标准的 RS232 接口通讯电缆连接,也可以采用加配两个数传电台(数据链),分别连接于全站仪、便携式电脑上,实现数据的无线传送。

12.2.7　电子平板法数字测图的作业流程

电子平板法数字测图的作业流程分为出发前准备工作、测前准备、实际测图操作三个步骤,分别说明如下：

1. 录入测区的已知坐标

完成测区的各种等级控制测量,并得到测区的控制点成果后,便可以向系统录入测区的控制点坐标数据,以便野外进行测图时调用。录入时,要注意坐标格式按照CASS7.0软件要求的坐标格式录入。

2. 安置仪器

① 在点上架好仪器,并把便携机与全站仪用相应的电缆连接好,开机后进入CASS7.0；

② 设置全站仪的通讯参数；

③ 在主菜单选取"文件"中的"CASS参数配置"屏幕菜单项后,选择"电子平板"页,出现如图12.11所示的对话框,选定所使用的全站仪类型,并检查全站仪的通讯参数与软件中设置是否一致,按"确定",确认所选择的仪器。

3. 定显示区

定显示区的作用是根据坐标数据文件的数据大小定义屏幕显示区的大小。输入控制点的坐标数据文件名,则命令行显示屏幕的最大、最小坐标。

图12.11　电子平板参数配置

然后在电子平板上进行测站准备工作：

① 鼠标点击屏幕右侧菜单之"电子平板"项,如图12.12所示。

弹出如图12.13所示的对话框：提示输入测区的控制点坐标数据文件。选择测区的控制点坐标数据文件。

图12.12　坐标定位菜单

图12.13　测站设置对话框

② 若事前已经在屏幕上展出了控制点,则直接点"拾取"按钮,再在屏幕上捕捉作为测站、定向点的控制点；若屏幕上没有展控制点,则手工输入测站点点号及坐标、定向点点号及坐标、定向起始值、检查点点号及坐标、仪器高等参数,利用展点和拾取的方法输入测站信息。

4. 实际测图操作

当测站的准备工作都完成后,如用相应的电缆连好全站仪与计算机,输入测站点点号、定向点点号、定向起始值、检查点点号、仪器高等,便可以进行碎部点的采集、测图工作了。

在测图的过程中,主要是利用系统屏幕的右侧菜单功能,如要测量一幢房子、一根电线杆等,需要用鼠标选取相应图层的图标;也可以同时利用系统的编辑功能,如文字注记、移动、拷贝、删除等操作;也可以同时利用系统的辅助绘图工具,如画复合线、画圆、回退、查询等操作;如果图面上已经存在某实体,就可以用"图形复制(F)"功能绘制相同的实体,这样就避免了在屏幕菜单中查找的麻烦。

下边以四点房屋测量为例说明平板测图的方法:

首先移动鼠标在屏幕右侧菜单中选取"居民地"项的"一般房屋",弹出选择"居民地"项的对话框,移动鼠标到表示"四点房屋"的图标处按鼠标左键,被选中的图标和汉字都呈高亮度显示。然后点击"确定"按钮,弹出全站连接窗口,如图 12.14 所示。

系统驱动全站仪测量并返回观测数据(手工则直接输入观测值),当系统接收到数据后,便自动在图形编辑区将表示简单房屋的符号展绘出来。

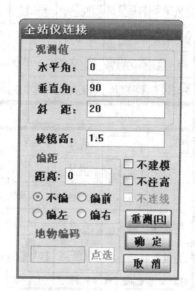

图 12.14　测量四点房屋

12.3　模拟地形图的数字化

对已有图纸输入的方法有两种:用数字化仪录入和通过扫描仪录入图纸后再进行屏幕数字化。

用数字化仪的原理是将图纸平铺到数字化板上,然后用定标器将图纸逐一描入计算机,得到一个以".dwg"为后缀的图形文件,这种方式所得图形的精度较高,但工作量较大,尤其是自由曲线(如等高线)较多时工作量明显增大。扫描矢量化软件原理是先将图纸通过扫描仪录入图纸的光栅图像,再利用扫描矢量化软件提供的一些便捷的功能,对该光栅图像进行矢量数字化,最后可以转换成为一个以".dwg"为后缀的图形文件。这种方式所得图形的精度因受扫描仪分辨率和屏幕分辨率的影响会比数字化仪录入图形的精度低,但其工作强度较小,方法要简便一些。

12.3.1　手扶跟踪数字化

用数字化仪手扶跟踪法录入白纸图是实现传统地图数字化的一种重要模式,它是一种传统而成熟的方法。CASS7.0 软件在数字化仪使用的功能上进行了进一步的完善和提高,它的功能菜单有 700 多项,且均有图标和汉字注记,清晰明了,使得 CASS 软件屏幕菜单的绝大部分功能能够在数字化仪图板菜单中实现。图 12.15 是图板菜单的一部分。

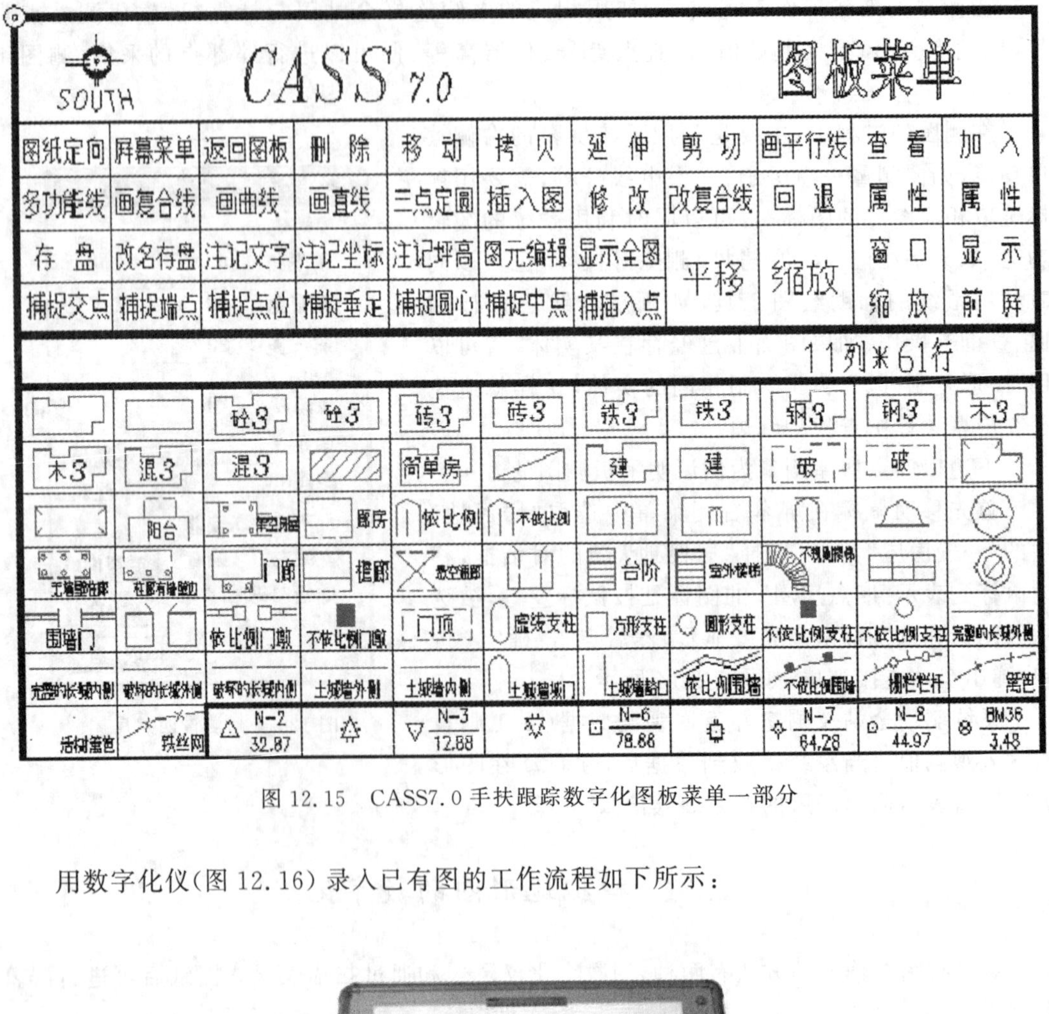

图 12.15　CASS7.0 手扶跟踪数字化图板菜单一部分

用数字化仪（图 12.16）录入已有图的工作流程如下所示：

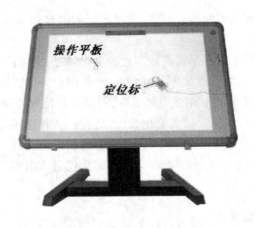

图 12.16　数字化仪

1. 配置数字化仪

现代数字化仪设备比较简单，硬件一般由两部分组成。第一部分是感应板（操作平板），这是数字化仪最重要的部分,它决定着一台数字化仪的精度和幅面。在感应板上,数字化仪一般设有指示灯,用来配置数字化仪的各种性能参数,这些配置主要是根据不同的应用软件而设置相应的参数,不同品牌的数字化仪设置方法各不相同,在具体配置时请参考数字化仪自带的说明书。

数字化仪的另一部分为图形操作定标器,常见的有4键和16键,上有透明十字丝用来瞄准定标,是数字化手工输入的部件。定标器分有线定标器和无线定标器两种。

2. 在 CASS7.0 软件中配置数字化仪

CASS7.0 的操作平台为 AutoCAD 2000/2002/2004/2006,常用的输入设备是鼠标,另外还可以使用数字化仪。如果要连接使用数字化仪,则必须对 AutoCAD 的输入设备重新配置。配置的方法是在屏幕菜单的左上角点取"文件"项,然后再选取"AutoCAD 系统配置"功能,进入 AutoCAD 的"配置选择(Preference)"窗口,点取窗口内上列菜单的"系统"项,即可弹出数字化仪的配置界面,上面列出了 AutoCAD 支持的所有数字化仪,选定一个用鼠标单击按钮"Set Current",如该数字仪还没有配置,则要根据窗口下边的提问进行选择,选定后该窗口将关闭又回到 Preferences 窗口,点击"OK"键,数字化仪的配置即告完成。如果配置成功,屏幕上会出现小十字丝,同时数字化仪会鸣叫一声,这时定标器将控制屏幕十字丝的移动。

3. 标定数字化仪菜单

一般数字化仪可以在其数字化板上的有效区域内贴上用户自己设计的操作菜单,这样,在录入时就可以用数字化仪的定标器直接在数字化仪的菜单上点取所要的功能进行操作,以减少返回屏幕点取屏幕菜单的麻烦。

CASS7.0 的数字化仪菜单为"C:\CASS60\SYSTEM\"目录下的"TABMENU.DWG"。其中,TABMENU 为功能操作菜单。这个文件可以作为图形调出屏幕观看,然后根据数字化板的尺寸任意选择适当大小,用绘图仪或打印机可将该菜单绘出来,将它们贴到数字化板的右边,贴的时候要注意贴到数字化板的有效区内,尽量将菜单展平摆正,以免产生误差。

贴好菜单后,就要在 CASS7.0 上对它们进行标定,具体操作参见帮助文件。

标定该菜单的目的是让 CASS 软件能够根据实际菜单的大小来识别该菜单,使数字化仪的定标器需要点取菜单上相应的操作功能时,CASS 软件能够正确地执行。

做完上述操作之后,用数字化仪录图的准备工作已经完成,接下来就可以开始正式的数字化录图工作了。

4. 图纸定向

首先将准备数字化的图纸平贴在数字化板上,贴时要注意将图纸贴在数字化板的有效区内。因为上一步已经标定好数字化仪菜单,现在就可以直接使用了。用数字化仪的定标器在数字化菜单上点取"图纸定向"的功能,然后根据屏幕提示按下列步骤操作:

① 用定标器点取图纸左下角,再输入该点的坐标,要注意的是 Y(东)方向应放在前面,两个坐标间用逗号隔开,如 40000(东),30000(北)。

② 用定标器点取图纸右上角,再输入该点的坐标。

③ 当屏幕提问要不要定向第3点时,可以直接回车,结束图纸定向。

上面所说的是两点图纸定向,对于有变形的图纸,应采用多点图纸定向,以消除误差。

5. 定屏幕显示区

定屏幕显示区的作用是确保数字化板上的图纸能整幅地在屏幕上显示出来。具体的做法是先用定标器在数字化菜单上点取"窗口缩放"功能,当软件提问"第一角"时,用定标器点取图纸左下角的左下方向附近的一点,当软件提问"第二角"时,用定标器点取图纸右上角的右上方向附近的一点,这样整幅图纸的范围就能在屏幕上完全显示出来了。

6. 开始图纸数字化作业

完成上述工作以后就可以着手数字化录图了。整个数字化的作业流程可以分为图框定位、绘地物地貌、注记等几个步骤。

12.3.2 扫描矢量化

扫描地形图使用的工程扫描仪有平台式和滚筒式两种,幅面可选用 A1 幅面或 A0 幅面,相对于工作底图,扫描后的点位误差不大于 0.15mm,线画误差不大于 0.2mm。目前,市场上满足上述要求的新型扫描仪有丹麦 Contet 公司生产的各类扫描仪。

对已经着好墨的、图面清晰的聚脂薄膜底图,扫描分辨率一般设置为 300dpi(每英寸点数)的分辨率,对没有着墨的铅笔聚脂薄膜原图,扫描分辨率一般设置为 450～600dpi,将扫描获得的图像文件保存为 bmp 格式。完成图纸的扫描后,即可以进行数字化操作。

利用 CASS7.0 光栅图像工具,可以直接对光栅图进行图形的纠正,并利用屏幕菜单进行图形数字化。操作步骤如下:

① 根据图形大小在"绘图输出"菜单下插入一个图幅。

② 通过"工具"菜单下的"光栅图像/插入图像"项插入一幅扫描好的栅格图,按照命令提示操作完成。

③ 用"工具"下拉菜单的"光栅图像/图形纠正"对图像进行纠正,命令区提示:选择要纠正的图像时,选择扫描图像的最外框,这时会弹出图形纠正对话框,如图 12.17 所示。选择五点纠正方法"线性变换"进行图像纠正。

④ 五点纠正完毕后,进行四点纠正"affine",同样依此局部放大后选择各角点或已知点,添加各点实际坐标值,最后进行纠正。此方法最少有四个控制点。

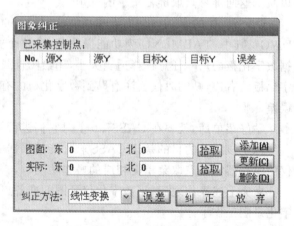

图 12.17　图形纠正

⑤ 经过两次纠正后,栅格图像应该能达到数字化所需的精度。值得注意的是,纠正过程中将会对栅格图像进行重写,覆盖原图,自动保存为纠正后的图形,所以在纠正之前需备份原图。

在"工具/光栅图像"中,还可以对图像进行图像赋予、图形剪切、图像调整、图像质量、图像透明度、图像框架的操作。用户可以根据具体要求,对图像进行调整。

图像纠正完毕后,利用右侧的屏幕菜单,可以进行图形的矢量化工作。如图 12.18 所示为矢量化等高线。右侧的屏幕菜单是测绘专用交互绘图菜单。进入该菜单的交互编辑功能时，必须先选定定点方式。定点方式包括坐标定位、测点点号、电子平板、数字化仪等方式。其中包括大量的图式符号，用户可以根据需要利用图式符号，进行矢量化工作。

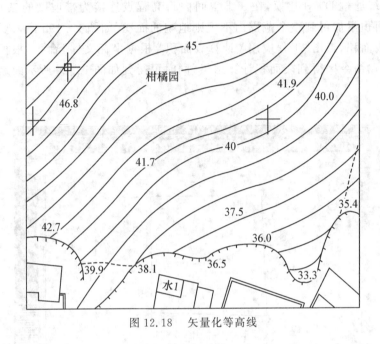

图 12.18　矢量化等高线

12.4　数字地形图的基本应用

本节介绍使用 CASS7.0 测绘软件在数字地形图上进行基本几何要素查询、绘制断面图、土方计算和面积应用的操作方法。学习完本节后，我们将惊喜地发现，数字地形图的应用比图解地形图的应用无论是精度上还是效率上都要高得多。

12.4.1　基本几何要素查询

1. 查询指定点坐标

用鼠标点击"工程应用"菜单中的"查询指定点坐标"。用鼠标点击所要查询的点即可。也可以先进入点号定位方式，再输入要查询的点号（注意：系统左下角状态栏显示的坐标是笛卡儿坐标系中的坐标，与测量坐标系 X 和 Y 的顺序相反）。用此功能查询时，系统在命令行给出的 X、Y 是测量坐标系的值。

2. 查询两点距离及方位

用鼠标点击"工程应用"菜单下的"查询两点距离及方位"。用鼠标分别点击所要查询的两点即可。也可以先进入点号定位方式，再输入两点的点号。CASS7.0 所显示的坐标为实地坐标，所显示的两点间的距离为实地距离。

3. 查询线长

用鼠标点击"工程应用"菜单下的"查询线长"。用鼠标点击图上曲线即可。

4. 查询实体面积

用鼠标点取待查询的实体的边界线即可，要注意实体应该是闭合的。

5.计算表面积

对于不规则地貌,其表面积很难通过常规的方法来计算,在这里,可以通过建模的方法来计算。系统通过 DTM 建模,在三维空间内将高程点连接为带坡度的三角形,再通过每个三角形面积累加得到整个范围内不规则地貌的面积。如图 12.19 所示,要计算矩形范围内地貌的表面积,点击"工程应用\计算表面积\根据坐标文件"命令,根据命令提示输入完毕后,会在命令区得到表面积计算结果,同时可得到如图 12.20 所示的表面积建模图形。

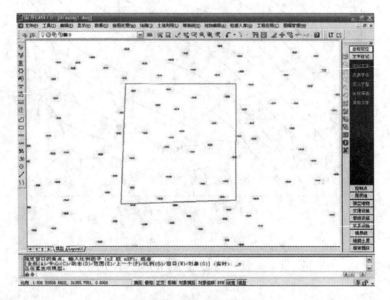

图 12.19 选定计算区域

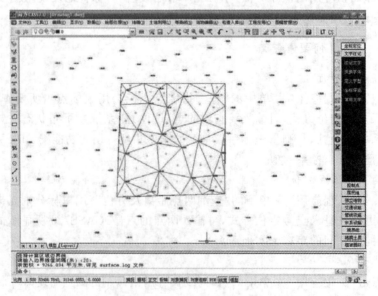

图 12.20 表面积计算结果

12.4.2 绘制断面图

绘制断面图的方法有由坐标文件生成、根据里程文件、根据等高线、根据三角网四种方法。

1. 由坐标文件生成

坐标文件指野外观测得到的包含高程点文件，生成的方法如下：

① 用复合线生成断面线，点击"工程应用＼绘断面图＼根据已知坐标"功能。选择断面线，用鼠标点取所绘断面线。

② 屏幕上弹出"断面线上取值"的对话框，如图 12.21 所示。在"选择已知坐标获取方式"栏中，如果选择"由数据文件生成"，则在"坐标数据文件名"栏中选择高程点数据文件。如果选择"由图面高程点生成"，则在图上选取高程点。图上选取高程点的前提是图面存在高程点，否则此方法无法生成断面图。

输入采样点间距：输入采样点的间距，系统的默认值为 20m。采样点的间距的含义是复合线上两顶点之间若大于此间距，则每隔此间距内插一个点。

输入起始里程：〈0.0〉系统默认起始里程为 0。

③ 点击"确定"之后，屏幕弹出"绘制纵断面图"对话框，如图 12.22 所示。

输入相关参数，如：

横向比例为 1：〈500〉输入横向比例，系统的默认值为 1：500；

纵向比例为 1：〈100〉输入纵向比例，系统的默认值为 1：100。

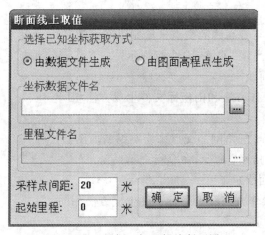

图 12.21 根据已知坐标绘断面图

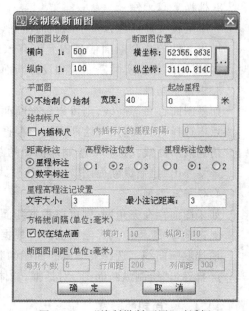

图 12.22 "绘制纵断面图"对话框

断面图位置：可以手工输入，也可在图面上拾取。

选择是否绘制平面图、标尺、标注；还有一些关于注记的设置。

点击"确定"按钮之后，在屏幕上出现所选断面线的断面图，如图 12.23 所示。

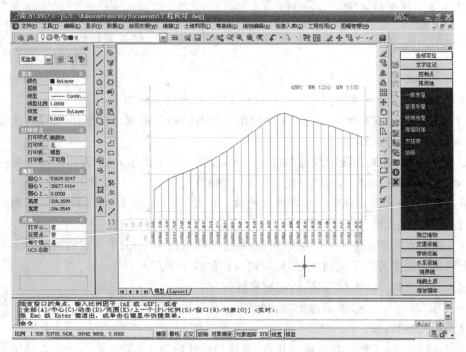

图 12.23　纵断面图

2. 根据里程文件

一个里程文件可包含多个断面的信息,此时绘断面图就可一次绘出多个断面。

里程文件的一个断面信息内允许有该断面不同时期的断面数据,这样,绘制这个断面时,就可以同时绘出实际断面线和设计断面线。

3. 根据等高线

如果图面存在等高线,则可以根据断面线与等高线的交点来绘制纵断面图。

点击选择"工程应用\绘断面图\根据等高线"命令,命令行提示:

请选取断面线:〈选择要绘制断面图的断面线〉

屏幕弹出"绘制纵断面图"对话框,具体操作方法和由坐标文件生成方法相同。

4. 根据三角网

如果图面存在三角网,则可以根据断面线与三角网的交点来绘制纵断面图。

点击选择"工程应用\绘断面图\根据三角网"命令,命令行提示:

请选取断面线:〈选择要绘制断面图的断面线〉

屏幕弹出"绘制纵断面图"对话框,具体操作方法和由坐标文件生成方法相同。

12.4.3　面积的测算

1. 长度调整

通过选择复合线或直线,程序会自动计算所选线的长度,并调整到指定的长度。

点击选择"工程应用\线条长度调整"命令,命令行依次提示:

提示:请选择想要调整的线条;

提示:起始线段长××.×××米,终止线段长××.×××米;
提示:请输入要调整到的长度(米);输入目标长度;
提示:需调整(1)起点(2)终点〈2〉;默认为终点。
根据提示陆续回车或点击"确定"按钮,完成长度调整。

2.面积调整

通过调整封闭复合线的一点或一边,如图12.24所示,把该复合线面积调整成所要求的目标面积。复合线要求是未经拟合的。

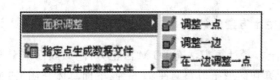

图12.24　面积调整菜单

如果选择"调整一点",则复合线被调整顶点将随鼠标的移动而移动,整个复合线的形状也会跟着发生变化,同时可以看到屏幕左下角实时显示变化着的复合线面积,待该面积达到所要求数值,鼠标左键点击被调整点的位置。如果面积数变化太快,可将图形局部放大再使用本功能。

如果选择"调整一边",则复合线被调整边将会平行向内或向外移动以达到所要求的面积值。

如果选择"在一边调整一点",则该边会根据目标面积而缩短或延长,另一顶点固定不动。原来连到此点的其他边会自动重新连接。

3.计算指定范围的面积

点击选择"工程应用\计算指定范围的面积"命令,命令行依次提示:

提示:1.选目标/2.选图层/3.选指定图层的目标〈1〉

输入"1":要求用鼠标指定需计算面积的地物,可用窗选、点选等方式,计算结果注记在地物重心上,且用青色阴影线标示;

输入"2":系统提示输入图层名,结果把该图层的封闭复合线地物面积全部计算出来,并注记在封闭区域重心上,且用青色阴影线标示;

输入"3":先选图层,再选择目标,特别采用窗选时,系统自动过滤,只计算注记指定图层被选中的以复合线封闭的地物。

提示:是否对统计区域加青色阴影线?〈Y〉默认为"是"
提示:总面积=××.×××平方米

4.统计指定区域的面积

该功能用来将上面注记在图上的面积累加起来。点击"工程应用\统计指定区域的面积"命令,命令行将提示:

提示:面积统计——可用:窗口(W.C)/多边形窗口(WP.CP)/...等多种方式选择已计算过面积的区域;

选择对象:选择面积文字注记:用鼠标拉一个窗口即可

提示:总面积 = ××.××× 平方米

5. 计算指定点所围成的面积

点击"工程应用 \ 指定点所围成的面积"命令,命令行将提示:

提示:输入点

用鼠标指定想要计算的区域的第一点,底行将一直提示输入下一点,直到按鼠标的右键或回车键确认指定区域封闭(结束点和起始点并不是同一个点,系统将自动地封闭结束点和起始点)。

提示:总面积 = ××.××× 平方米

12.4.4 DTM 填挖土方量的计算

CASS7.0 提供的土方量计算方法有 DTM 法土方计算、断面法土方计算、方格网法土方计算、等高线法土方计算和区域土方量算平衡五种,下面具体介绍 DTM 法土方计算方法。

由 DTM 模型来计算土方量是根据实地测定的地面点坐标(X,Y,Z)和设计高程,通过生成三角网来计算每一个三棱锥的填挖方量,最后累计得到指定范围内填方和挖方的土方量,并绘出填挖方分界线。

DTM 法土方计算共有三种方法,第一种是由坐标数据文件计算,第二种是依照图上高程点进行计算,第三种是依照图上的三角网进行计算。前两种方法包含重新建立三角网的过程,第三种方法直接采用图上已有的三角形,不再重建三角网。下面分述三种方法的操作过程。

1. 根据坐标计算法

用复合线画出所要计算土方的区域,一定要闭合,但是尽量不要拟合。因为拟合过的曲线在进行土方计算时会用折线迭代,影响计算结果的精度。

点击"工程应用\DTM 法土方计算\根据坐标文件"命令,命令行将提示:

提示:选择边界线

点击所画的闭合复合线弹出如图 12.25 所示的"DTM 土方计算参数设置"对话框。

区域面积:该值为复合线围成的多边形的水平投影面积。

平场标高:指设计要达到的目标高程。

边界采样间隔:边界插值间隔的设定,默认值为 20m。

边坡设置:选中处理边坡复选框后,则坡度设置功能变为可选,选中放坡的方式(向上或向下:指平场高程相对于实际地面高程的高低,平场高程高于地面高程则设置为向下放坡)。然后输入坡度值。

设置好计算参数后,屏幕上显示填挖方的提示框,命令行显示:

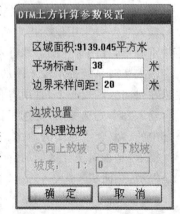

图 12.25 土方计算参数设置

挖方量 = ××.××× 立方米,填方量 = ××.××× 立方米

同时图上绘出所分析的三角网、填挖方的分界线(白色线条),如图 12.26 所示。

关闭对话框后,系统提示:

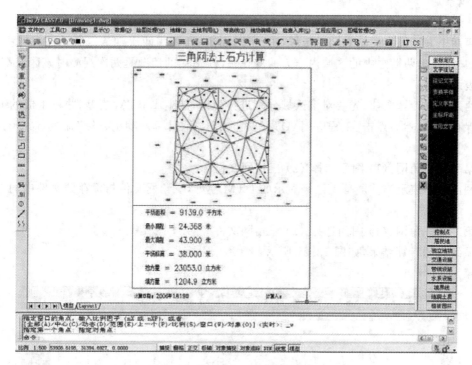

图 12.26 挖填方量计算结果表格

请指定表格左下角位置：〈直接回车不绘表格〉

用鼠标在图上适当位置点击，CASS 7.0 会在该处绘出一个表格，包含平场面积、最大高程、最小高程、平场标高、填方量、挖方量和图形，如图 12.26 所示。

2. 根据图上高程点计算

首先要展绘高程点，然后用复合线画出所要计算土方的区域，要求同 DTM 法。

点击"工程应用"菜单下"DTM 法土方计算"子菜单中的"根据图上高程点计算"命令，命令行将提示：

提示：选择边界线用鼠标点取所画的闭合复合线

提示：选择高程点或控制点

此时，可逐个选取要参与计算的高程点或控制点，也可拖框选择。如果键入"ALL"，回车，将选取图上所有已经绘出的高程点或控制点。弹出"土方计算参数设置"对话框，以下操作则与坐标计算法一样。

3. 根据图上的三角网计算

对已经生成的三角网进行必要的添加和删除，使结果更接近实际地形。

点击"工程应用"菜单下"DTM 法土方计算"子菜单中的"依图上三角网计算"命令，命令行将提示：

提示：平场标高（米）：输入平整的目标高程

请在图上选取三角网：用鼠标在图上选取三角形，可以逐个选取也可拉框批量选取

回车后屏幕上显示填挖方的提示框，同时图上绘出所分析的三角网、填挖方的分界线

（白色线条）。

4.计算两期土方计算

两期土方计算指的是对同一区域进行了两期测量,利用两次观测得到的高程数据建模后叠加,计算出两期之中的区域内土方的变化情况。适用的情况是两次观测时该区域都是不规则表面。

两期土方计算之前,先要对该区域分别进行建模,即生成DTM模型,并将生成的DTM模型保存起来。然后点击"工程应用\DTM法土方计算\计算两期土方量"命令,命令行将提示：

第一期三角网：(1) 图面选择 (2) 三角网文件〈2〉

图面选择表示当前屏幕上已经显示的DTM模型,三角网文件指保存到文件中的DTM模型。

第二期三角网：(1) 图面选择 (2) 三角网文件〈1〉1 同上,默认选 1

系统弹出计算结果,如图 12.27 所示。

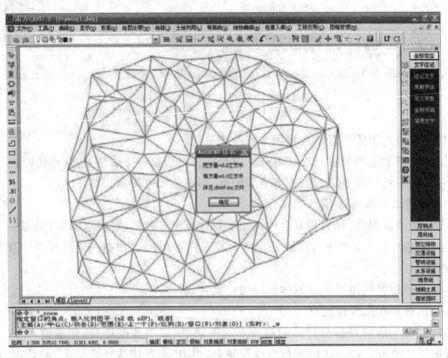

图 12.27 两期土方计算结果

点击"确定"后,屏幕出现两期三角网叠加的效果,屏幕显示图形的蓝色部分表示此处的高程已经发生变化,屏幕显示图形的红色部分表示没有变化。

习 题

1.数字测量涉及_____。

A. 测量结果的数字化、地面点特征数字化、测绘机能数字化及其数据库

B. 测量结果、地面点特征、测绘机能的数字化及其数据库

C. 图 12.1 整个系统的数字化过程

2. 地形图数字测量的基本系统有_____。

A. 数据采集，数字地理模型的建立，地形图的输出

B. 现场测量数据，测绘软件，地形图的绘制

C. 计算机，测绘软件，地形图的绘制

3. 内外业一体化数字测图方法与传统白纸测图方法比较，有何特点？

4. 模拟地图的数字化方法有_____。

A. 电子平板法

B. 扫描数字化

C. 草图法

D. 手扶跟踪数字化

5. 地面数字测图方法有_____。

A. 电子平板法

B. 扫描数字化

C. 草图法

D. 手扶跟踪数字化

6. 下列数字化测图软件_____是采用 AutoCAD 为平台开发的。

A. SV300　　B. SCS GIS2000　　C. EPSW2000　　D. RDMS　　E. CASS7.0

7. 草图法数字测图一般需要 4 个人，他们分别是什么？

8. 电子平板法数字测图一般需要 3 个人，他们分别是什么？

9. 使用 CASS7.0 的电子平板法进行野外数字测图，在正式开始碎部测量之前，在全站仪和笔记本电脑上需要进行的基本设置有哪些？

10. 使用 CASS7.0 对现有地形图扫描矢量化，在正式开始之前，需要进行的基本设置有哪些？

11. 试写出在 CASS7.0 上进行地形图的下列应用所使用的命令：

① 测量图上点的坐标_____。

② 测量图上两点之间的实地距离_____。

③ 绘制断面图_____。

④ 测量图上某边线内的面积_____。

12. 使用 CASS7.0 进行挖填土方量计算时，对计算边界有什么要求？

13. 使用 CASS7.0 绘制断面图时，一般水平轴的"距离比例"设置成 1：_____，垂直轴的"标高比例"设置成 1：_____ 比较合适。

第 13 章　工程测设原理与方法

☞ **学习目标**：明确工程测设的目的及相应的基本要求；掌握工程测设的三种基本技术工作原理；掌握地面点的测设技术；明确激光在工程测设的定向原理和应用方法。

13.1　概　　述

13.1.1　工程测设的概念

1. 工程测设目的

设计图纸中主要以点位及其相互关系表示建筑物、构造物的形状和大小。建筑物、构造物的设计之后，就要按设计图纸及相应的技术说明进行施工。工程测设的目的，是以控制点为基础，把设计图纸上的点位测定到实地并表示出来。实现这一目的的测量技术过程称为工程放样，简称测设，或称放样，或称施工测量。经过工程测设表示在实地的点位称为施工点，或称放样点。

2. 放样的基本思想

和测绘的基本技术过程一样，测设放样地面点的直接定位元素是角度、距离、高差，间接定位元素是点位坐标和高程，因此放样的基本技术工作主要是角度放样、距离放样、高差放样。

从地面点定位的基本工作要求出发，放样的基本思想是：

① 在放样之前，检验设计图上有关的定位元素；

② 必要时，对定位元素进行必要的处理；

③ 在实地把拟定的地面点测设出来，并在地面上设立点标志；

④ 检查放样点位的准确性、可靠性。

由于土木建筑工程的多样性，或由于环境的复杂性，在实施放样的过程中必须因地制宜，采取灵活可靠的技术措施。

13.1.2　工程测设的精度

工程测设的精度主要取决于建筑物、构造物的设计与施工的要求。设计与施工的要求不同，工程测设的精度必有差异。

一般地，钢结构工程的施工精度高于混凝土结构工程的施工精度；装配式工程的施工精度高于现场浇灌式工程的施工精度。

在道路桥梁工程中，高速公路的施工精度高于普通公路的施工精度；特大桥梁的施工精度高于普通桥梁的施工精度；长隧道工程的施工精度高于短隧道工程的施工精度；等等。

工程测设的精度最终体现在施工点的精度。工程测设应从工程的设计与施工的精度需要出发,确定与之相匹配的测量技术相应精度等级,规定满足精度要求的工程测设方案,使实地放样点的精度满足施工的需要。

13.1.3 施工控制测量

与测量定位技术过程中的工作相仿,工程测设仍然遵循"等级、整体、控制、检验"四项工作原则。工程测设的整体原则兼顾有工程的全局性和技术要求的完整性。施工控制测量作为工程测设的工作基础,必须从整体原则出发,尽量实现多用性和有效性。

多用性,即工程控制测量的一测多用。或者说,工程控制测量的建立应尽量保证满足工程规划勘测设计、施工及其工程形变检测管理等工程目标所确定的基本要求。

一般说来,在控制测量的实施中,工程建设常有规划勘测控制测量、施工控制测量与工程形变检测管理的控制测量等多层次工程建设控制测量。工程控制测量的多用性基于工程建设控制测量的统一基准,即工程建设控制测量具有统一的坐标、高程系统基准和精度标准。多层次工程建设控制测量没有统一基准,可能是无效重复控制测量,由此将造成各项目的工程建设定位基准的混乱,不利于工程建设的顺利进行,甚至引起严重后果。

有效性,即施工控制测量所建立的控制点点位无损可靠,便于应用,点位参数符合统一基准要求,符合工程的应用需要。

现代化建设的不断发展,要求工程高速度、高精度、高质量,做好前期工程施工控制测量的重要基准工作,是高速度、高精度、高质量的重要保证之一。

13.1.4 工程测设的工作要求

1. 紧密结合施工的连续进程

施工要进行,测量是先导。紧密结合施工的需要,测量技术人员必须做到:
① 熟悉设计图纸,懂得有关的设计思路;
② 检查图纸,核实图纸的有关数据,做好工程测设的数据准备;
③ 了解施工工作计划和安排,协调测量与施工的关系,落实工程测设工艺。

2. 熟悉现场实际

施工测量人员熟悉现场实际是搞好工程测设的基本条件。要做到这一点必须:
① 核查或检测有关的控制点,确认点位准确可靠;
② 查清工地范围的地形地物状态;
③ 熟悉施工的进展状况;
④ 熟悉施工环境,避免施工对测量的可能影响,及时准确完成工程测设工作。

3. 加强测量标志的管理、保护,注意受损测量标志的恢复

测量标志包括控制点和放样点。其中,控制点是工程测设的基础,放样点是施工的依据。由于施工的复杂性和多样性,往往有可能造成测量标志受损或丢失。因此,在测量过程中,加强测量标志的管理、保护,及时恢复受损的测量标志,是做好工程测设的必要工作要求。

13.2 放样的基本工作

放样的基本工作主要是地面点的直接定位元素角度、距离、高差的放样。

13.2.1 角度放样

图 13.1 是点位构成角度关系的设计图。图中 A、B 为已知点,AB 是已知方向,AP 方向是设计的方向线,$\angle BAP$ 设计已知值为 β。

在实地存在已知点 A、B,AB 是已知方向。实地没有 AP 方向。角度放样的目的是以测量技术手段,把设计的 AP 方向按设计的 $\angle BAP$ 已知值测设到实地中。

1. 一般方法

根据图 13.1,角度放样的一般方法如下:

① 如图 13.2 所示,在实地已知点 A 安置全站仪(或经纬仪),选定已知方向 AB,以盘左瞄准 B 点目标,同时从全站仪显示窗(或经纬仪读数窗)获取方向值 β_0。一般地,β_0 配置在 $0°$ 附近,或者配置为 $0°$。

② 拨角定向,即转动全站仪照准部,使显示水平窗度盘读数为 $\beta_0 + \beta$。此时望远镜的视准轴指向 AP 的既定方向。

③ 测设指挥者按望远镜视准轴指定的方向的地面上设立标志。如图 13.2 所示,从望远镜视场内可见定点人员的落点动作,此时指挥落点位置应在望远镜十字丝纵丝上(落点的确定动作由指挥者与定点人员约定)。通常,在地面落点位置上钉上木桩(木桩移到望远镜十字丝纵丝方向上),在木桩的顶面标出 AP 的精确方向。

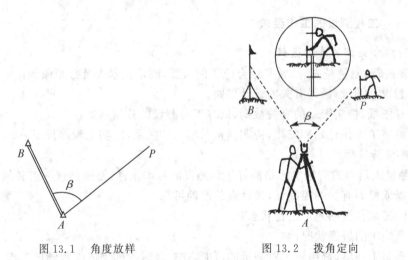

图 13.1 角度放样　　图 13.2 拨角定向

2. 方向法角度放样

① 按一般角度放样基本步骤完成待定方向 AP 的标志 P 的设置,此时 P 用 P' 表示,如图 13.3 所示。

② 全站仪以盘右位置瞄准 B 点目标,获得盘右观测值 $\beta_0 + 180$。

③ 按一般角度放样基本步骤②使望远镜视准轴以 $\beta_0 + 180 + \beta$ 指向 AP 方向,同时按指定的方向在实地标出 AP 方向的标志 P''。

④ 取 P'、P'' 的平均位置,即 P 作为 AP 方向的准确标志,如图 13.3 所示。

通常，工程上以全站仪进行角度放样，采用方向法角度放样可以减少有关仪器误差的影响，提高了角度放样的精确度。

3. 改化法角度放样

① 上述角度放样方法指定 AP 方向之后，再利用全站仪对 $\angle BAP$ 进行多测回观测，获得多测回平均值 β'。

② 计算 $\Delta\beta$，即

$$e = \frac{\Delta\beta}{\rho} \times d \tag{13-1}$$

$$\Delta\beta = \beta' - \beta \tag{13-2}$$

式中，β' 是多测回角度观测平均值，β 是设计拟定的角度值。

③ 概量 AP 的长度 d，求指定方向 P 的改正距 e（见图 13.4），即 $\rho = 206265$。

④ 按改正距 e 移动 P 到 P_0 点，确定 AP 的精确方向为 AP_0。

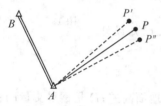
图 13.3　方向法角度

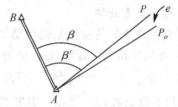
图 13.4　改化法角度放样

4. 按已知方向精确定向

如图 13.5 所示，把 C 点定在 AB 方向上，方法如下：

① 目估法定线 C' 点。概量 $AC' = S_1$，$BC' = S_2$。

② 测量 $\angle AC'B = \beta$。

③ 计算 ΔC，根据图 13.5 可推证得

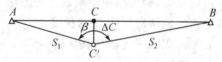
图 13.5　按已知方向精确定向

$$\Delta C = \frac{S_1 S_2}{\sqrt{S_1^2 + S_2^2 - 2S_1 S_2 \cos\beta}} \sin\beta \tag{13-3}$$

利用式(13-3)，可计算 C' 至 C 的调整长度 ΔC。

④ 按 ΔC 把 C' 移至 C 点，则 C 点就在 AB 方向上。

式(13-3) 中，如果 $S_1 = S_2 = S$，$\cos\beta \approx \cos 180° = -1$，则式(13-3) 为

$$\Delta C = \frac{S}{2} \times \sin\beta \tag{13-4}$$

13.2.2　距离放样

从一个已知点开始，沿已定的方向，按拟定的直线长度确定待定点的位置，称为距离放样。

1. 一般水平距离放样

如图 13.6 所示，A 是已知点，P 是 AB 方向上的待

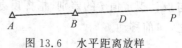
图 13.6　水平距离放样

定点，设计拟定平距 $AP = D$。实地 P 点未知。

① 在实地以钢尺长度 D 沿 AB 方向定 P 点。即以钢尺的零点对准 A 点，拉紧钢尺（100N 左右），在长度 D 处的地面上定 P 点位置。

② 检验丈量，即用钢尺再丈量 AP 的长度，检验放样点位的正确性。如果丈量结果不符合拟定的 D 值，则应调整 P 点。

2. 倾斜地面的距离放样

图 13.7 中，S 是设计平距，但实际地面 A 至 B 之间存在高差 h。使 AB 的放样平距等于 S，则实地测设长度为 l_p，即

$$l_p = \sqrt{s^2 + h^2} \tag{13-5}$$

因此，倾斜地面的距离放样，按式(13-5)求 l_p，或按 l_p 沿 AB 方向丈量 P 点。此时得到的 P 点就是 B 点，其 AB 的平距长度等于 S。

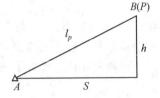

图 13.7 倾斜距离放样

3. 钢尺精密距离放样

钢尺精密距离放样的根据是钢尺精密量距原理。已知设计上的平距 S，按钢尺精密量距原理，S 满足

$$S = \sqrt{(D + \Delta l + \Delta l_a)^2 - h^2} \tag{13-6}$$

式中，Δl 是尺长改正数；Δl_a 是钢尺温度改正数；h 是地面高差；D 是钢尺丈量的长度。

根据式(13-6)，要使放样的最终结果满足 S 的要求，则精密丈量的实际长度为

$$D = \sqrt{S^2 + h^2} - \Delta l - \Delta l_a \tag{13-7}$$

由此可见，钢尺精密距离放样的方法，首先按式(13-7)的有关参数计算 D，然后以 100N 的拉力在实地精密放样 D 的长度。

4. 光电测距一般跟踪放样法

(1) 准备

在 A 点安置测距仪（或全站仪），丈量测距仪仪器高 i，反射器安置与测距仪同高，如图 13.8 所示。反射器立在 AB 方向 P 点概略位置上(如图 13.8 中 P' 处)，反射面对准测距仪。

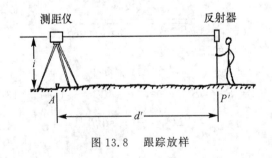

图 13.8 跟踪放样

(2) 跟踪测距

测距仪瞄准反射器，启动测距仪的跟踪测距按钮，观察测距仪的距离显示值 d'，比较 d' 与设计拟定值 d 的差别，指挥反射器沿 AB 方向前后移动。当 $d' < d$ 时，反射器向后移动；反之，向前移动。

(3) 精确测距

当 d' 比较接近 d 值时,停止反射器的移动,测距仪终止跟踪测距功能,同时启动正常测距功能,进行精密的光电测距,记下测距的精确值 d''。

(4) 调整反射器所在的点位

因上述精确值 d'' 与设计值 d 有微小差值 $\Delta d(=d''-d)$,故必须调整反射器所在的点位消除微小差值。可用小钢尺丈量 Δd,使反射器所在的点位沿 AB 方向移动丈量的 Δd 值,确定精确的点位(必要时,应在最后点位上安置反射器重新精确测距,检核所定点位的准确性)。

5. 光电测距精密跟踪放样

根据光电测距成果处理原理,光电测距的平距公式是

$$s = (D + K + R \times D)\cos(\alpha + 14.1'' D_{km}) \tag{13-8}$$

式中,D 是光电测距值;K 是测距仪加常数;R 是测距仪乘常数;α 是放样点与已知点之间的垂直角。

现把光电测距平距 s 当做设计拟定的距离,根据式(13-8),测距仪放样长度为 D。为了保证设计平距 s 的测设,则测距仪放样长度 D 必须按下式计算:

$$D = \frac{s}{\cos(\alpha + 14.1'' D_{km})} - (K + R \times D_{km}) \tag{13-9}$$

从式,(13-9)可见,光电测距精密跟踪放样方法同一般跟踪测距放样,但距离放样 D 是斜距(见图 13.9),因此放样工作中结合测距仪器的各种功能,实际方法可以是:

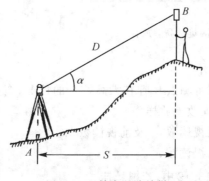

图 13.9 精密跟踪放样

① 安置测距仪器(半站仪、全站仪)、反射器。反射器安置同一般跟踪测距放样。
② 根据测距仪器的功能输入加常数 K、加常数 R。
③ 选择仪器平距显示方式。如 TC300 选择"平高显示"方式。
④ 启动跟踪测距功能,观察平距显示值,检核与设计值 S 的差值。
⑤ 指挥前后移动反射器,直至平距显示值等于设计值 S 为止。

13.2.3 高差放样

以测量技术手段把拟定的点位测设在设计高差为 h 的位置上的工作过程,称为高差放样。如图 13.10 所示,A 是已知点,高程为 H_A,B 是待定点位,设计上 A、B 两点的高差为 h。

高差放样可以把 B 点测设到与 A 点高差为 h 的位置上。

1. 水准测量法高差放样

如图 13.10 所示,在 A、B 两点之间的水准测量的观测高差 $h = a - b$。a 是摆站后得到的后视读数,使 B 点与已知点 A 的高差满足已知值 h,则前视读数 b 必须满足

$$b = a - h \tag{13-10}$$

因此,水准测量法高差放样的步骤为:

① 按图 13.10 安置水准仪,观测 A 点的标尺获得后视读数 a;

② 按式(13-10)计算前视读数 b;

③ 水准仪观测前视尺,指挥调整标尺的高度,使标尺上的前视读数等于上述计算值 b;

④ 沿前视尺底面标画横线,称为标高线。沿标高线向下画一个三角形,如图 13.11 所示。标高线表示 B 点的位置,并且 B 点与 A 点的高差等于 h。

该法也可用于建筑工程平面位置的确定。

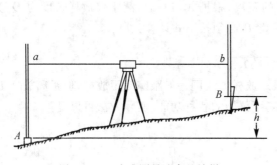

图 13.10 水准测量法高差放样

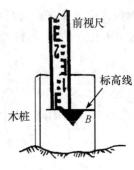

图 13.11 标高线

2. 水准测量法大高差放样

图 13.12 是已知点 A 与待测点 B 存在大高差 h 的情况,图中以两个测站(或两台水准仪)加悬挂钢尺的方法进行大改差放样。

① 水准仪在 1 处观测后视读数 a_1 及前视读数 b_1。

② 水准仪在 2 处观测后视读数 a_2。

③ 计算前视读数 b_2。图 13.12 中,若把悬挂的钢尺当做标尺,则 A、B 两点高差 h 为

$$h = a_1 - b_1 + a_2 - b_2 \tag{13-11}$$

式中,h 是设计的大高差,为已知,故前视读数 b_2 为

$$b_2 = a_1 - b_1 + a_2 - h \tag{13-12}$$

④ 水准仪在 2 处观测前视尺,指挥调整标尺的高度,使标尺上的前视读数等于式(13-12)的计算值。

⑤ 沿前视尺的底面标出 B 的位置。此时,B 点与 A 点的大高差必然等于 h。

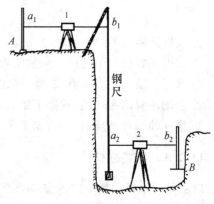

图 13.12 大高差放样

3. 用全站仪进行高差放样

以 TC2000 为例,仪器安置于测站,反射器安置于 B 处附近;量取仪器高为 i 及反射器高为 l。计算放样高差。

根据图 13.13,A、B 点的设计高差为 h,由三角高程测量原理公式(4-32)可知,高差为

$$h = D_{AB} \times \tan(\alpha + 14.1''D_{km}) + i - l \tag{13-13}$$

设

$$h' = D_{AB} \times \tan(\alpha + 14.1''D_{km}) \tag{13-14}$$

则

$$h = h' + i - l \tag{13-15}$$

故 $h' = h - i + l$,称 h' 为放样高差。

放样准备:根据全站仪的功能,把仪器高 i 及反射器高 l 存入仪器的存储器;选择仪器的显示方式。用 TC300 全站仪,显示高差和镜站高程。

高差放样:按式(13-15)计算放样高差。开机并启动测距按钮,观察显示高差和镜站高程;按 REP、DIST 键进行跟踪测量,观察显示高差和镜站高程;指挥升降反射器的高度 l,使显示高差和镜站高程满足设计要求,高差放样结束。

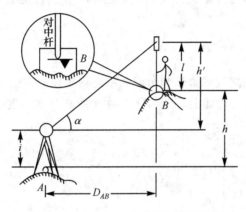

图 13.13　全站仪进行高差放样

13.3　地面点平面位置的放样

13.3.1　直角坐标法

直角坐标法是利用点位之间的坐标增量及其直角关系进行点位放样的方法。如图 13.14 所示,A、B 是已知点,p 是设计的待定点。

1. 实地直角坐标系的建立

设 A 为坐标系原点,AB 为 Y 轴,X 轴便是过 A 点与 AB 垂直的直线。

2. 根据设计点位确定点在坐标系中的坐标

如图 13.14 所示,待定点 p 与 A 点的坐标增量 Δx、Δy 在坐标系中便是 x_p、y_p。

3. 放样 p 点

① 沿 AB 丈量 Δy 得 p_y;

② 在 p_y 安置全站仪(经纬仪),瞄准 A 点,并拨角 90°;

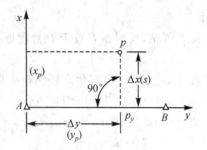

图 13.14　直角坐标法

③ 沿视准轴方向丈量 Δx 得 p 点的位置；

④ 实地定点 p。

由图 13.14 可见，利用 p 点与线路段 AB 的垂直距离 S 可以实现 p 点的放样，即在 p_y 处按垂直距离 S 丈量得 p 点的位置。因此，称 p 点为支距点，直角坐标法又称为支距法。如果在 $p_y p$ 点的延长方向还有其他待测设点位，可按丈量得 p 点位的方法继续完成其他点位的测设。

13.3.2　极坐标法

极坐标法是利用点位之间的边长和角度关系进行放样的方法。如图 13.15 所示，A、B 是已知点，p 是设计的待定点。设计上，已知 Ap 的水平距离 S 和角度 $\angle BAP = \beta$。极坐标法的点位放样方法如下：

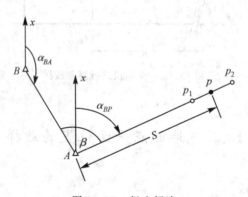

图 13.15　极坐标法

① 在 A 点安置全站仪(经纬仪)，按角度放样在实地标定 Ap 方向线的骑马桩 p_1、p_2，其中 $Ap_1 < S < Ap_2$。

② 沿 Ap_1、Ap_2 方向丈量 $Ap = S$，实地定 p 点的位置。

极坐标法是以放样角度提供量距方向的定点方法，习惯上又称为偏角法。在极坐标法放样中，以全站仪或半站仪可实现快速定位。

极坐标法的放样参数可利用设计上的点位坐标换算得到。如图 13.15 所示，以 A、B、p 的点位坐标，按式(5-22)、式(5-23)可求得方位角 α_{Ap}、α_{BA} 和边长 s_{Ap}，同时可求得夹角 β，即

$$\beta = \alpha_{Ap} - \alpha_{AB}$$

如果 $α_{Ap} < α_{AB}$，则上式应加上 360°。

13.3.3 角度交会法

角度交会法是利用点位之间的角度关系进行点位放样的方法。如图 13.16 所示，A、B 是已知点，p 是待定点。图中的 $α$、$β$ 是设计上可以得到的已知角度。

① 在 A 点安置全站仪（经纬仪），以 AB 为起始方向，以 360°－$α$ 拨角放样 Ap 方向，定骑马桩 A_1、A_2。

② 在 B 点安置全站仪（经纬仪），以 BA 为起始方向，以 $β$ 拨角放样 Bp 方向，定骑马桩 B_1、B_2。

③ 利用 A_1A_2、B_1B_2 相交于 p 点，实地设 p 点标志。

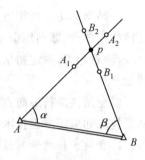

图 13.16 角度交会法

13.3.4 距离交会法

距离交会法是利用点位之间的距离关系进行点位放样的方法。如图 13.17 所示，A、B 是已知点，p 是待定点。图中的 S_1、S_2 是设计上可以得到的已知水平距离。

① 以 A 点为圆心，以 S_1 为半径画弧线 A_1A_2。应用上用全站仪在 $A_1 \sim A_2$ 跟踪测距定弧线 A_1A_2。

② 以 B 点为圆心，以 S_2 为半径画弧线 B_1B_2。应用上用全站仪在 $B_1 \sim B_2$ 跟踪测距定弧线 B_1B_2。

③ 利用弧线 A_1A_2、B_1B_2 相交于 p 点，实地设 p 点标志。

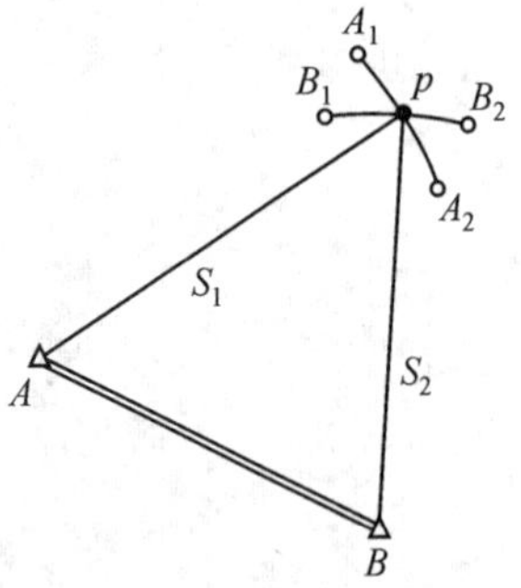

图 13.17 距离交会法

13.3.5 角边交会法

角边交会法是利用点位之间的角度、距离关系进行点位放样的方法。如图 13.18 所示，A、B 是已知点，p 是待定点。图中的 $β$、S 是设计上可以得到的已知角度和水平距离。

① 在 A 点，以角度放样方法在实地标出 Ap 的方向线 A_1A_2。

② 在 B 点，以 B 为圆心，以 S 为半径画弧线 B_1B_2。

③ 利用直线 A_1A_2 与弧线 B_1B_2 相交于 p 点，实地设 p 点标志。

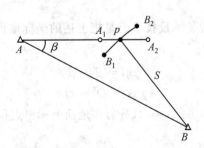

图 13.18 角边交会法

13.3.6 全站坐标法

全站坐标法是利用点位设计坐标以全站测量技术进行点位放样的方法。全站坐标法的放样技术要点，即利用全站测量技术测量初估点位，把直接得到点位的坐标与设计点位坐标比较，两者相等，测定初估点位为测设的点位。一般全站仪或 GPS 接收机有全站坐标法测设功能。

以全站仪进行地面点的全站坐标测设技术方法有直角坐标增量测设技术、极坐标增量测设技术和偏距测设技术等。

1. 直角坐标增量测设技术

如图 13.19 所示，在测站 A 按角度放样法设全站仪，B 是起始方向，p 是待测的设计点位（实地未知）。

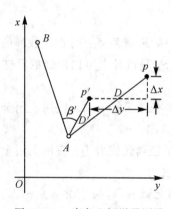

图 13.19 直角坐标增量测设

① 测设前，已将 A、B、p 的坐标等参数输入全站仪。测设开始，反射器初立 p' 点位上。

② 测设时，全站仪瞄准反射器测量，并根据测量的水平角 β' 和平距 D' 计算 p' 点的坐标 x'_p、y'_p。同时与 p 点的设计坐标 x_p、y_p 比较，显示坐标增量 Δx、Δy。

③ 全站仪根据 Δx、Δy 指挥移动反射器，并连续跟踪测量，直至 $\Delta x = 0$、$\Delta y = 0$。此时，反射器所在点位就是设计的实际点位 p。

④ 最后在地面上标出点位 p 的标志。

2. 极坐标增量测设技术

在测设原理上，极坐标增量测设技术只是把上述的坐标增量 Δx、Δy 转化为极坐标增量 $\Delta \beta$、Δs（见图 13.20），其中

$$\Delta \beta = \beta' - \beta$$
$$\Delta s = D' - D$$

测设的过程使增量 $\Delta \beta = 0$、$\Delta s = 0$，最后在地面上标出点位 p 的标志。

3. 偏距测设技术

在测设原理上，偏距测设技术只是把上述的 $\Delta \beta$、Δs 转化为偏距 Δl、ΔD（见图 13.21），其中

$$\Delta l = D' \tan\Delta\beta$$
$$\Delta D = \frac{D'}{\cos\Delta\beta} - D$$

测设的过程使增量 $\Delta l = 0$、$\Delta D = 0$,最后在地面上标出点位 p 的标志。

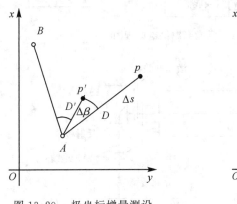

图 13.20　极坐标增量测设　　　　图 13.21　偏距测设

13.4　激光定向定位

13.4.1　激光定向定位原理

物理光学告诉我们,激光是一种具有高亮度、高单色、高方向性的光源,发射的光束是一条很精细的光线,应用于定向定位的光源器件有气体激光器、半导体发光管等。图 13.22 是一台 He-Ne 气体激光器原理图,这是一个两侧设有谐振反射镜的玻璃管器件,内装 He-Ne 气体。因激光电源的激励,He、Ne 气体经历吸收能量、电离、自发激励、振荡受激发射的过程,最终射出一束波长为 632.8nm 的精细红色激光束。

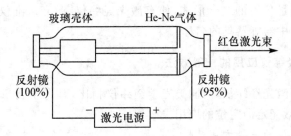

图 13.22　He-Ne 气体激光器原理图

激光定向定位的原理实质是把红色激光束引入望远镜,使之在十字丝交点处沿着视准轴的方向射出,精细红色的可见激光线成为视准轴的标志,实现视准轴定向定位的直接可见性。

图 13.23 是 He-Ne 气体激光器的激光电源供电原理图。He-Ne 气体激光器需要很高的激发电压(4000 V 以上),发射的激光束射程一般可达数公里。图 13.24 是激光器与望远镜

的结合形式。半导体激光器是一种以一般干电池供电激励发射红色激光的光源。图 13.25 是激光目镜（红外激光）与望远镜的结合形式。

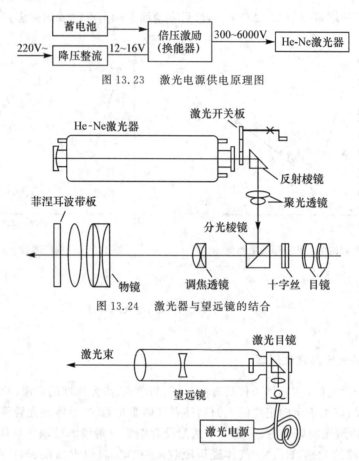

图 13.23　激光电源供电原理图

图 13.24　激光器与望远镜的结合

图 13.25　激光目镜与望远镜的结合

根据激光器与测量仪器的结合形式，便有激光经纬仪、激光水准仪、激光铅直仪（应用于垂直指向）、激光对中器等器具的名称。

13.4.2　激光经纬仪应用的一般方法

图 13.26 是一台激光经纬仪，与同类光学经纬仪相比，其光学测角方法是相同的。不同的是，激光经纬仪的激光定向定位的应用。

1．以激光定向定位的一般方法

（1）准备

安置仪器，电源电路连接完毕；在望远镜物镜前套装波带板（无波带板者不装）；激光开关板处于关位置（防止激光射眼）。

（2）瞄准

望远镜瞄准既定目标板；开激光电源，激光发射；激光开关板处于开位置，激光从望远镜射出。

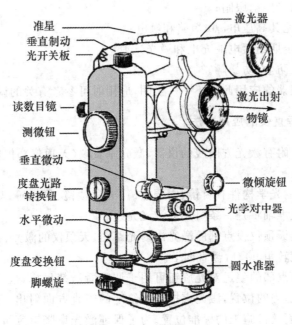

图 13.26 激光经纬仪

(3) 落点

转动望远调焦螺旋,使激光落点聚焦;按激光落点定点。

(4) 收测

关激光电源,取下波带板。

2. 以激光经纬仪激光垂直定向一般方法

把激光经纬仪当做激光铅直仪,经纬仪可用于铅直指向,即垂直定向。激光垂直定向的一般方法是:

(1) 准备

在激光经纬仪取下直读数管(原读数窗前的读数管),装上弯读数管;垂直方向上安置靶板,安置仪器的工作和上述的要求相同。

(2) 瞄准

盘左纵转望远镜,竖盘水准气泡居中,在读数窗得读数 90°;开激光电源,激光开关板处于开位置,激光从望远镜射出。

(3) 落点

转动望远调焦螺旋,使激光落点聚焦;按激光在靶面的落点定点。

(4) 转向落点

转动激光经纬仪照准部 90°,按激光在靶面的落点定点。按此法再连续二次转向落点。

(5) 取以上四点的平均位置为最后垂直定向的位置

如果激光经纬仪的竖盘指标线没有自动归零装置,上述每次落点定点前应注意竖盘水准气泡居中。

3. 注意

应用时应防止激光照射眼睛；

防止激光电源（尤其高压电源）短路和触电；

长时间不用，应定期给蓄电池充电和激光试射；

注意防震、防潮、防尘、防暴晒。

有关其他激光仪器的应用此处不一一说明，应用时可参考有关的说明书。

13.4.3　激光垂直仪的应用方法

图 13.27 是一台附有激光方向线的仪器，激光垂直仪（天顶仪）。仪器由投点部、基座、控制器、蓄电池组成。

在投点部，一般的光学构件有目镜、内调焦镜、五角棱镜、物镜等。如果目镜换上激光目镜，则激光被引入，视准轴将是一条可见的激光光线。

图 13.28 是激光天顶仪投点部的激光出射光路图。天顶仪的激光目镜是点光源，发出红色激光束经五角棱镜转角 90°后竖直向上。

激光天顶仪的投点部的望远对光旋钮可用于调整看清楚目标，也可用于调整激光聚焦落点精细。靶板设在适当的位置，激光束按仪器给定的竖直方向射出，并在预设的靶板上落点显示激光点位，从而获得施工的标准位置。为了保证激光束竖直度可靠性，应通过水平转动投点部，在对径位置标定激光点位的平均位置。

激光天顶仪的应用方法如下：

① 安置激光天顶仪。在工程控制点上，安置三脚架，对中整平，如图 13.27 所示。安置激光天顶仪后按图 13.27 安装激光目镜，连接蓄电池、控制器。

② 安置靶板。靶板是一个透明板，水平固定在建筑物的适当位置，板面对着激光天顶仪。

③ 开控制器的电源，开激光，必要时应转动电位调节，使激光发射稳定。此时，在靶板上有红色激光斑。

图 13.27　激光垂直仪

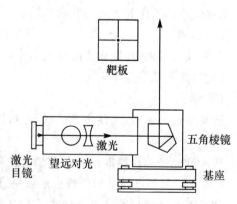

图 13.28　激光出射光路图

④ 激光聚焦。通过转动望远对光旋钮调整,使靶板上激光斑聚焦点变小,工作人员在靶板上标明激光聚焦点的位置。

以上应用方法只是完成一个位置上的聚焦点定位,为削弱仪器竖直误差的影响,应在水平面互为 90° 的四个位置上完成聚焦点定位,最后取四个位置的平均值为最终聚焦点定位,完成一次竖直度测量控制。

习　题

1. 试述用全站仪按一般方法进行角度放样的基本步骤。
2. 试述用全站仪按测回法进行角度放样的基本步骤。
3. 说明一般光电测距跟踪距离放样的步骤。
4. 试述以全站仪高差放样的方法。
5. 下述说明正确的是_____。
   A. 施工测量基本思想是:明确定位元素,处理定位元素,测定点位标志
   B. 施工测量基本思想是:检查定位元素,对定位元素进行处理,把拟定点位测定到实地
   C. 施工测量基本思想是:注意环境结合实际,技术措施灵活可靠
6. 施工测量的精度最终体现在 __(1)__,因此应根据 __(2)__ 进行施工测量。
   (1) A. 测量仪器的精确度　　　(2) A. 工程设计和施工的精度要求
       B. 施工点位的精度　　　　　　B. 控制点的精度
       C. 测量规范的精度要求　　　　C. 地形和环境
7. 一般法角度放样在操作上首先_____。
   A. 应安置经纬仪,瞄准已知方向,水平度盘配置为 0°
   B. 应计算度盘读数 $\beta_0 + \beta$,观察在读数窗能否得到 $\beta_0 + \beta$
   C. 准备木桩,在木桩的顶面标出方向线
8. 方向法角度放样可以消除_____。
   A. 全站仪安置对中误差的影响
   B. 水平度盘刻画误差的影响
   C. 水平度盘偏心差的影响
9. 按已知方向精确定向,如图 13.29 所示,$S = 30\text{m}, \beta = 180°20'36''$。按式(13-3)计算定向改正 ΔC,并说明改正点位的方法。

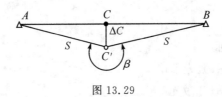

图 13.29

10. 根据式(13-8),已知 $S = 100\text{m}$,测距仪器的加常数 $K = 3\text{cm}$,加常数 $R =$

160mm/km。按光电测距精密跟踪放样的实际方法,在放样结束时,仪器平距显示的平距应是_____才说明放样符合要求。

    A.99.954m   B.100m   C.100.046m

11. 水准测量法高差放样的设计高差 $h=-1.500\text{m}$,设站观测后视尺 $a=0.657\text{m}$,高差放样的 b 计算值为 2.157m。画出高差测设的图形。

12. 如图13.30所示,B点的设计高差 $h=13.6\text{m}$(相对于A点),按图所示,按两个测站大高差放样,中间悬挂一把钢尺,$a_1=1.530\text{m}$,$b_1=0.380\text{m}$,$a_2=13.480\text{m}$。试计算 b_2。

13. 如图13.31所示,已知点 A、B 和待测设点 P 坐标分别是:

    $A:x_A=2250.346\text{m},y_A=4520.671\text{m}$;

    $B:x_B=2786.386\text{m},y_B=4472.145\text{m}$;

    $P:x_P=2285.834\text{m},y_P=4780.617\text{m}$。

试按极坐标法计算放样的 β、s_{AP}。

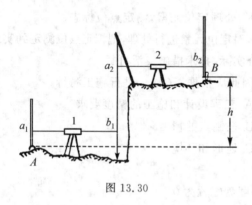

图 13.30

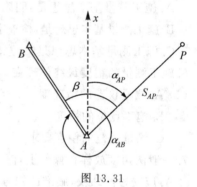

图 13.31

14. 激光定向定位的原理实质是_____。

    A.把激光线引入望远镜,沿着视准轴方向射出,实现视准轴直接可见性

    B.红色激光束射出望远镜,实现视准轴可见性

    C.红色激光束射入望远镜,沿着目标方向射出,实现视准轴直接可见性

15. 激光定向定位的一般方法有 __(1)__ , __(2)__ , __(3)__ 。

(1) 准备

    A.安置仪器,检查激光器与仪器状态

    B.安置仪器,开激光电源

    C.开激光电源

(2) 瞄准

    A.望远镜瞄准目标

    B.望远镜瞄准目标;激光射出

    C.望远镜瞄准目标;开激光

(3) 落点

    A.激光落点定点

B. 转动望远调焦螺旋，激光聚焦落点定点

C. 按激光定点

16. 图 13.31 中极坐标法放样的 β、s_{AP} 的步骤是_____。

A. A 点安置全站仪，视准轴平行于 x 轴，转照准部 β，丈量 s_{AP} 定 P 点

B. A 点安置全站仪，瞄准 B 点，转照准部 β，丈量 s_{AP} 定 P 点

C. B 点安置全站仪，瞄准 A 点，转照准部 β，丈量 s_{AP} 定 P 点

附录　　测量仪器的安全

一、应用中仪器的维护

1. 防护

① 取用仪器,安全责任重大。仪器一旦架设起来,测站不得离人。

② 熟悉仪器的操作部件的应用,轻力、均匀旋转仪器上的各旋钮,不得强扭。发现旋钮不动,应查明原因,加以排除。

③ 保持仪器光学器件的光学明亮度,不得随便擦洗或触摸光学器件表面。光学器件表面有脏物时,应以毛刷轻拂,或以透镜纸轻擦。

④ 按正确部件连接或拆卸附件,保证电设备极性正确。

⑤ 不得随意扭动校正旋钮,不得扭动固紧的基座固定旋钮。

⑥ 防晒、防雨、防震。一般测量时应以测伞遮阳光、避雨淋。

2. 清理

注意防潮、防尘。

① 清除尘土,清除水气。受潮仪器应在室内开箱放置。用毛刷轻拂尘土。可用电风吹低温吹去尘土、水汽。

② 检查仪器各个部件和附件,仪器箱内的附件不得丢失,发现问题及时报告,及时处理。

③ 仪器箱内的干燥剂应保持有效性,保证防潮作用。

3. 存储

① 室内明亮、通风、干燥。

② 防止仪器设备受压。

③ 定期检查维护。

④ 光电测量设备及其配套设施久存不用,应定期通电、充电检查,防止仪器自损。

二、仪器的装箱、开箱和安置

1. 装箱

熟悉仪器装箱的位置关系和仪器装箱的固定步骤,适当固紧仪器的各种制动旋钮。仪器装入仪器箱内,关闭加扣上锁。取用仪器时,必须确认箱体关闭可靠,背带稳固。

2. 开箱

开箱前,应准备仪器的安放位置。开箱认清仪器的部位提取,一手抓住基座,一手抓住照准部(或瞄准部),牢固安置在预先准备的位置上。

3. 安置

仪器安置在三脚架上，应把仪器放在三脚架头上，一手抓住照准部（或瞄准部），一手用中心螺旋扭紧使仪器与三脚架头紧密连接。仪器开箱后，仪器箱应合紧放好。

三、仪器的搬运

① 单独车辆搬运。必须将仪器放在内衬软垫的套箱内运送，必要时专人护送，防止碰撞。

② 随人同车搬运。必须将仪器放在软垫上，防止摆动碰撞。若行车震动大，每台仪器应有专人护抱或背提，防止震动撞击。

③ 观测中的搬站，仪器应装箱搬站，确认箱体关闭可靠，背带稳固。若搬站距离短，仪器小、重量轻，仪器可连在三脚架上一起搬站。如水准仪搬站，一手抱三脚架，一手托着水准仪搬站。

④ 三脚架搬运。车运或随人同车均应包扎结实，防压防摔。

参 考 文 献

[1] 宁津生,陈俊勇.测绘学概论.北京:测绘出版社,2004
[2] 张坤宜.交通土木工程测量.武汉:华中科技大学出版社,2008
[3] 王侬,过静君.现代普通测量学.北京:清华大学出版社,2001
[4] 张坤宜.交通土木工程测量.武汉:武汉大学出版社,2003
[5] 孔祥元,梅是义.控制测量学.武汉:武汉大学出版社,2002
[6] 武汉大学测绘学院测量平差学科组.误差理论与测量平差基础.武汉:武汉大学出版社,2003
[7] 林立介.测绘工程学.广州:华南理工大学出版社,2003
[8] 陈龙飞,金其坤.工程测量.上海:同济大学出版社,1990
[9] 廖元焰.房地产测量.北京:中国计量出版社,2003
[10] 苏瑞祥.大地测量仪器.北京:测绘出版社,1979
[11] 张坤宜.光电测距.长沙:中南工业大学出版社,1991
[12] 崔希璋,陶本藻.矩阵在测量平差中应用.北京:测绘出版社,1980
[13] 郭禄光.最小二乘法与测量平差.上海:同济大学出版社,1985
[14] 周忠谟,易杰军.GPS卫星测量原理与应用.北京:测绘出版社,1992
[15] 中国有色金属工业协会.工程测量规范.北京:中国计划出版社,2008
[16] 测绘词典编辑委员会.测绘词典.上海:上海辞书出版社,1981
[17] 国家标准局.1:500、1:1000、1:2000地形图图式.北京:测绘出版社,1988
[18] 南方测绘仪器公司.南方NGS-200型GPS测量系统操作手册,1998
[19] 威远图仪器有限责任公司.SV300测绘软件用户手册,2001
[20] 南方测绘仪器公司.数字化地形地籍成图系统CASS6.1参考手册,2005